Python 数据分析与实践

主 编 李剑锋 王洪涛 段林茂
副主编 钮 亮 许文甫 于佳彤
参 编 俞 璇 崔 雯 杨德相

北京理工大学出版社
BEIJING INSTITUTE OF TECHNOLOGY PRESS

内 容 简 介

本书系统讲述 Python 数据分析入门与实践的内容，包括 Pyhton 的安装、Python 语言基础要素、选择结构、循环、函数、列表、集合和字典、Python 类和对象、NumPy 库、pandas 库、用 Matplotlib 实现数据可视化、数据质量分析、数据预处理、回归分析。本书以案例的形式循序渐进地进行介绍，将理论与实践结合，适合想要从零开始学习 Python 的本科生、研究生阅读，帮助其快速入门。

版权专有　侵权必究

图书在版编目（CIP）数据

Python 数据分析与实践／李剑锋，王洪涛，段林茂主编. --北京：北京理工大学出版社，2023.6

ISBN 978-7-5763-2447-1

Ⅰ.①P… Ⅱ.①李… ②王… ③段… Ⅲ.①软件工具-程序设计 Ⅳ.①TP311.561

中国国家版本馆 CIP 数据核字（2023）第 096728 号

出版发行 ／	北京理工大学出版社有限责任公司
社　　址 ／	北京市海淀区中关村南大街 5 号
邮　　编 ／	100081
电　　话 ／	（010）68914775（总编室）
	（010）82562903（教材售后服务热线）
	（010）68944723（其他图书服务热线）
网　　址 ／	http://www.bitpress.com.cn
经　　销 ／	全国各地新华书店
印　　刷 ／	涿州市京南印刷厂
开　　本 ／	787 毫米×1092 毫米　1/16
印　　张 ／	19
字　　数 ／	442 千字
版　　次 ／	2023 年 6 月第 1 版　2023 年 6 月第 1 次印刷
定　　价 ／	95.00 元

责任编辑／	李　薇
文案编辑／	李　硕
责任校对／	刘亚男
责任印制／	李志强

图书出现印装质量问题，请拨打售后服务热线，本社负责调换

前言

随着大数据时代的到来，人们对存储和分析海量数据的要求日益提升，人工智能已是未来社会的发展趋势，利用信息技术实现数据分析也成了企业乃至政府的迫切要求。

机器学习是人工智能的重要分支和重要技术支撑，熟练掌握机器学习的理论与实践知识，可以最大化提取数据信息、整合数据资源、归纳数据规律、实现数据开发，并在激烈的人才竞争环境中脱颖而出。

Python 语言有着简洁、易读和可扩展的特点，国内外高校课堂开设相关课程的数量日益增多。众多开源软件都提供了 Python 的调用接口，为 Python 的数据处理、数值运算以及绘图功能提供条件，因此 Python 的开发环境十分适合相关技术人员实战操作。Python 本身具有可扩充性，以便程序员能够使用 C、C++、Cython 等语言来编写扩充模块。此外，Python 编译器本身也可以被集成到其他需要脚本语言的程序内，广泛用于图形绘画、网络设计、数理模型、数据库搭建、机器编程和人工智能等方面。本书的基本内容安排如下。

第 1 章——Python 的安装。本章首先介绍 Python 的发展历史和特点，重点介绍 Python 开发环境的搭建，详细介绍 Anaconda 的下载过程以及 Jupyter Notebook 的运用；最后进行环境测试检验，引导学者对 Python 已安装模块和版本的认知理解。

第 2 章——Python 语言基础要素。本章首先介绍变量与常量，介绍整数和浮点数的属性与限制，规范注释和代码的整体布局；其次介绍算术表达式和赋值语句的编写规则，并详细介绍字符串的类型、转化和使用方法；最后介绍程序读取、输入和输出的相关内容。

第 3 章——选择结构。本章介绍 3 种条件结构：if 语句、if…else 语句和 if…elif…else 语句的判断程序和用法；还介绍当遇到复杂关系设定时，学会使用流程图进行步骤解析，以及布尔值的组合运用。

第 4 章——循环。本章介绍 while 循环和 for 循环的适用条件，以及控制跳出循环体的 break 和 continue 语句；介绍嵌套循环的实例，并简述在循环条件下处理字符串，实现统计匹配项、查找匹配项、验证字符串和构建新字符串等操作，以及生成随机数的相关内容。

第 5 章——函数。本章介绍怎样定义函数，函数的调用方式，各个实参、形参变量以及对应的参数初始化；介绍 return 返回的结果，函数的递归调用，定义全局变量和匿名变量。

第 6 章——列表。本章介绍列表的基本定义与基本属性，实践追加元素、插入元素、查找元素和删除元素等列表操作。

第 7 章——集合和字典。本章首先对集合进行基本介绍，包括集合的创建、使用、元素增减、并集、交集和差集等操作；其次介绍字典，包括对字典的创建、访问、遍历等操作；最后演示如何在列表中嵌套字典，在字典中存储列表或字典。

第 8 章——Python 类和对象。介绍类和对象的关系，介绍封装的基本概念，介绍 object 类和_str_( )、_eq_( )、_dir_( )、_dict_( )等多个内部方法。

第 9 章——NumPy 库。本章介绍 ndarray 对象的定义，讲解 array( )函数、zeros( )函数、ones( )函数、arange( )函数、linspace( )函数、random( )函数等数组创建方法；示例单个数组的索引、切片和迭代操作，两个数组的相加、相减、矩阵积、自增和自减、通用函数、聚合函数的运算，以及两个以上数组广播机制的实现。

第 10 章——pandas 库。本章讲解 pandas 库两种数据结构的操作方法和主要特点，介绍如何使用 pandas 库的基础函数处理常见的数据分析任务，以示例的形式展现索引机制处理数据的方式，最后通过等级索引将索引机制概念扩展到多层。

第 11 章——用 Matplotlib 实现数据可视化。本章介绍 Matplotlib 绘制的完整步骤，以 NumPy 数组作为输入数据，实践 Matplotlib 的应用使用；介绍绘制子图、修改文本属性、处理日期值的操作方法，示例线形图、直方图、条状图、饼图、等高线图、3D 图等图像的形成过程。

第 12 章——数据质量分析。本章介绍数据集获取的来源（NumPy 库生成数组、数组的横向拼接和纵向拼接、sklearn 自带的数据库 datasets，以及访问外部真实的数据文件），以及缺失值分析、异常值分析、一致性分析和数据特征分析等检验数据方法。

第 13 章——数据预处理。本章介绍去除唯一属性、特征编码、数据标准化和正则化、特征选择等数据处理方法，示例 PCA 降维、LDA 降维、TSNE 降维 3 种特征降维方式。

第 14 章——回归分析。本章以示例形式介绍常用的一元线性回归、多元线性回归、二元逻辑回归、多元逻辑回归等回归方法。

由于编者水平有限，书中难免存在不足之处，希望各位专家批评指正，期待能够收到您的真实反馈。

编　者

目 录

第 1 章　Python 的安装 …………………………………………………………… 001

1.1　Python 简介 ……………………………………………………………… 001
　　1.1.1　Python 的发展历史 ………………………………………………… 001
　　1.1.2　Python 的特点 ……………………………………………………… 002
　　1.1.3　Anaconda Python …………………………………………………… 002
1.2　Python 开发环境搭建 …………………………………………………… 002
　　1.2.1　Anaconda 下载 ……………………………………………………… 002
　　1.2.2　Anaconda 安装 ……………………………………………………… 003
1.3　Jupyter Notebook 的运用 ………………………………………………… 007
1.4　环境测试 ………………………………………………………………… 008
1.5　本章小结 ………………………………………………………………… 009
1.6　习题 ……………………………………………………………………… 009

第 2 章　Python 语言基础要素 …………………………………………………… 010

2.1　变量 ……………………………………………………………………… 010
　　2.1.1　定义变量 …………………………………………………………… 011
　　2.1.2　数字类型 …………………………………………………………… 012
　　2.1.3　变量的命名和使用 ………………………………………………… 013
　　2.1.4　常量 ………………………………………………………………… 013
　　2.1.5　注释 ………………………………………………………………… 013
2.2　算术运算 ………………………………………………………………… 014
　　2.2.1　基本算术运算 ……………………………………………………… 014
　　2.2.2　幂运算 ……………………………………………………………… 014
　　2.2.3　整除和余数 ………………………………………………………… 014
　　2.2.4　调用函数 …………………………………………………………… 016
　　2.2.5　数学函数 …………………………………………………………… 018
　　2.2.6　几种错误 …………………………………………………………… 019

2.2.7　导入函数的方式 ·················· 020
　　　2.2.8　复合赋值和算术运算 ············ 020
　　　2.2.9　续行 ···························· 020
　2.3　字符串 ·································· 021
　　　2.3.1　字符串类型 ···················· 021
　　　2.3.2　连接与重复 ···················· 022
　　　2.3.3　转换数字和字符串 ·············· 022
　　　2.3.4　字符串与字符 ·················· 023
　　　2.3.5　字符串方法 ···················· 024
　　　2.3.6　字符值 ························ 026
　　　2.3.7　转义字符 ······················ 026
　2.4　输入输出 ································ 027
　　　2.4.1　用户输入 ······················ 027
　　　2.4.2　输入数字 ······················ 027
　　　2.4.3　格式化输出 ···················· 028
　2.5　综合案例——自动售货机零钱兑换 ········ 030
　2.6　本章小结 ································ 033
　2.7　习题 ···································· 033

第 3 章　选择结构 ···························· 034

　3.1　条件结构 ································ 034
　　　3.1.1　if 语句 ························ 035
　　　3.1.2　if…else 语句 ·················· 035
　　　3.1.3　if…elif…else 语句 ············· 037
　3.2　关系运算符 ······························ 039
　　　3.2.1　比较字符串 ···················· 039
　　　3.2.2　字符串的字典顺序 ·············· 040
　3.3　嵌套分支 ································ 041
　3.4　多重选择 ································ 043
　3.5　流程图 ·································· 045
　3.6　问题解决：测试用例 ······················ 046
　3.7　布尔变量和运算符 ························ 047
　　　3.7.1　布尔运算符 ···················· 047
　　　3.7.2　连用关系运算符 ················ 048
　　　3.7.3　德摩根定律 ···················· 048
　3.8　分析字符串 ······························ 049
　3.9　综合案例——个人所得税计算 ············· 051
　3.10　本章小结 ······························· 052
　3.11　习题 ··································· 052

第 4 章　循环 ········· 053

4.1　while 循环 ········· 053
4.1.1　基础的 while 循环语法 ········· 053
4.1.2　循环控制语句 break 和 continue 的应用 ········· 056
4.1.3　循环中的 else 语句 ········· 057

4.2　for 循环 ········· 057
4.3　嵌套循环 ········· 061
4.4　处理字符串 ········· 062
4.4.1　统计匹配项 ········· 062
4.4.2　查找所有匹配项 ········· 063
4.4.3　查找第一个或最后一个匹配项 ········· 063
4.4.4　验证字符串 ········· 064
4.4.5　构建新字符串 ········· 065

4.5　应用：随机数和模拟 ········· 067
4.5.1　生成随机数 ········· 067
4.5.2　模拟掷骰子 ········· 067
4.5.3　蒙特卡罗方法 ········· 068

4.6　本章小结 ········· 068
4.7　习题 ········· 069

第 5 章　函数 ········· 070

5.1　为什么要用函数 ········· 070
5.2　实现和测试函数 ········· 071
5.2.1　实现函数 ········· 071
5.2.2　测试函数 ········· 072
5.2.3　包含函数的程序 ········· 072

5.3　参数传递 ········· 073
5.3.1　参数设计和参数传递 ········· 073
5.3.2　关键词参数 ········· 074
5.3.3　参数默认值的处理 ········· 074

5.4　返回值 ········· 074
5.4.1　有返回值的函数 ········· 074
5.4.2　没有返回值的函数 ········· 077

5.5　递归函数设计 ········· 077
5.5.1　递归函数 ········· 077
5.5.2　pass 语句与函数 ········· 078
5.5.3　type 关键字应用在函数 ········· 078

5.6　局部变量与全局变量 ········· 078
5.6.1　全局变量可以在所有函数中使用 ········· 078

5.6.2　局部变量与全局变量使用相同的名称 …… 079
　　5.6.3　程序设计注意事项 …… 079
5.7　匿名函数 lambda() 与常用内置函数 …… 080
　　5.7.1　匿名函数 lambda() 的语法 …… 080
　　5.7.2　匿名函数的使用与 filter() …… 081
　　5.7.3　匿名函数的使用与 map() …… 083
　　5.7.4　filter() 函数与 map() 函数的区别 …… 083
5.8　综合实例——随机生成密码 …… 084
5.9　本章小结 …… 085
5.10　习题 …… 086

第 6 章　列表 …… 087

6.1　列表的基本定义 …… 087
6.2　列表的基本属性 …… 088
　　6.2.1　创建列表 …… 088
　　6.2.2　访问列表元素 …… 088
　　6.2.3　遍历列表 …… 090
　　6.2.4　列表引用 …… 090
6.3　列表操作 …… 091
　　6.3.1　追加元素 …… 091
　　6.3.2　插入元素 …… 092
　　6.3.3　查找元素 …… 092
　　6.3.4　删除元素 …… 093
　　6.3.5　连接与重复 …… 096
　　6.3.6　相等性测试 …… 096
　　6.3.7　求和、最大值、最小值和排序等常用列表算法 …… 096
　　6.3.8　切片 …… 098
6.4　调用函数时参数是列表 …… 100
　　6.4.1　基本传递列表参数的应用 …… 100
　　6.4.2　在函数内修订列表的内容 …… 100
　　6.4.3　使用副本传递列表 …… 102
6.5　传递任意数量的参数 …… 103
　　6.5.1　基本传递处理任意数量的参数 …… 103
　　6.5.2　设计含有一般参数与任意数量参数的函数 …… 103
6.6　综合实例——添加商品到购物车 …… 104
6.7　本章小结 …… 105
6.8　习题 …… 105

第 7 章　集合和字典 …… 106

7.1　集合 …… 106

		7.1.1	创建和使用集合	106
		7.1.2	增加和删除元素	107
		7.1.3	子集	108
		7.1.4	并集、交集和差集	108
	7.2	字典		109
		7.2.1	创建字典	110
		7.2.2	访问字典的值	110
		7.2.3	增加和修改项	110
		7.2.4	删除项	111
		7.2.5	遍历字典	111
	7.3	嵌套		114
		7.3.1	在列表中嵌套字典	114
		7.3.2	在字典中存储列表	116
		7.3.3	在字典中存储字典	117
		7.3.4	函数返回字典数据	118
	7.4	本章小结		119
	7.5	习题		120

第 8 章　Python 类和对象 ……………… 121

	8.1	类的创建与使用		122
		8.1.1	操作类的属性与方法	122
		8.1.2	类的构造函数	122
		8.1.3	属性初始值的设定	125
		8.1.4	修改属性的值	126
	8.2	类的访问权限——封装		127
		8.2.1	私有属性	127
		8.2.2	私有方法	129
	8.3	类的继承		129
		8.3.1	类的继承方式	129
		8.3.2	object 类	129
		8.3.3	类方法重写	130
		8.3.4	对象的复制	130
	8.4	本章小结		131
	8.5	习题		132

第 9 章　NumPy 库 …………………… 133

	9.1	NumPy 简史		134
	9.2	NumPy 安装		134
	9.3	ndarray：NumPy 库的心脏	134
		9.3.1	创建数组	136

9.3.2 数据类型 ··· 136
9.3.3 dtype 选项 ·· 137
9.3.4 自带的数组创建方法 ·· 138
9.4 基本操作 ··· 140
9.4.1 算术运算符 ·· 140
9.4.2 矩阵积 ··· 141
9.4.3 自增和自减运算符 ·· 142
9.4.4 通用函数 ·· 142
9.4.5 聚合函数 ·· 143
9.5 索引机制、切片和迭代方法 ·· 143
9.5.1 索引机制 ·· 143
9.5.2 切片操作 ·· 144
9.5.3 数组迭代 ·· 145
9.6 条件和布尔数组 ··· 146
9.7 形状变换 ··· 146
9.8 常用概念 ··· 147
9.8.1 对象的副本或视图 ·· 147
9.8.2 向量化 ··· 148
9.8.3 广播机制 ·· 148
9.9 结构化数组 ·· 152
9.9.1 结构化数组定义 ·· 152
9.9.2 NumPy 创建数组的方式 ·· 152
9.9.3 创建自定义的 dtype ·· 153
9.9.4 dtype 类型的相关操作 ··· 154
9.10 数组数据文件的读写 ·· 155
9.10.1 二进制文件的读写 ·· 155
9.10.2 读取文件中的列表形式数据 ······································· 156
9.11 本章小结 ··· 157
9.12 习题 ·· 157

第 10 章 pandas 库 ·· 158

10.1 pandas 数据结构 ··· 158
10.1.1 Series 对象 ··· 159
10.1.2 DataFrame 对象 ··· 165
10.1.3 Index 对象 ··· 174
10.2 索引对象的其他功能 ·· 176
10.2.1 更换索引 ·· 176
10.2.2 删除 ··· 178
10.2.3 算术和数据对齐 ··· 178
10.3 数据结构之间的运算 ·· 180

- 10.3.1 灵活的算术运算方法 180
- 10.3.2 DataFrame 和 Series 对象之间的运算 180
- 10.4 函数应用和映射 181
  - 10.4.1 操作元素的函数 181
  - 10.4.2 按行或列执行操作的函数 181
  - 10.4.3 统计函数 182
- 10.5 排序和排位次 183
- 10.6 相关性和协方差 185
- 10.7 NaN 数据 186
  - 10.7.1 为元素赋 NaN 值 186
  - 10.7.2 过滤 NaN 187
  - 10.7.3 为 NaN 元素填充其他值 188
- 10.8 等级索引和分级 188
  - 10.8.1 等级索引 188
  - 10.8.2 重新调整顺序和为层级排序 190
  - 10.8.3 按层级统计数据 191
- 10.9 综合实例——对高尔夫球评分数据集进行筛选和排序 192
- 10.10 本章小结 194
- 10.11 习题 195

第 11 章 用 Matplotlib 实现数据可视化 196

- 11.1 Matplotlib 架构 196
- 11.2 Matplotlib 绘制步骤 197
  - 11.2.1 生成一幅简单的图表 197
  - 11.2.2 设置 Figure 图形的属性 197
  - 11.2.3 设置坐标轴 198
  - 11.2.4 移动坐标轴和设置标题 199
- 11.3 Matplotlib 和 NumPy 200
- 11.4 处理多个 Figure 和 Axes 对象 202
- 11.5 丰富强大的图形显示 204
  - 11.5.1 修改文本属性 204
  - 11.5.2 图形上标注 204
  - 11.5.3 图形上添加包含彩色边框的公式、背景网格和图例 205
- 11.6 处理日期值 206
- 11.7 基本图表 209
  - 11.7.1 多序列线形图 209
  - 11.7.2 直方图 210
  - 11.7.3 条状图 211
  - 11.7.4 饼图 214
- 11.8 高级图表 215

    11.8.1　等高线图 ·················· 215
    11.8.2　3D 曲面 ··················· 216
    11.8.3　3D 散点图 ················ 217
    11.8.4　3D 条状图 ················ 218
  11.9　本章小结 ································ 219
  11.10　习题 ····································· 219

第 12 章　数据质量分析 ··················· 221

  12.1　产生和加载数据集 ················· 221
    12.1.1　使用 NumPy 的函数产生数据集 ······· 222
    12.1.2　使用 sklearn 样本生成器产生数据集 ······ 226
    12.1.3　访问 sklearn 自带的数据文件 ············ 233
    12.1.4　访问外部数据文件 ······ 236
  12.2　数据质量分析 ························· 236
    12.2.1　缺失值分析 ·················· 236
    12.2.2　异常值分析 ·················· 237
    12.2.3　一致性分析 ·················· 240
    12.2.4　数据特征分析 ·············· 240
  12.3　综合实例——对员工离职数据集进行数据质量分析 ·········· 243
  12.4　本章小结 ································ 245
  12.5　习题 ······································· 246

第 13 章　数据预处理 ······················· 247

  13.1　数据预处理的基础知识 ·········· 247
    13.1.1　pandas 与 sklearn 数据预处理概述 ········· 247
    13.1.2　去除唯一属性 ·············· 248
    13.1.3　特征二值化 ·················· 250
    13.1.4　特征编码 ····················· 250
    13.1.5　标准化和正则化 ·········· 250
  13.2　使用 sklearn 进行数据预处理 ········· 251
    13.2.1　使用 sklearn 对数据集进行 Z-score 标准化 ······ 251
    13.2.2　使用 sklearn 对数据集进行极差标准化 ········ 254
    13.2.3　使用 sklearn 对数据集进行正则化 ············ 254
    13.2.4　使用 sklearn 对数据集进行二值化 ············ 256
    13.2.5　使用 sklearn 对分类特征编码 ······ 257
  13.3　特征选择和特征降维 ·············· 260
    13.3.1　特征选择与特征降维的基础知识 ············ 260
    13.3.2　投影——PCA 降维 ····· 263
    13.3.3　投影——LDA 降维 ····· 266
    13.3.4　流形学习——TSNE 降维 ····· 268

13.4	综合实例1——亚太地区一流商学院 MBA 课程统计	269
13.5	综合实例2——125PGATour 职业高尔夫巡回赛统计	272
13.6	本章小结	274
13.7	习题	274

第 14 章　回归分析 ………………………………………………………… 275

14.1	回归分析及常用方法	275
14.2	线性回归	276
14.2.1	最小二乘法	276
14.2.2	总偏差平方和	276
14.2.3	使用 sklearn 进行一元回归	277
14.2.4	使用 sklearn 进行多元回归	279
14.3	逻辑回归	280
14.3.1	逻辑回归理论介绍	280
14.3.2	使用 sklearn 进行二元逻辑回归	281
14.3.3	使用 sklearn 进行多元逻辑回归	283
14.4	综合实例——125PGATour 职业高尔夫巡回赛统计	285
14.5	本章小结	287
14.6	习题	287

参考文献 ………………………………………………………………………… 288

第 1 章 Python 的安装

本章学习目标
- 了解 Python 的发展历史
- 掌握 Python 开发环境搭建
- 熟练掌握 Jupyter Notebook 的运用

本章知识结构图

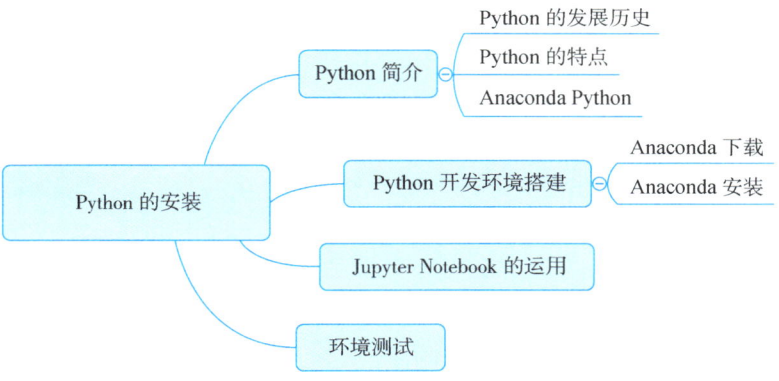

1.1 Python 简介

1.1.1 Python 的发展历史

20 世纪 90 年代初，Python 语言诞生，由于 Python 之父吉多·范罗苏姆（Guido van Rossum）是 Monty Python 马戏团的爱好者，因此他将这门编程语言命名为"蟒蛇"。当今社会，Python 已被广泛地应用于人工智能、质量管理、软件开发等领域。

Python 语言有着简洁、易读和可扩展的特点，国内外高校课堂开设相关课程的数量日益增多。众多开源软件都提供了 Python 的调用接口，为 Python 的数据处理、数值运算以及绘图功能提供条件，因此 Python 的开发环境十分适合相关技术人员实战操作。

Python 是完全面向对象的语言，函数、模块、数字、字符串都是对象。Python 本身具有可扩充性，以便程序员能够使用 C、C++、Cython 等语言来编写扩充模块，此外 Python 编译器本身也可以被集成到其他需要脚本语言的程序内。

1.1.2　Python 的特点

Python 具有如下特点：简单易学、免费开源、基于开源的可移植性、解释性强、面向对象、可扩展性、标准库功能齐全、代码可读性强。

1.1.3　Anaconda Python

Anaconda 是 Python 科学技术包的合集，支持所有的操作系统平台，方便安装、更新和删除。

Anaconda Python 集合了科学计算、机器学习和数据挖掘，以及其他重要的包，非常适合初学者使用。它集成的库可以分为三大部分：科学计算包、机器学习、数据挖掘的相关工具包以及其他。本书主要用到的有 NumPy 科学计算工具包、sciPy 科学计算库、Matplotlib 绘画库、pandas 扩展库、scikit-learn（简称 sklearn）机器学习工具包等。

1.2　Python 开发环境搭建

1.2.1　Anaconda 下载

在浏览器中输入网址 https://www.anaconda.com/download/，进入 Anaconda 官网的下载页面，如图 1-1 所示。

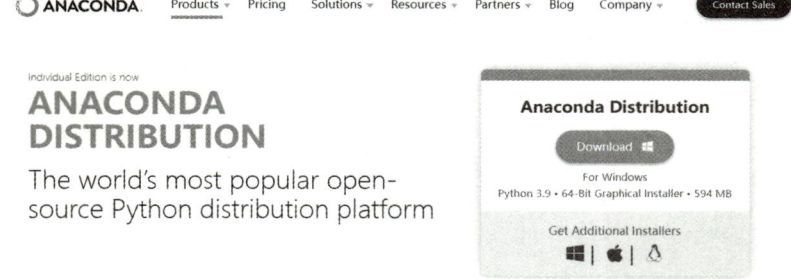

图 1-1　登录 Anaconda 官网

根据自己所使用计算机的操作系统选择 Windows、MacOS 和 Linux 中的其中一个，图 1-2为最新版本 Python 3.9。

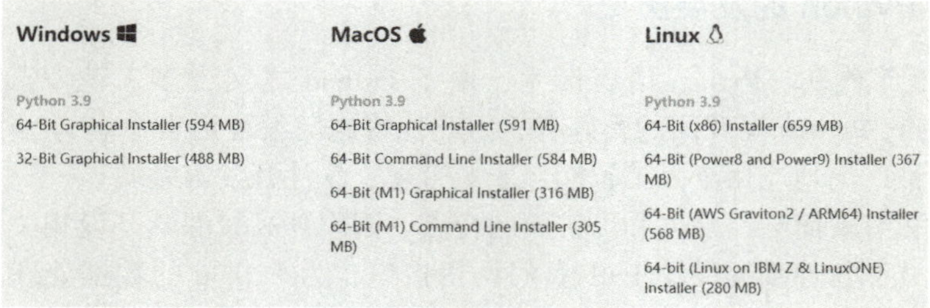

图 1-2　选择操作系统

当然，如果有更熟悉的版本环境配置，不想选择最新版本，也可以单击 archive 进入往期版本，如图 1-3 所示。

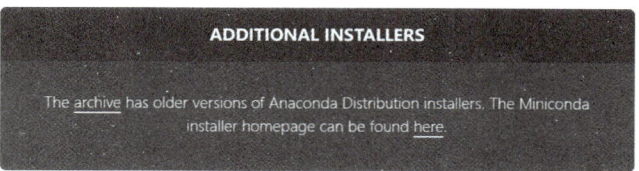

图 1-3　查询过往版本

如图 1-4 所示，进入页面选择想要的版本，本书选择 Anaconda3-5.2.0-Windows-x86_64.exe 进行安装演示。

Anaconda3-5.2.0-Linux-x86.sh	507.3M	2018-05-30 13:05:46	f3527d085d06f35b6aeb96
Anaconda3-5.2.0-Linux-x86_64.sh	621.6M	2018-05-30 13:05:43	09f53738b0cd3bb96f5b1b
Anaconda3-5.2.0-Linux-ppc64le.sh	288.3M	2018-05-30 13:05:40	024c811526ffc40ed6fa24
Anaconda2-5.2.0-MacOSX-x86_64.sh	527.1M	2018-05-30 13:05:34	d7d46e566306da5979cd56
Anaconda2-5.2.0-MacOSX-x86_64.pkg	616.8M	2018-05-30 13:05:32	f7695a3571eb8e8ae71fe9
Anaconda2-5.2.0-Linux-x86.sh	488.7M	2018-05-30 13:05:30	402758c24767e9eb3b7731
Anaconda2-5.2.0-Linux-x86_64.sh	603.4M	2018-05-30 13:04:33	cb0d7a08b0e2cec4372033
Anaconda2-5.2.0-Linux-ppc64le.sh	269.6M	2018-05-30 13:04:31	a8fcac3f0884520c35103e
Anaconda3-5.2.0-Windows-x86.exe	506.3M	2018-05-30 13:04:19	64305a4c0041aaf4a3fd0f
Anaconda3-5.2.0-Windows-x86_64.exe	631.3M	2018-05-30 13:04:18	2672f6537e2c8a79ae9540
Anaconda2-5.2.0-Windows-x86.exe	443.4M	2018-05-30 13:04:17	2b81916c477e64db917821
Anaconda2-5.2.0-Windows-x86_64.exe	564.0M	2018-05-30 13:04:16	e5ff95332d08a7b006a5bb
Anaconda3-5.1.0-Windows-x86.exe	435.5M	2018-02-15 09:10:28	7a05da21fd592991d181ac
Anaconda3-5.1.0-Windows-x86_64.exe	537.1M	2018-02-15 09:10:26	7d192e58915d7e7fbfd0c9

图 1-4　下载安装包

1.2.2　Anaconda 安装

首先在 C 盘根目录下创建文件夹，命名为 anaconda，作为之后存储安装路径的位置，如图 1-5 所示。

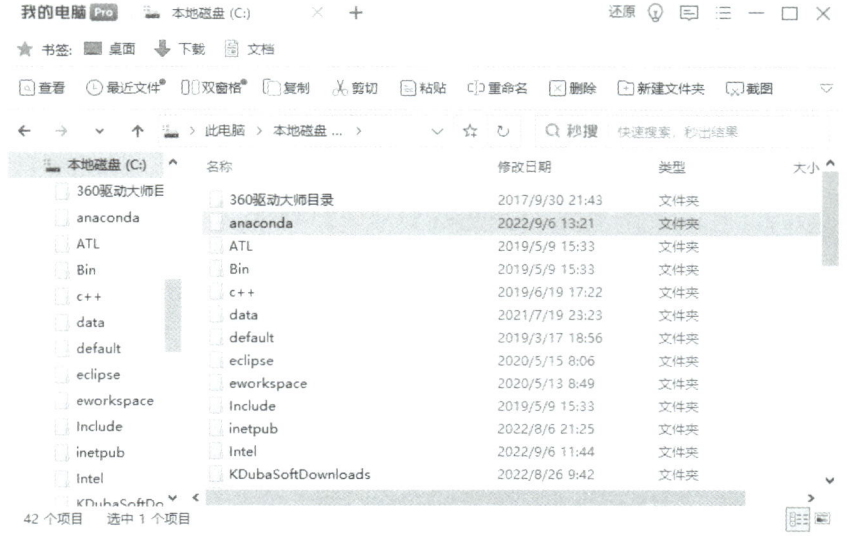

图 1-5　创建存储安装路径

双击安装包，进行 64 位 Windows 安装程序 Anaconda3-5.2.0-Windows-x86_64.exe 的安装，如图 1-6 所示。单击 Next 按钮，按顺序进行安装。

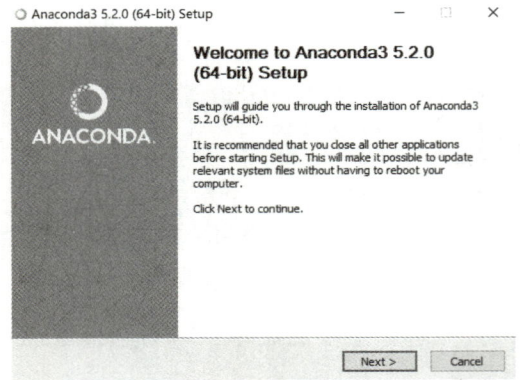

图 1-6　进入安装界面

进入图 1-7 所示的界面，单击 I Agree 按钮，签署同意书。

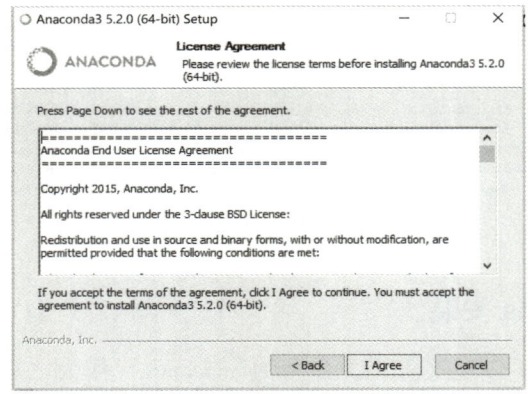

图 1-7　签署同意书

选择你想要的安装方式来执行 Anaconda3 5.2.0，如果你的计算机有多个用户，选择 All Users 单选按钮，这里一般选择 Just Me 单选按钮，如图 1-8 所示。完成选择后，单击 Next 按钮。

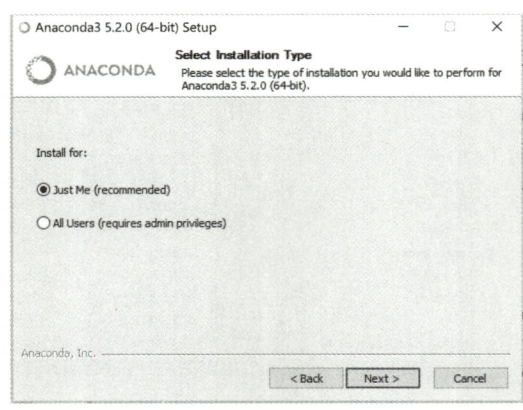

图 1-8　选择用户模式

进入安装界面，如图 1-9 所示，单击 Browse 按钮浏览之前创建的 anaconda 文件夹，然后单击 Next 按钮。

第 1 章　Python 的安装

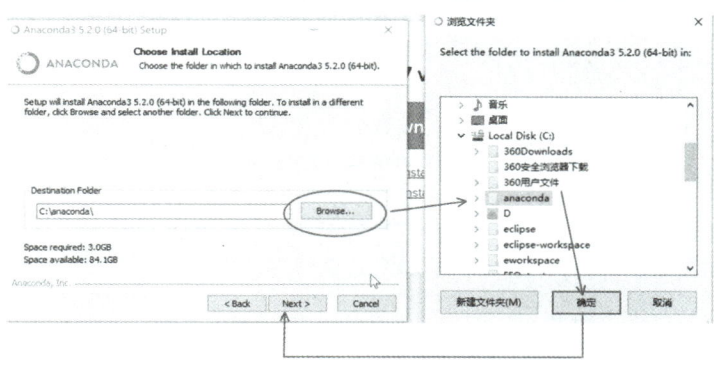

图 1-9　设定存储路径

如图 1-10 所示，第一个选项表示将 anaconda 添加到系统环境变量中，第二个选项表示默认使用 Python 3.6，单击 Install 按钮实现安装。

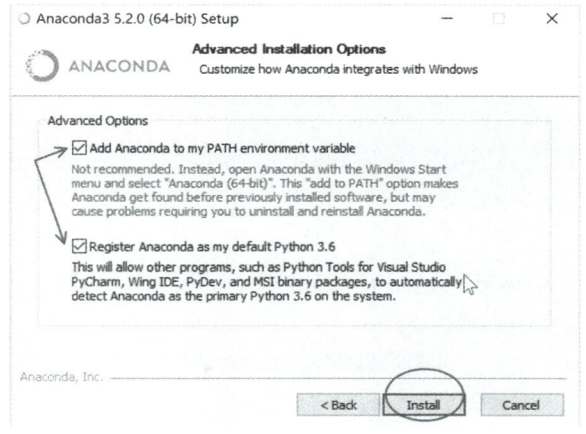

图 1-10　进行环境基础配置

Anaconda 同微软合作推出了 Visual Studio Code，Visual Studio Code 是一个免费、开源、流线型的跨平台代码编辑器，可以很好地支持 Python 代码编辑、智能感知、调试、代码控制等。如图 1-11 所示，单击 Install Microsoft VSCode 按钮进行安装。

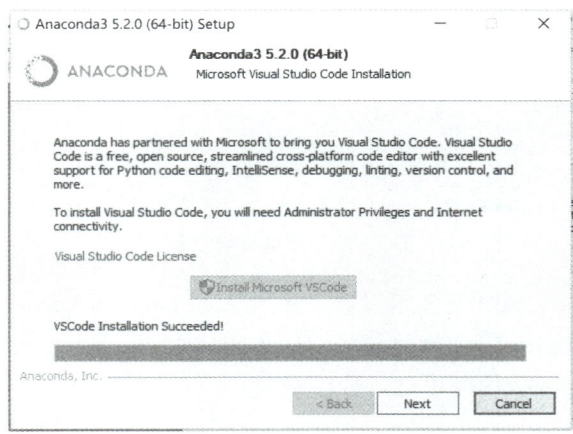

图 1-11　安装 Visual Studio Code

005

此时，已基本完成 Anaconda 的安装，如图 1-12 所示，可以直接单击 Finish 按钮结束进程。

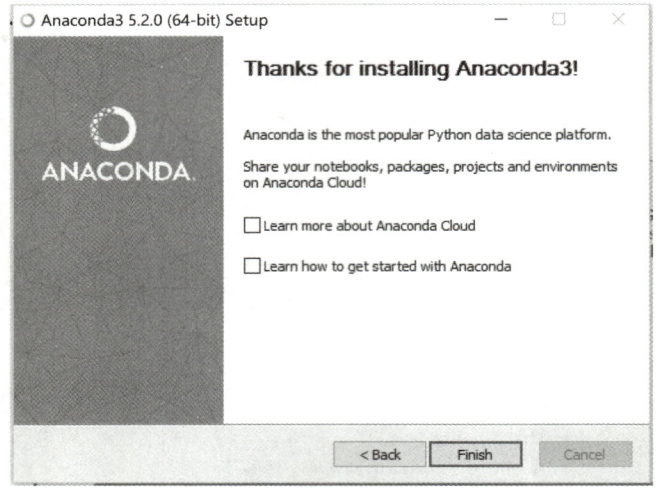

图 1-12　安装完成结束进程

完成上述安装步骤后，还需进行环境配置，选择"控制面板"→"系统和安全"→"系统"→"高级系统设置"→"环境变量"→"系统变量"→Path，添加下述路径（如图 1-13 所示）：

;C:\anaconda;C:\anaconda\Library\mingw-w64\bin;C:\anaconda\Library\usr\bin;C:\anaconda\Library\bin;C:\anaconda\Scripts

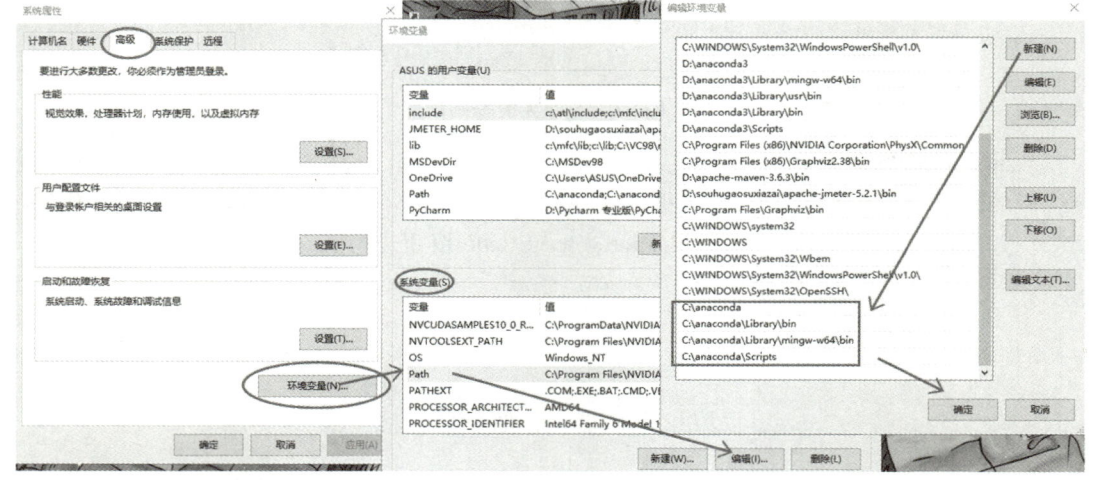

图 1-13　添加环境变量

单击"确定"按钮，完成环境变量设置。进入 Anaconda Navigator 导航界面，如图 1-14 所示。Home 界面有 JupyterLab、Notebook、Qt Console、Spyder 等模块或安装链接，单击 JupyterLab 下方的 Launch 按钮即可进入程序编写。

第 1 章　Python 的安装

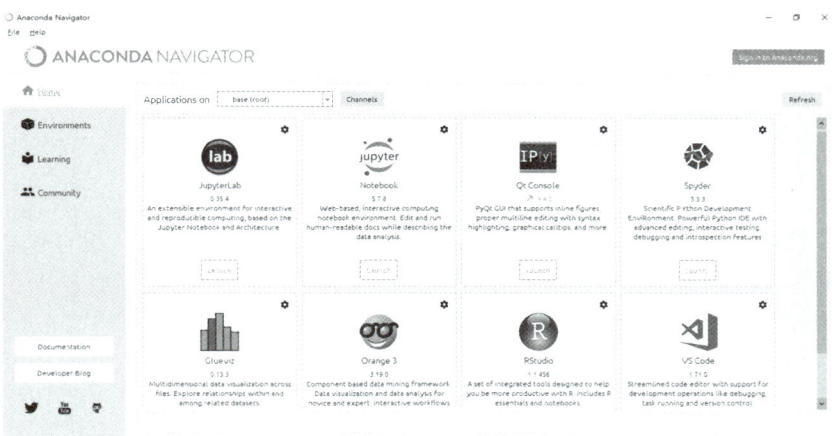

图 1-14　Anaconda Navigator 导航界面

1.3　Jupyter Notebook 的运用

　　Jupyter Notebook 会在系统默认的浏览器中打开，如图 1-15 所示，单击右上角的 New 按钮，创建一个文件包，命名为 Python2022。

图 1-15　新建一个文件包

　　以同样的方式单击 New 按钮，创建一个新 Python 3，浏览器自动进入 Jupyter Notebook 程序界面，如图 1-16 所示。

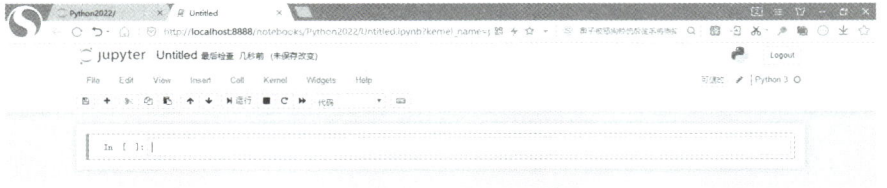

图 1-16　新建一个 Python 3

　　在 In [ ]：文本框中输入需要运行的代码，单击上方的"运行"按钮，系统得出程序运行结果，如图 1-17 所示。

图 1-17　使用"运行"按钮运行程序

　　除了单击"运行"按钮，还可以按〈Ctrl+Enter〉组合键得到程序运行结果，如图 1-18

007

所示。

图 1-18　使用〈Ctrl+Enter〉组合键运行程序

单击"+"按钮，得到新的代码行，此时输入代码，按〈Shift+Enter〉组合键得到程序运行结果的同时，也会生成新的代码行，如图 1-19 所示。

图 1-19　使用〈Shift+Enter〉组合键运行程序

1.4　环境测试

查看 Python 安装的模块和版本，输入命令：pip list，如图 1-20 所示。

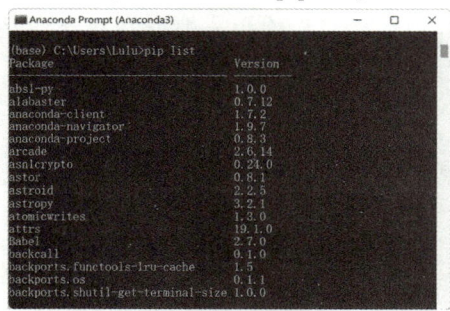

图 1-20　查看已安装的模块和版本

也可以选择在 Anaconda Navigator 的 Environments 界面检查环境中已安装的模块和版本，如图 1-21 所示。

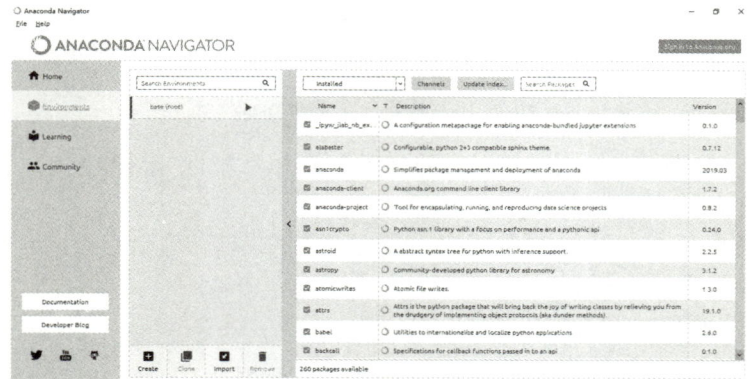

图 1-21　在 Environments 界面查看已安装的模块和版本

1.5 本章小结

Python 语言有着简洁、易读和可扩展的特点。Anaconda Python 集合了科学计算、机器学习和数据挖掘,以及其他重要的包,标准库功能齐全、代码可读性强,非常适合初学者使用。

1.6 习题

1-1 下载并安装 Anaconda Python。
1-2 除 Python 外,还有哪些机器学习的平台或库?
1-3 简述 Python 的特点。
1-4 熟练掌握 Jupyter Notebook 的程序编写。

二维码1
第1章习题答案

第 2 章
Python 语言基础要素

本章学习目标
- 学会定义与使用变量和常量
- 理解整数和浮点数的属性与限制
- 领会注释和代码布局的重要性
- 掌握算术表达式和赋值语句的编写规则
- 熟练掌握使用 Python 字符串的方法
- 熟练掌握程序读取、输入和结果显示的代码内容

本章知识结构图

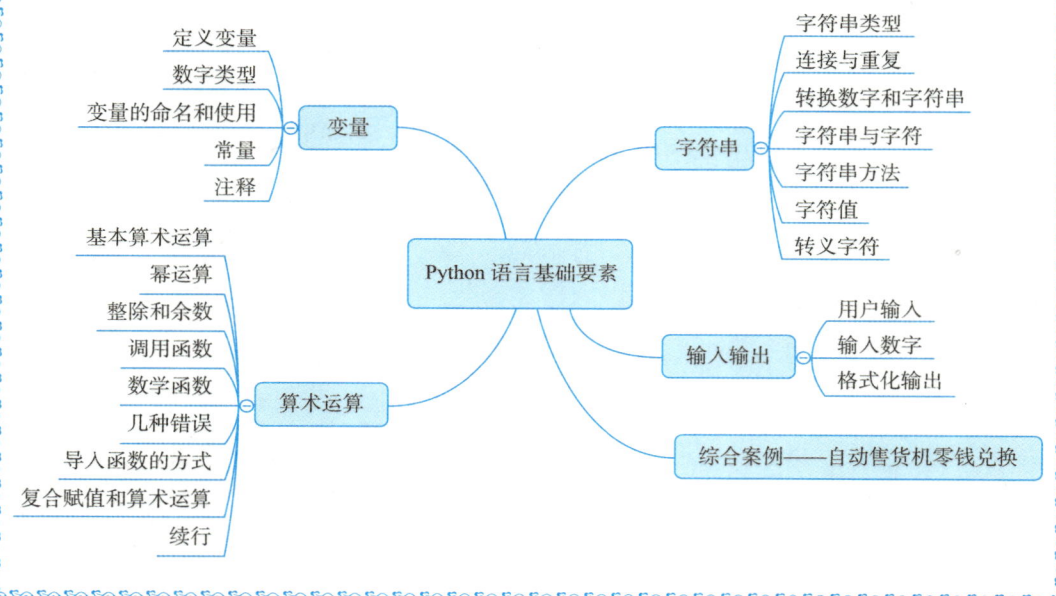

2.1 变量

在 Python 程序的运算过程中，往往需要把值存储在变量中以便后续使用。思考一下，

如果图 2-1 所示的可口可乐瓶装、罐装两者价格一样，哪种选择更为优惠？

图 2-1　可口可乐瓶装、罐装对比

在 Python 程序中，首先需要定义变量来表示一包中可乐的罐数和每罐的体积，然后计算 6 罐装一包的可乐易拉罐的总体积(以升为单位)，最后输出答案。

2.1.1　定义变量

变量代表一个存储位置，每个变量都有名称并且包含一个值。

如图 2-2 所示，以停车场的一个停车位来描述一个变量。每个停车位都拥有一个对应标识符(如 C056)，并且可以停放一辆交通工具。变量拥有一个名称(如 cansPerPack)，并且可以存储一个值。

图 2-2　停车位

使用赋值语句把一个值存入变量，例如：

```
cansPerPack=6
```

变量位于赋值语句的左边，而右边则是可以通过某种计算得到预期值的表达式，表达式的值将会被存储到该变量中。

第一次给变量赋值时，会创建变量并通过赋值对变量进行初始化。完成赋值之后，该变量就可以在新语句中使用。如果对一个已定义的变量赋予新值，那么新的值会替换该变量中已经存储的值。

【示例 2-1】创建变量并赋值。

```
cansPerPack=6
print(cansPerPack)
cansPerPack=8
print(cansPerPack)
```

程序运行结果：

6
8

此外，下面的语句在 Python 中也是合法的：

```
cansPerPack=cansPerPack+2
```

上述语句表示将查询变量 cansPerPack 中的值加上 2 后，将新的表达式结果存入变量 cansPerPack。如果执行该语句前，变量 cansPerPack 中的值是 8，那么现在的值会变成 10，如图 2-3 所示。

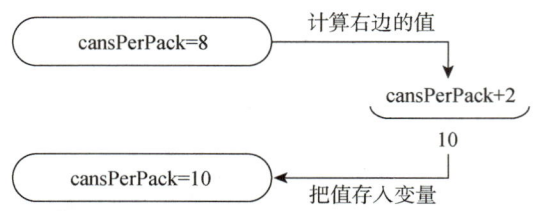

图 2-3　赋值语句 cansPerPack＝cansPerPack+2

2.1.2　数字类型

在 Python 语言中，每个值都拥有特定的类型。数据在计算机中如何表示以及计算机能够对该数据进行什么样的操作取决于值的数据类型。语言本身提供的数据类型被称为基本数据类型。

Python 支持大量的数据类型：数字、字符串、文件、容器等。其中数字也有不同的分类，完全不包含小数部分的数字称为整数。例如，买书只能一本本买，书本无法用小数分割，Python 定义这个类型为 int。当需要小数部分时（如数字 0.917），可以使用浮点数表示，即 float。

简单来说，有小数点的数字常量称为浮点数，其余则称为整数。表 2-1 说明了如何在 Python 中表示整数和浮点数常量。

表 2-1　Python 中的整数和浮点数常量

数字	类型	说明
3	int	没有小数部分的整数
−3	int	负整数
0	int	0 属于整数
0.917	float	具有小数部分的数字
3.0	float	具有小数部分".0"的整数
1E7	float	指数形式为 1×10^7 或 10 000 000
3.71E−3	float	负指数：3.71×10^{-3} = 3.71/1 000 = 0.003 71

Python 中的变量可以存储任意类型的数值。例如，用 int 型数值初始化的变量：

```
variable=3
```

同一个变量也可以拥有一个 float 类型的值：

```
variable=3.7
```

甚至可以包含一个字符串：

```
variable="variable"
```

示例 2-2 添加了一个名为 message 的变量，其存储的值为文本"加油！"。

处理第 1 行代码时，它将文本"加油！"与变量 message 关联起来；处理第 2 行代码时，它将文本"很开心，开始了新的旅程！"与变量 message 共同打印。

【示例 2-2】变量储存字符串。

```
message='加油！'
print('很开心，开始了新的旅程！',message)
```

程序运行结果：
很开心，开始了新的旅程！ 加油！

2.1.3 变量的命名和使用

当定义变量时，需要为其命名来解释其用途，在 Python 中命名时必须遵循以下一些基本原则。

（1）必须以字母或下划线（_）开头，且其他的字符必须是字母、数字或下划线。

（2）不能使用？或%之类的符号，也不能使用空白字符。可以使用大写字母表示单词边界，如 variableOfMessage。

（3）名称对大小写敏感，也就是说，variableMessage 和 variablemessage 是不同的名称。

（4）不能使用 if 或 class 等在 Python 中有特殊含义的词作为名称。

以上原则是 Python 语言的硬性规定，另外还需注意以下 3 点。

（1）最好使用描述性的名称，例如，variableMessage 就比 vm 这样缩写的名称好很多。

（2）使用小写字母开头的变量名（如 variableMessage）和仅包含大写字母的名称（如 VARIABLE_MESSAGE）表示常量。另外，用大写字母开头的名称表示用户自定义的类型（如 GraphicsWindow）。

（3）慎用小写字母 i 和大写字母 O，因为它们可能被错看成数字 1 和 0。

2.1.4 常量

常量是指指定了初始值后就不再改变的值，一般而言可以将常量名全部大写。

```
CAN_VOLUME=0.335    #12盎司易拉罐有多少升
```

同时，最好在程序中使用具名常量来解释数值。

```
totalVolume=cansPerPack*CAN_VOLUME
```

2.1.5 注释

当程序越来越复杂时，可以增加注释用于向其他阅读者解释代码。解释器不会执行注释语句，它会忽略从#开始到行尾的所有内容。

```
CAN_VOLUME=0.335      #12盎司易拉罐有多少升
```

提供注释有助于他人理解，也能帮助自己快速回顾和检验代码。此外，还可以在源代码顶部提供解释程序目的的注释，方便阅读者总览整篇代码的基本中心。

```
##
#本程序计算一个6罐装可乐易拉罐包装的容积和每升的平均价格（以升为单位）。
#以及一个2升的瓶装可乐及其每升价格
#
```

2.2 算术运算

2.2.1 基本算术运算

Python 与计算器一样支持加减乘除四则运算，但是乘法和除法的标记符号与常规计算不同。

在 Python 中，a 与 b 的乘法表示为 a*b，不能写为 ab、a·b 或 a×b。类似地，除法总是表示为 a/b，而不是 a÷b 或 $\frac{a}{b}$。例如，要把 $\frac{a+b}{2}$ 写为 (a+b)/2。

表示算术运算的+、-、*、/称为运算符。变量、常量、运算符和括号的组合称为表达式，(a+b)/2 就是一个表达式。

括号的作用和代数式中的一样，保证了表达式运算的优先级，与代数运算相同，乘法和除法运算的优先级要高于加法和减法。

2.2.2 幂运算

Python 使用指数运算符(**)表示幂运算。例如，在 Python 中，与算术表达式 a^2 等价的是 a**2。当然，指数运算符具有比其他算术运算符更高的优先级。例如，10*2**3 的值为 $10 \cdot 2^3 = 80$。与其他算术运算符不同，指数运算符是从右往左求值的。因此，Python 表达式 10**2**3 等价于 $10^{(2^3)} = 10^8 = 100\,000\,000$。

在代数中，会使用分数和指数把表达式以二维的形式展现，但是在 Python 中需要线性地编写所有的运算过程。例如，把算术表达式

$$b \times \left(1 + \frac{r}{50}\right)^n$$

变成

$$b*(1 + r/50)**n$$

2.2.3 整除和余数

当使用"/"运算符计算两个整数的商时，会得到一个浮点数。例如，7/4 会得到 1.75。而"//"运算符表示整除，正整数完成整除运算后，会丢弃小数部分只剩下商：7//4 整除运算的值为 1，因为 7 被 4 除的结果为 1.75，小数部分 0.75 被丢弃。%运算符得到的则是

整除运算时丢弃的余数，即7%4的值为3。

【示例2-3】 整除和余数。

```
print(7/4)
print(7//4)
print(7%4)
print(-7//4)
print(-7%4)
```

程序运行结果：

```
1.75
1
3
-2
1
```

%在代数中没有类似的操作，这个运算符称为取模。下面演示了//和%运算符的典型用法。假设人民币的单位为分，数值为：

```
houseprice=8653
```

现在需要计算这个数值等价于多少元，可以通过整除100来计算：

```
yuan=houseprice//100    #设置yuan为86
```

整除运算会丢弃余数。为了得到余数，使用%运算符：

```
cents=houseprice%100    #设置cents为53
```

以人民币数值为8 653为例，进行整除和取模练习，如表2-2所示。

表2-2 整除和取模

表达式 （其中 n = 8 653）	值	说明
n%10	3	对于任何正整数 n，n%10 的值是 n 的最后 1 位数字
n//10	865	n 除去最后 1 位的数字
n%100	53	n 的最后 2 位数字
n%2	1	若 n 为非负数且为偶数，则 n%2 的值为 0；否则为 1
-n//10	-866	-866 是小于或等于-865.3 的最大数

【示例2-4】 分别计算6罐装一包（即6听一联）可乐易拉罐的总体积和每升平均价格，以及2升一瓶可乐的每升平均价格，找出更便宜的选择。

```
CAN_VOLUME=0.335                              #定义一个335 mL的易拉罐的容积（升）常量
BOTTLE_VOLUME=2.0                             #定义一个2升的瓶可乐容积常量
cansPerPack=6                                 #每包易拉罐数量

totalVolume=cansPerPack*CAN_VOLUME            #计算易拉罐的总体积
print("6联装335ml可乐罐的总容积是：",totalVolume," 升")

pricePerPack=5.8                              #显示一联可乐每升价格
pricePerLiter=pricePerPack/totalVolume
print("6听一联的可乐，平均价格为：",pricePerLiter," 元/升")

pricePerBottle=5.8                            #计算瓶装可乐每升价格
pricePerLiter=pricePerBottle/BOTTLE_VOLUME
print("2升一瓶的可乐，平均价格为：",pricePerLiter," 元/升")
```

程序运行结果：

```
6联装335ml可乐罐的总容积是： 2.0100000000000002 升
6听一联的可乐，平均价格为： 2.8855721393034823 元/升
2升一瓶的可乐，平均价格为： 2.9 元/升
```

需要注意的是，变量必须在第一次使用之前实现初始化。下面的语句就是非法的：

```
canVolume=12*literPerOunce      #错误：还没有创建变量literPerOunce
literPerOunce=0.0296
```

```
NameError                                Traceback (most recent call last)
<ipython-input-25-781f667502af> in <module>()
----> 1 canVolume=12*literPerOunce      #错误：还没有创建变量literPerOunce
      2 literPerOunce=0.0296

NameError: name 'literPerOunce' is not defined
```

在 Python 程序中，语句的执行是有顺序的。虚拟机执行第一条语句时，并不知道 literPerOunce 会在下一行定义，此时会报告"未定义的名字"错误。解决办法是调整语句顺序，保证每个变量都在使用前进行创建和初始化。

此外，还需尽量使用描述性的变量名。例如，定义易拉罐容积时，CAN_VOLUME 比单纯的 cv 更容易理解，也方便阅读者辨认。

```
CAN_VOLUME=0.335      #12盎司易拉罐有多少升
```

尤其是在合作编写程序的过程中，编写者知晓 cv 表示的是易拉罐容积（can volume）而不是其他类似速度（current velocity）的单词，但是其他阅读者无法知晓 cv 的真正含义。

当然，尽量不使用没有任何说明的数字常量，即幻数，例如：

```
totalVolume=cansPerPack*0.335
```

如果单纯看该条代码，无法知晓 0.335 代表的是每一个易拉罐的容积，要计算易拉罐的总体积（升），就需要乘以 0.335。因此，具名常量使代码更加清晰明了。

```
CAN_VOLUME=0.335
totalVolume=cansPerPack*CAN_VOLUME
```

使用具名常量还有另外一个原因。假设环境发生变化，每一个易拉罐的容积变成了 350 mL。如果使用具名常量，只需要简单地修改就能完成；否则，修改者就需要查找程序中出现数字 0.335 的每个地方并确认它表示的是易拉罐的容积还是其他。

即使是常识定义的常数，也需要创建一个常量。例如，一年有 365 天：

```
DAYS_PER_YEAR=365
```

2.2.4 调用函数

函数是为了执行特定任务程序指令的集合。print() 函数是用来显示和打印信息的，除此之外，Python 还有更多可以使用的函数。

大多数函数会返回一个值，即当函数执行完运算后，会将结果值传回到该函数被调用的地方。abs() 函数会返回数字参数的绝对值，如 abs(-56) 返回 56。

函数返回的值可以保存到一个变量中，事实上，返回值可以用在同样类型的值可用的任何地方。

【示例 2-5】返回值的运用。

```
x=-56
distance=abs(x)
print("距离为：",abs(x))
```

程序运行结果：
距离为： 56

提供给一个函数的数据就是调用函数时传递的参数。例如，在调用 abs(-10) 时，-10 是传递给 abs() 函数的参数。

调用函数必须提供正确数量的参数。函数 abs() 只接收一个参数，如果调用 abs(-10, 2) 或 abs()，程序将会产生错误信息。

```
abs(-10,2)
```

```
TypeError                                 Traceback (most recent call last)
<ipython-input-29-57c6d7d7f679> in <module>()
----> 1 abs(-10,2)

TypeError: abs() takes exactly one argument (2 given)
```

```
abs( )
```

```
TypeError                                 Traceback (most recent call last)
<ipython-input-30-64d3f9e56c90> in <module>()
----> 1 abs( )

TypeError: abs() takes exactly one argument (0 given)
```

一些函数可以在特定场合接收可选参数。round() 函数被调用时若只传递了一个参数，则该函数返回最接近的整数。当传递两个参数时，第二个参数用来指定要保留的小数位数。

【示例 2-6】round() 函数的调用。

```
result1=round(3.52545)
print(result1)
result2=round(3.52545,3)
print(result2)
```

程序运行结果：
4
3.525

可以用以下形式来区分带可选参数或不带可选参数的函数调用。

```
round(x)        #返回与x最接近的整数
round(x,n)      #返回x保留n位小数的结果
```

最后，有些函数可接收任意多个参数，如 max() 和 min() 函数。示例 2-7 把变量 cheapest 设置成函数参数的最小值，也就是 2.95。

【示例 2-7】min() 函数接收任意多个参数。

```
cheapest=min(8.25,17.25,5.91,2.95)
print(cheapest)
```

程序运行结果：
2.95

图 2-4 所示为 abs() 函数、round() 函数、min() 函数 3 种调用函数的语法说明。

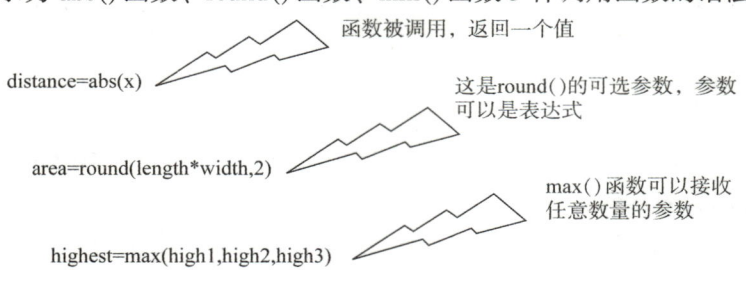

图 2-4 调用函数语法

本小节用到的函数如表 2-3 所示。

表 2-3 本小节用到的函数

函数	返回值
abs(x)	x 的绝对值
round(x) round(x, n)	把浮点数 x 四舍五入为整数或保留 n 位小数
max(x_1, x_2, ⋯, x_n)	所有参数中的最大值
min(x_1, x_2, ⋯, x_n)	所有参数中的最小值

2.2.5 数学函数

Python 包含了一个用来创建功能强大的程序的标准库。

Python 的标准库被组织为模块，相关的函数和数据类型被分组封装进同一个模块。在使用函数时，相应的模块必须已被导入程序。Python 的 math 模块包含了大量的数学函数，使用其包含的任何函数均应先导入 math 模块。例如，要使用计算参数平方根的函数 sqrt()，首先在程序文件的顶部包含下面的语句：

```
from math import exp
```

然后就可以像下面这样调用这个函数。

```
y=exp(x)
```

表 2-4 所示为 math 模块中的常用函数。

表 2-4 math 模块中的常用函数

函数	返回值
sqrt(x)	x 的平方根（x≥0）
trunc(x)	把浮点数 x 截断为整数
cos(x)	x（单位是弧度）的余弦值
sin(x)	x（单位是弧度）的正弦值
tan(x)	x（单位是弧度）的正切值

续表

函数	返回值
exp(x)	e^x
degrees(x)	把 x 从弧度转换为角度（返回 $x \cdot 180/\pi$）
radians(x)	把 x 从角度转换为弧度（返回 $x \cdot \pi/180$）
log(x) log(x, base)	返回 x 的自然对数值（底为 e）或给定基底 base 后 x 的对数值

表 2-5 所示为数学公式在 Python 中的表达示例。

表 2-5　数学公式在 Python 中的表达示例

数学表达式	Python 表达式	说明
$\dfrac{x+y}{5}$	(x+y)/5	括号是必需的 x+y/5 等价于 $x + \dfrac{y}{5}$
$\dfrac{xy}{5}$	x * y/5	不需要括号，相同优先级的运算符从左往右进行求值
$\left(1+\dfrac{x}{50}\right)^n$	(1+x/50) ** n	括号是必需的
$\sqrt{x^3+2y}$	sqrt(x ** 3+y * 2)	必须先从 math 模块中导入 sqrt() 函数
π	pi	pi 是 math 模块中定义的常量

不需要导入任何模块而可以直接使用的函数（如 print()等），被称为内置函数，因为这些函数被定义为语言本身的一部分，并且可以在程序中直接使用。

2.2.6　几种错误

舍入错误是计算浮点数时不可避免的问题。例如，计算 5/6 并保留 2 位小数会得到 0.83，再把结果乘以 6 得到 4.98 而不是 5。

在处理器硬件中，数字都使用 0 和 1 的二进制数字系统表示。对于小数而言，当二进制数字丢失时，会得到舍入错误。

【示例 2-8】数字丢失的舍入错误。

```
price=4.35
quantity=100
total=price*quantity    #应该得到100*4.35=435
print(total)            #输出434.99999999999994
```

程序运行结果：
434.99999999999994

在二进制系统中，无法精确表示 4.35，就像无法在十进制系统中精确表示 5/6 一样。计算机使用的表示比 4.35 略小，所以那个值的 100 倍也比 435 略小。

要想处理舍入错误，有两种方法，其一是通过四舍五入得到最接近的整数（round()函数），其二是在小数点后面显示指定位数的数字。

此外，还有括号不闭合的问题，如表达式：

$$((a+b+c)**t/2*(1-t)$$

易见，上式中有 3 个"("和 2 个")"，括号是不闭合的。在编写复杂表达式时需要注意括号的对应与闭合。

还需要注意表达式中空格的使用，上面一条语句要比下面一条更容易阅读。

```
x1 = (-b + exp(a * 2 - b ** 3)) / (c - a)
```

```
x1=(-b+exp(a*2-b**3))/(c-a)
```

只需要简单地在所有运算符（+、-、*、/、%、=等）两侧增加空格即可。然而，若减号表示的是单个数量负数的情况，如-b，为与 a-b 区分，则不应增加空格。

函数名称后面也不应增加空格，也就是说，要写成 exp(x) 而不是 exp (x)。

2.2.7 导入函数的方式

Python 提供了多种从模块中导入函数到程序的方式。可以从同一个模块中导入多个函数：

```
from math import sqrt,sin,cos
```

也可以把一个模块中的全部内容导入程序：

```
from math import *
```

或者使用下面的语句导入模块：

```
import math
```

使用这种形式的 import 语句（import math），需要在每次调用函数时都在前面加上模块名称和一个圆点，就像：

```
y=math.exp(x)
```

使用这种形式，阅读代码者就可以很清晰地知道一个特定的函数属于哪个模块。

2.2.8 复合赋值和算术运算

Python 可以实现复合算术运算和赋值。例如，语句：

```
num = num + age
```

它的缩写形式如下：

```
num += age
```

通过这种形式，在编写运行加 1 或减 1 的语句时更为便捷：

```
num += 1
```

2.2.9 续行

如果表达式过长，单行内无法写完，可以在下一行继续，但换行必须在括号内执行。例如：

```
x1=((-b+exp(a*2-b**3))
    /(c-a))              #正确
```

如果换行时最外层没有括号，系统便会报错，如下所示，第一行是 Python 解释器处理的一条完整语句，而下一行孤立的/(c-a)本身没有任何意义。

```
x1=(-b+exp(a*2-b**3))
    /(c-a)                    #错误
    File "<ipython-input-56-c353c539c569>", line 2
        /(c-a),  #错误

IndentationError: unexpected indent
```

若换行时没有括号，则在最后一个字符后加上反斜线，也能连接上下行：

```
x1=(-b+exp(a*2-b**3))\
    /(c-a)                    #正确
```

需要注意的是，反斜线不能添加任何空格或制表符。

2.3 字符串

很多程序员处理的是文本而不是数字。文本包含字母、数字、标点符号、空格等字符。字符串是一系列字符。例如，字符串"Python"是一个包含6个字符的序列。

2.3.1 字符串类型

字符串可以直接被打印，也可以保存在变量中，需要时像数字值一样来访问。

【示例2-9】字符串的打印。

```
s='happy'
print(s)
print('happy')
```

程序运行结果：

```
happy
happy
```

Python允许字符串中包含单引号或双引号两种界定符。字符串常量表示一个特定的字符串（如"这句话很长。"），由包含在一对单引号或双引号中的字符序列来指定。

【示例2-10】字符串中的单引号与双引号。

```
print("这句话很长。",'So is this.')
print('he says:"hello"')
```

程序运行结果：

```
这句话很长。 So is this.
he says:"hello"
```

字符串中字符的数量称为字符串的长度。例如，"Good"的长度是4。Python内置函数len()就是用来计算一个字符串的长度。

【示例2-11】len()计算字符串的长度。

```
print(len("wqadbsv"))
```

程序运行结果：

```
7
```

长度为0的字符串称为空字符串，它不包含字符，写作""或''。

2.3.2 连接与重复

给定两个字符串,如"Steve"和"Jobs",可以把它们连接成一个字符串,结果中包含两个字符串中的所有字符,其中第一个字符串中的字符在前,第二个字符串中的字符在后。在示例2-12中,使用+运算符连接两个字符串,结果为name1。想要两者之间有空格,需使用字符串常量" ",结果为name2。

【示例2-12】 连接字符串。

```
firstName="Steve"
lastName="Jobs"
name1=firstName+lastName
name2=firstName+" "+lastName
print(name1)
print(name2)
```

程序运行结果:

```
SteveJobs
Steve Jobs
```

如果+运算符的左侧或右侧的表达式是字符串,那么另一侧的表达式也必须是字符串,否则会导致语法错误。字符串和数字不能连接到一起。

```
print("你买了几张机票"+10)    #错误:只能连接字符串
```

```
TypeError                                 Traceback (most recent call last)
<ipython-input-69-4d193ff8858b> in <module>()
----> 1 print("你买了几张机票"+10)    #错误:只能连接字符串

TypeError: must be str, not int
```

【示例2-13】 字符串和数字相连的两个解决方案。

```
print("你买了几张机票",6)          #解决方案1
print("你买了几张机票",str(6))     #解决方案2
```

程序运行结果:

```
你买了几张机票 6
你买了几张机票 6
```

如果需要一个由单字符串多次重复产生的新字符串,而不需要指定完整体的字符串常量,只需使用*运算符来创建一个包含20个"ok—"字符的字符串。

【示例2-14】 20个"ok—"字符串。

```
print("ok—"*20)
```

程序运行结果:

ok—ok—ok—ok—ok—ok—ok—ok—ok—ok—ok—ok—ok—ok—ok—ok—ok—ok—ok—ok—

2.3.3 转换数字和字符串

有时候需要把数字转换为字符串。例如,假设需要在字符串尾部追加一个数字,不能直接连接字符串和数字:

```
name="Alice"+2000
```

```
TypeError                           Traceback (most recent call last)
<ipython-input-72-937604f21102> in <module>()
----> 1 name="Alice"+2000

TypeError: must be str, not int
```

因为字符串连接只能在两个字符串之间进行，必须首先把数字转换为字符串。为了生成数字值的字符串表示，使用函数 str()把整数或浮点数转换为字符串。

【示例 2-15】str()把整数或浮点数转换为字符串。

```
id=2000
height=174.4
code1="Alice"+str(id)         #整数转换为字符串
code2="Alice"+str(height)     #浮点数转换为字符串
print(code1)
print(code2)
```

程序运行结果：
```
Alice2000
Alice174.4
```

当然，也可以使用函数 int()或 float()把包含数字的字符串转换为数字值，当字符串来自用户输入时，这个转换很重要。

```
id=int("2000")
height=float("174.4")
```

传递给函数 int()或 float()的字符串只能包含隐含类型的常量。如下所示，"h+"不是浮点数常量的一部分，运行时会产生错误。

```
value=float("20h+45.32")
```

```
ValueError                          Traceback (most recent call last)
<ipython-input-45-20187b8846d5> in <module>()
----> 1 value=float("20h+45.32")

ValueError: could not convert string to float: '20h+45.32'
```

前面和后面的空白字符会被忽略：int(" 2000 ")仍然是 2 000。

2.3.4　字符串与字符

字符串是 Unicode 字符的序列。可以使用字符串和位置来访问单个字符，这个位置称为字符的索引。

第 1 个字符的索引是 0，第 2 个字符的索引是 1，以此类推。

如图 2-5 所示，字符串"Example"的第 1 个字符"E"的索引是 0；字符串"保持良好的习惯"的第 2 个字符"持"的索引是 1。

图 2-5　中英索引示例

通过特殊的下标记号可以访问单个字符,位置被放置在方括号中。例如,从字符串中提取两个不同的字符。示例 2-16 第 2 条语句提取出字符串的第 1 个字符"H"并存入变量 first;第 3 条语句提取位置 4 上面的字符,也就是最后一个字符,然后存入变量 last。

【示例 2-16】从字符串中提取不同的字符。

```
name="Harry"
first=name[0]
last=name[4]
first,last
```

程序运行结果:
('H', 'y')

【示例 2-17】将提取的字符连在一起。

```
name1="张小鸣"
name2="雷小军"
name=name1[0]+name2[0]
print(name)
```

程序运行结果:
张雷

字符串运算如表 2-6 所示。

表 2-6 字符串运算

语句	结果	说明
string = "Py" string = string+"thon"	string 被设置为"Python"	当用于字符串时,"+"表示连接
print("please"+"enter your name:")	打印 please enter your name:	使用续行符打印无法在一行内编写的字符串
team = str(49)+"ers"	team 被设置为"49ers"	因为 49 是一个整数,所以必须被转换为字符串
word = "C & N & I" n = len(word)	n 被设置为 9	在统计数量时每个空格都作为一个字符
name = "Jerry" position = name[0]	position 被设置为"J"	第 1 个下标是 0
last = string[len(string)-1]	last 被设置为包含 string 中最后一个字符的字符串	最后一个字符的位置是 len(string)-1

2.3.5 字符串方法

在计算机编程中,对象是表示具有特定行为的值的实体。值可以是字符串,也可以是图形窗口或数据文件。对象的行为通过方法来指定。方法和函数很类似,是执行特定任务的一系列程序指令。但是与函数不同的是,方法只能用于定义好的类型的对象,而函数则是独立的操作。例如,可以把 upper() 方法应用于任何字符串,令方法名紧跟在对象之后,并且使用一个圆点(.)分隔,返回一个字符串的大写版本。

【示例 2-18】upper() 和 lower() 方法的调用。

```
name="John Smith"
uppercaseName=name.upper()
print(uppercaseName)
print(name.lower())
print("Pore".lower())
```

程序运行结果:

```
JOHN SMITH
john smith
pore
```

方法调用跟函数调用一样,也可以有参数。例如,字符串方法 replace() 创建一个新字符串,其中给定子字符串的每次出现都被替换为第 2 个字符串。

【示例 2-19】replace() 方法的调用。

```
name="John Simth,Jone Mike"
print(name.replace("John","Jone"))
```

程序运行结果:

```
Jone Simth,Jone Mike
```

注意,任何方法的调用都不能修改字符串的值。调用 name.upper() 之后,变量 name 的值仍然是 "John Smith",只不过是返回了字符串值的大写版本。类似地,replace() 方法返回替换后的新字符串,不会对原字符串做任何修改。

关于 lower()、upper()、replace() 方法的调用总结如表 2-7 所示。

表 2-7　关于 lower()、upper()、replace() 方法的调用总结

方法	返回值
a.lower()	字符串 a 的小写版本
a.upper()	字符串 a 的大写版本
a.replace(yes,no)	返回一个新字符串,其中子字符串 yes 在 a 中的每次出现都被替换为 no

以字符串 "EXAMPLE" 为例,对字符串常用方法做简要介绍,如表 2-8 所示。

表 2-8　字符串常用方法

函数(str="EXAMPLE")	作用/返回	参数	print 结果
str.capitalize()	首字母大写,其他小写的字符串	无	"Example"
str.count(sub[,start[,end]])	统计 sub 字符串出现的次数	"X"	1
str.isalnum()	判断是否是字母或数字	无	True
str.isalpha()	判断是否是字母	无	True
str.isdigit()	判断是否是数字	无	False
str.strip([chars])	开头、结尾不包含 chars 中的字符	"EAM"	"XPL"
str.split([sep],[maxsplit])	以 sep 为分隔符分割字符串	"AM"	["EX","PLE"]
str.upper()	返回字符均为大写的 str	无	"EXAMPLE"
str.find(sub[,start[,end]])	查找 sub 第 1 次出现的位置	"MP"	3
str.replace(old,new[,count])	在 str 中,用 new 替换 old	"E","e"	"eXAMPLe"

【示例 2-20】strip() 方法的调用。

```
str="EXAMPLE"
str1=str.strip("EXA")
str2=str.strip("XA")
str3=str.strip("E")
str4=str.strip("PLE")
print(str1)
print(str2)
print(str3)
print(str4)
```

程序运行结果：
```
MPL
EXAMPLE
XAMPL
XAM
```

2.3.6 字符值

字符在内部是作为整数值存储的，给定字符的值取决于所使用的编码规则。例如，若查找字符"A"的值，则会发现它实际上被编码为数字 65。

Python 提供了两个与字符编码有关的函数。函数 ord() 用来返回表示指定字符的数字，而 chr() 函数则用来返回与给定编码对应的字符。

【示例 2-21】ord() 和 chr() 函数的调用。

```
print("指定字符A对应的数字是：",ord("A"))
print("编码97对应的字符是：",chr(97))
```

程序运行结果：
```
指定字符A对应的数字是： 65
编码97对应的字符是： a
```

2.3.7 转义字符

若需要在一个字符串常量中同时包含单引号和双引号，则需要在引号前面使用反斜线（\）。例如，在字符串常量"he says:\"hello\""中的单词 hello 两侧使用双引号就需要在双引号前加入反斜线。反斜线不属于字符串，用来表示后面的引号应该是字符串的一部分而不是字符串的结束符。序列\"被称作转义字符。

为了在字符串中包含一个反斜线，需要使用转义字符\\。

为对字符串进行换行，需要使用转义字符\n。打印换行符后的字符将作为新行的开始。

【示例 2-22】转义字符的调用。

```
print('he says:\"hello\"')    #单引号中间的反斜线
print("C:\\ob")               #字符串中间的反斜线
print("C:\nob")               #字符串换行
```

程序运行结果：
```
he says:"hello"
C:\ob
C:
ob
```

2.4 输入输出

2.4.1 用户输入

在打印姓名的程序中,初始变量中的两个姓名是通过常量指定的,如果这两个姓名由程序用户输入而不是使用固定的值,那么这个程序就可以适用于任何一对姓名。

当程序要求用户输入时,应该首先输出一个提示来告诉用户期望得到什么样的输入。在 Python 中,显示一个提示和接收键盘输入被组合为一个操作。

```
first =input("请输入你的姓名:")
```

函数 input() 在控制台窗口中显示字符串参数。

请输入你的姓名:

显示提示之后,程序等待用户输入一个姓名。

请输入你的姓名:谷爱凌

用户完成输入,按〈Enter〉键,然后字符串序列被 input() 函数接收并作为字符串返回。

【示例 2-23】input() 的输入。

```
first =input("请输入你的姓名:")
```

程序运行结果:

请输入你的姓名:谷爱凌

在上述例子中,字符串存储到了变量 first 中,以便后续调用。

【示例 2-24】获取用户输入的两个姓名并输出两个姓名的首汉字。

```
first=input("请输入你的姓名:")        #本程序获取用户输入的两个姓名并输出一对首汉字
second=input("请输入你朋友的姓名:")
initials=first[0]+"&"+second[0]      #取两个姓名的首汉字,并连在一起
print(initials)
```

程序运行结果:

请输入你的姓名:谷爱凌
请输入你朋友的姓名:苏翊鸣
谷&苏

2.4.2 输入数字

函数 input() 只能从用户获取一个字符串,若想要获取一个数字,应该先使用函数 input() 获取字符串形式的数据,然后使用 int() 或 float() 等函数将其转换为想要的数字类型。

例如,只要知晓可乐易拉罐的价格和数量,就可以计算其总价格,一包可乐易拉罐的数量是一个整数值,而一包可乐易拉罐的价格则是一个浮点数。

在这个例子中,userInput 是一个用来存储字符串形式的整数值的临时变量,当输入的字符串被转换为整数值并保存到 bottles 或 price 中之后,这个变量就不再需要了。使用同样的方法即可将输入的字符串转换为浮点数。

【示例 2-25】输入至临时变量后转换成数字类型。

```
userInput1=input("请输入一包可乐的易拉罐数量：")
bottles=int(userInput1)
userInput2=input("请输入一包可乐的价格:")
price=float(userInput2)
```

程序运行结果：
请输入一包可乐的易拉罐数量：6
请输入一包可乐的价格:5.8

2.4.3 格式化输出

很多时候，计算输出的结果拥有多位小数，一般来说，会将其四舍五入为两位有效数字。例如，将结果"2.8855721393034823 升/元"保留两位小数；当然也可以指定一个域的宽度，限定字符的总数量和空格。例如，将价格使用 6 个字符并且右对齐的形式输出。

【示例 2-26】字符串格式化运算符的应用——保留小数和限定空格数量。

```
print("6联装335毫升可乐罐的平均价格是：%6.2f元/升" %pricePerLiter)
print("6联装335毫升可乐罐的平均价格是：%.2f元/升" %pricePerLiter)
```

程序运行结果：
6联装335毫升可乐罐的平均价格是： 2.90元/升
6联装335毫升可乐罐的平均价格是：2.90元/升

传递给函数 print() 的参数指定了字符串将被如何格式化，结果是一个可以被输出或保存到变量中的字符串。

当运算符的左右两侧都是数字时，%用于计算向下取整除法的余数。如果左侧是一个字符串，%就变成了字符串格式化运算符。字符串格式化运算符左侧的字符串称为格式字符串，其可以包含一个或多个格式限定符和字面字符，不是格式限定符的任何字符都会按字面意思进行打印，如图 2-6 所示。

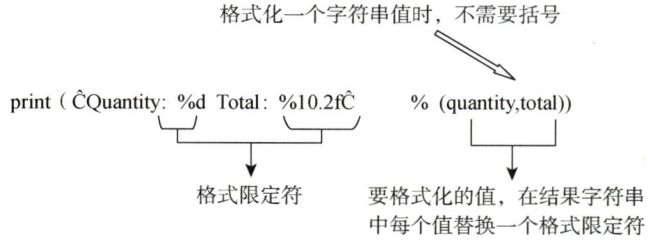

图 2-6 字符串格式运算符

结构%10.2f 被称为格式限定符，用来描述一个值应如何格式化。格式限定符尾部的字母 f 表示正在格式化一个浮点数，d 表示格式化一个整数，s 表示格式化一个字符串，表 2-9 给出了更多例子。

表 2-9 格式限定符举例

格式字符串	样本输出 （以 · 表示输出中的空格）	说明
"%d"	24	使用 d 格式化一个整数
"%5d"	···24	宽度指定为 5，增加了空格

续表

格式字符串	样本输出（以·表示输出中的空格）	说明
"%05d"	00024	如果在宽度前面增加 0，那么会使用 0 填充，而不是空格
"Quantity:%5d"	Quantity：···24	在格式字符串内部，而在格式限定符外部的字符会直接出现在输出中
"%f"	1.21997	使用 f 格式化浮点数
"%.2f"	1.22	在小数点后面输出两位数字
"%7.2f"	···1.22	宽度设置为 7，增加了空格
"%s"	Hello	使用 s 格式化字符串
"%d %.2f"	24·1.22	可以一次格式化多个值
"%9s"	····Hello	字符串默认使用右对齐
"%-9s"	Hello····	使用负数作为宽度表示左对齐
"%d%%"	24%	在输出中增加百分号使用%%

可以使用一个字符串格式化运算符格式化多个值，但是必须把它们放在一个闭合的括号中，并且使用逗号进行分隔。下面是一个典型的例子。

【示例 2-27】字符串格式化运算符的应用——格式化多个值。

```
pi=3.1415926
radius=10
area=314.15926
print("圆的半径为： %d，面积为:%10.2f" % (radius,area))
```

程序运行结果：

圆的半径为： 10，面积为：   314.16

要格式化的值(在上面的例子中是 radius 和 area)按出现的先后顺序进行格式化。也就是说，第 1 个值使用第 1 个格式限定符(%d)格式化，第 2 个值(area 中存储的值)使用第 2 个格式限定符(%10.2f)格式化，以此类推。

【示例 2-28】当指定宽度时，值在给定数量的列中是右对齐的，若想指定左对齐方式，则需在字符串域宽度之前增加一个负号。

```
title1="Quantity:"
title2="Price:"
print("%10s %10d"%(title1,16))
print("%10s %10d"%(title2,78))
print("%-10s %10d"%(title1,16))
print("%-10s %10d"%(title2,78))
```

程序运行结果：

```
 Quantity:         16
    Price:         78
Quantity:          16
Price:             78
```

【示例 2-29】用示例 2-4 中可乐易拉罐的数据进行输入输出与格式字符串的练习。

```
userInput=input("请输入每个易拉罐的容积（升）：")    #获取每个易拉罐的容积（升）
CAN_VOLUME=float(userInput)
userInput=input("请输入每包（6罐）的价格：")        #获取每包（6罐）的价格
pricePerPack=float(userInput)

userInput=input("请输入每包易拉罐的数量：")         #每包易拉罐的数量
cansPerPack=float(userInput)

userInput=input("请输入每大瓶可乐的容积（升）：")    #获取每大瓶可乐的容积（升）和价格
BOTTLE_VOLUME=float(userInput)
userInput=input("请输入大瓶可乐的价格：")
pricePerBottle=float(userInput)

totalVolume=cansPerPack*CAN_VOLUME              #计算易拉罐的总容积
print("6联装335毫升可乐罐的总容积是：%6.2f元/升" %totalVolume)

pricePerLiter=pricePerPack/totalVolume          #计算一包6联装易拉罐的每升平均价格
print("6联装335毫升可乐罐的平均价格是：%6.2f元/升" %pricePerLiter)

pricePerLiter=pricePerBottle/BOTTLE_VOLUME      #计算一个2升的瓶装可乐的每升平均价格
print("一个2升的瓶装可乐的每升平均价格是：%6.2f元/升" %pricePerLiter)
```

程序运行结果：

```
请输入每个易拉罐的容积（升）：0.335
请输入每包（6罐）的价格：5.8
请输入每包易拉罐的数量：6
请输入每大瓶可乐的容积（升）：2
请输入大瓶可乐的价格：5.8
6联装335毫升可乐罐的总容积是：   2.01元/升
6联装335毫升可乐罐的平均价格是：  2.89元/升
一个2升的瓶装可乐的每升平均价格是：  2.90元/升
```

用户完成输入操作后，就应立刻将输入结果从字符串转换为相应的数字值。先将获取的字符串保存到一个临时变量中，然后在下一条语句中立即将其转换为数字。不要在需要数字值时才将字符串转换为相应的格式：

```
unitPrice=input("请输入一本书的单价:")
price1=float(unitPrice)
price2=5*float(unitPrice)        #不好的方式
```

相反，应立刻把字符串输入转换成数字：

```
unitPriceInput=input("请输入一本书的单价:")
unitPrice=float(unitPriceInput)   #读取输入之后立刻执行这个操作
price1=unitPrice
price2=5*unitPrice
```

此外，多次重复同样的操作也较为低效。更为简洁的方式是把函数input()和float()的调用组合到一条语句中。函数input()返回的字符串直接传递给函数float()，无须经过一个变量的中转。

```
unitPrice=float(input("请输入一本书的单价:"))
```

2.5 综合案例——自动售货机零钱兑换

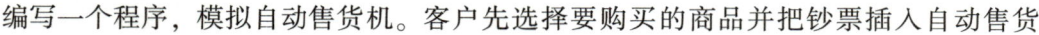

编写一个程序，模拟自动售货机。客户先选择要购买的商品并把钞票插入自动售货

机。自动售货机给出购买的商品和零钱。假设所有物品的售价都是 5 角的整数倍，机器找零时只能提供 1 元硬币和 5 角硬币。任务是计算每种类型硬币应该找回多少。

自动售货机物品的售价：2 元、3 元、4 元、5 元、6 元等整数形式；2.5 元、3.5 元、4.5 元、5.5 元和 6.5 元等小数形式。

找零：只找 1 元和 5 角的整数倍。

第 1 步——理解问题：输入是什么？输出是什么？

这个问题中，有两个输入：用户插入的钞票面额，购买物品的价格；有两个输出：机器找回的 1 元硬币数量，找回的 5 角硬币数量。

第 2 步——手工计算具体的实例。

假设用户为了购买 3.5 元的可乐而插入 10 元的钞票，那么客户应该得到 6 个一元的硬币和一个 5 角的硬币。

假设用户为了购买 5 元的酸奶而插入 10 元的钞票，那么客户应该得到 5 个一元的硬币。表 2-10 所示为基于 Python 语言的硬币兑换实例。

表 2-10　硬币的兑换实例

运算公式	运算规则	运算所得	备注
10*10-3.5*10	=	65 角	
65//10	=	6 元	6 个 1 元
65%10	=	5 角	
5//5	=	1 个	1 个 5 角

第 3 步——编写计算答案的伪代码。

给定任意物品价格和付款，应该如何计算找零的硬币呢？

首先，按表 2-11 所示的公式计算剩余的钱数。

表 2-11　剩余钱数计算

运算所得	运算规则	运算公式
剩余的钱数 changeDue	=	10*输入的钱数-10*商品价格

其次，为了得到找零的 1 元硬币个数和 5 角硬币个数，需要按表 2-12 所示执行找零的步骤。

表 2-12　找零计算公式

运算所得	运算规则	运算公式
1 元硬币个数 yuan	=	changeDue(剩余钱数)//10
角的个数 changeDue	=	changeDue(剩余钱数)%10
5 角硬币的个数 fiveDime	=	changeDue(角的个数)//5

最后，输出找零的 1 元硬币的个数和 5 角硬币的个数。

第 4 步——声明计算中需要的变量和常量，并确定它们需要保存什么类型的数据值。

本例我们至少需要 6 个变量和 2 个常量，如表 2-13 所示，对计算中需要的变量和常量进行定义。

表 2-13 计算中需要的变量和常量

变量和常量	说明
billValue	输入的钞票面额
itemPrice	商品价格
changeDue	剩余钱数（角）
yuan	用于找零的 1 元硬币的个数
fiveDime	用于找零的 5 角硬币的个数
userInput	用户控制台的输入（字符串）
DIMES_PER_YUAN = 10	1 元等于 10 角
DIMES_PER_FIVEDIME = 5	5 角等于 5 个 1 角

第 5 步——把伪代码翻译成代码。

```
changeDue=billValue*DIMES_PER_YUAN-itemPrice*DIMES_PER_YUAN
yuan=changeDue//DIMES_PER_YUAN
changeDue=changeDue % DIMES_PER_YUAN
fiveDime=changeDue//DIMES_PER_FIVEDIME
```

第 6 步——提供输入和输出。

```
userInput=input("请输入您的钱数（5=5元，10=10元，20=20元）？")
billValue=int(userInput)
userInput=input("请输入您购买商品的价格（4.5=4.5元）？")
itemPrice=float(userInput)
```

完成计算后，需要输出结果。为了让输出页面更加美观，可以对输出的字符串进行格式化，保证输出能够排列整齐：

```
print("找零：%3d 个1元" % yuan)
print("找零：%3d 个5角" % fiveDime)
```

第 7 步——给出 Python 程序。

在这个程序中，需要声明常量和变量（第 4 步），执行计算（第 5 步），提供输入和输出（第 6 步）。因此，相应的步骤应该是首先获得输入，然后执行计算，最后显示输出，并在程序开始处定义常量，在使用之前定义相应的变量。

【示例 2-30】模拟一个能找零钱的自动售货机。

```
DIMES_PER_YUAN=10                                          #1.定义常量
DIMES_PER_FIVEDIME=5

userInput=input("请输入您的钱数（5=5元，10=10元，20=20元）？")   #2.定义变量并从用户获得输入
billValue=int(userInput)
userInput=input("请输入您购买商品的价格（4.5=4.5元）？")
itemPrice=float(userInput)

changeDue=billValue*DIMES_PER_YUAN-itemPrice*DIMES_PER_YUAN   #3.计算应找回的零钱
yuan=changeDue//DIMES_PER_YUAN
changeDue=changeDue % DIMES_PER_YUAN
fiveDime=changeDue//DIMES_PER_FIVEDIME

print("找零：%3d 个1元" % yuan)                              #4.打印找回的零钱
print("找零：%3d 个5角" % fiveDime)
```

程序运行结果：

```
请输入您的钱数（5=5元,10=10元,20=20元）? 20
请输入您购买商品的价格（4.5=4.5元）? 13.5
找零:      6 个1元
找零:      1 个5角
```

2.6 本章小结

在 Python 程序中，变量可以存储任意类型的数值，int 表示整数类型，float 表示浮点数类型，常量为指定了初始值后就不再改变的值。当程序变得复杂时，需要增加注释，用来向其他阅读者解释代码。

函数是为了执行特定任务的程序指令的集合，调用函数必须提供正确数量的参数。字符串可以直接被打印，也可以保存在变量中。

2.7 习题

2-1 一个直径为 d 的圆，其中 c 为弦长，h 为阴影部分的高度，如图 2-7 所示。阴影面积的近似计算公式为：

$$A \approx \frac{2}{3}ch + \frac{h^3}{2c}$$

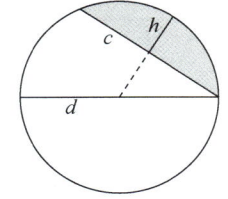

图 2-7 题 2-1 图示

假设该圆的直径是 12 cm，切片部分的弦长是 10 cm，计算阴影部分的面积。并编写程序，设计一个给定任意直径和弦长都可以得到阴影面积的通用算法。

2-2 编写程序读入一个 6 位的正整数，然后打散为 6 个独立的个位数输出。例如，若输入"387492"，则控制台输出"3 8 7 4 9 2"。

2-3 判断下列用法和说法的对错：

（1）message_1 和 1_message；

（2）greeting message 和 greeting_message；

（3）print=6；

（4）student_name 比 s_n 命名更好些；

（5）length_of_persons_name 比 name_length 命名更好些；

（6）在 Python 中不区分大小写，goodFood 和 goodfood 是相同的名字。

2-4 编写程序提示用户输入一个长度，然后输出以该长度为半径的圆的面积和圆的周长；输出以该长度为半径的球的体积和表面积。

2-5 编写程序要求用户输入矩形的边长，然后输出矩形的面积、周长和对角线的长度。

2-6 编写程序计算两款车型 5 年所花的总费用。程序输入如下：

车型：轿车还是 SUV

预算：新车的价格

每年行驶公里数(单位：公里)

汽油价格(单位：元/升)

百公里油耗(单位：升/100 公里)

确定一辆车的车型，从网上查询该车的具体价格和当天的汽油价格，并假设每年行驶 2 万公里，计算拥有这样一辆车 5 年所花的总费用。需要同时给出伪代码和程序运行结果。运行两次程序，对两款车型 5 年所花的总花费进行比较。

二维码 2
第 2 章习题答案

第 3 章 选择结构

本章学习目标
- 学会使用 if 语句实现选择结构
- 掌握比较整数、浮点数和字符串的操作
- 熟练使用布尔表达式编写语句
- 学会设计测试你的程序所用的方案
- 掌握验证用户输入的操作

本章知识结构图

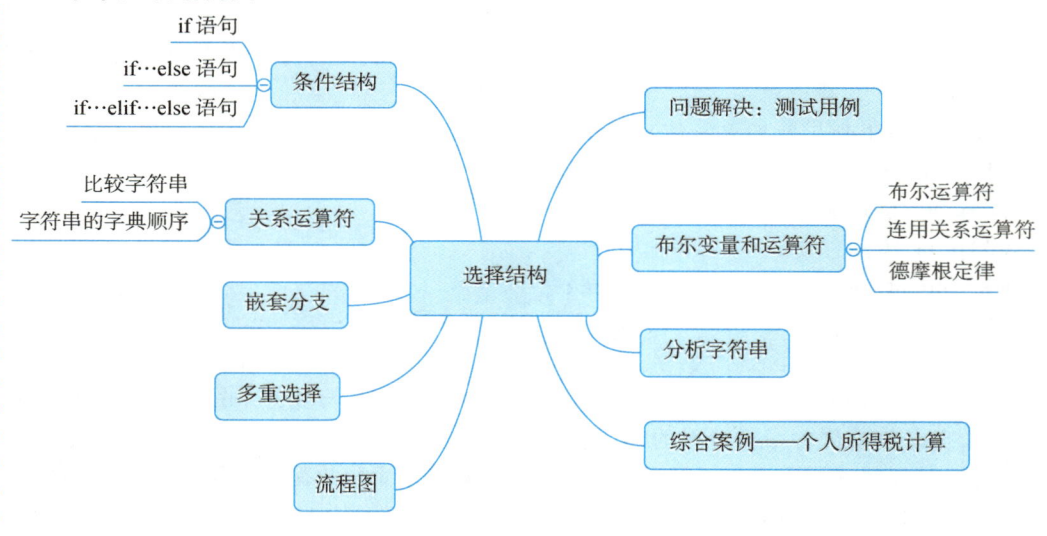

在 Python 中，选择结构通过判断程序是否满足某些特定条件来决定下一步执行的语句。

3.1 条件结构

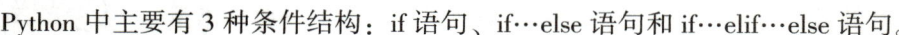

Python 中主要有 3 种条件结构：if 语句、if…else 语句和 if…elif…else 语句。

3.1.1　if 语句

if 语句的基本语法如下：

```
if (条件表达式)：
    语句块
```

即若条件表达式为 True，则执行语句块；若条件表达式为 False，则不执行语句块。if 语句的流程图如图 3-1 所示。

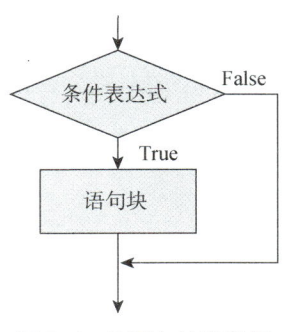

图 3-1　if 语句的流程图

【示例 3-1】使用 if 语句进行学生成绩是否合格的判断。

```
score=float(input("请输入你的分数："))
if score>=60:
    grade="合格"
print("你的等级为：",grade)
```

程序运行结果：

请输入你的分数：89
你的等级为：　合格

【示例 3-2】输入一个整数并判断该整数是 2 的倍数还是 3 的倍数。

```
num=eval(input("请输入一个整数："))
if num%2==0:
    print(num,"是2的倍数")
if num%3==0:
    print(num,"是3的倍数")
```

程序运行结果：

请输入一个整数：100
100 是2的倍数

3.1.2　if…else 语句

if…else 语句用来实现选择。当满足条件时，一组语句被执行；否则，另一组语句被执行。其基本语法格式如下：

```
if (条件表达式)：
    语句块1
else:
    语句块2
```

即若条件表达式为 True，则执行语句块 1；若条件表达式为 False，则跳过语句块 1，执行语句块 2。if…else 语句的流程图如图 3-2 所示。

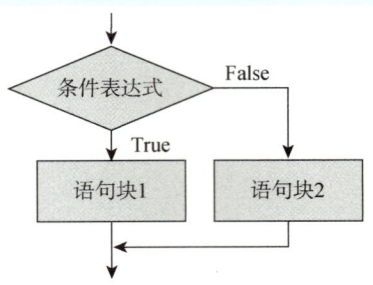

图 3-2　if…else 语句的流程图

【示例 3-3】某小区电梯的 13 层被称为 14 层，因此需要调整 13 层以上的所有层号。当输入大于 13 时，实际楼层号为输入减 1。否则，直接给出用户输入的楼层号。使用 Python 实现当输入一个楼层号时，计算其实际的楼层。

```
floor=int(input("请按楼层的按钮"))    #用户获取楼层号
if floor>13:
    actualFloor=floor-1
else:
    actualFloor=floor
print("到达的实际楼层号为：",actualFloor) #输出实际楼层号
```

程序运行结果：

请按楼层的按钮16
到达的实际楼层号为： 15

可以看到，if 语句的每个分支都包含一条简单的语句，我们可以根据需要在每个分支中包含多条语句。当不需要 if 语句的 else 分支时，我们可以像下面这样省略它。

```
actualFloor=0
if floor>13:
    actualFloor=floor-1
```

也可以像下面这样在需要一个值的任何地方使用条件表达式。注意，条件表达式不是复合语句，不能使用冒号，必须包含单行或使用续行符的单条语句。

```
floor=int(input("请按楼层的按钮"))
actualFloor=floor-1 if floor>13 else floor
print("到达的实际楼层号为：",actualFloor)
```

或者简单写成如下形式。

```
floor=int(input("请按楼层的按钮"))
print("到达的实际楼层号为：",floor-1 if floor>13 else floor)
```

在运行代码前最好检查代码，避免每个分支的代码存在因复制造成的重复。若有，则把它移到 if 语句的外面。

为确保输入合法，下面设计一个带有输入验证的改进版电梯模拟程序。

```
# 模拟跳过13层的电梯控制面板并检查输入错误
# 把用户输入作为整数返回，获取楼层号
floor=int(input("楼层："))
# 确保用户输入是合法的
if floor==13:
    print("错误：没有13层")
```

```
elif floor<=0 or floor>20:
    print("错误：层数必须在1到20之间")
else:
    # 现在输入是合法的
    if floor>13:
        actualFloor=floor-1
    else:
        actualFloor=floor
    print("到达的实际楼层号为：",actualFloor) #输出实际楼层号
```

程序运行结果：

楼层：16
到达的实际楼层号为： 15

【示例3-4】一家商店正在进行打折促销活动。当购买商品的价格小于150元时，折扣为95%；超过150元时，折扣为85%。请计算给定购买价格的折扣。

```
# 计算给定购买价格的折扣
originalPrice=float(input("原始购买价格：")) # 获取原始价格
# 确定折扣率
if originalPrice<150:
    discountRate=0.95
else:
    discountRate=0.85
discountedPrice=discountRate*originalPrice #计算并输出折扣价格
print("折扣价格：%.2f" %discountedPrice)
```

程序运行结果：

原始购买价格：180
折扣价格：153.00

【示例3-5】建立一个两位数减法的程序：随机产生两个两位数，然后向学生提问，并显示学生的答案是否正确。

```
import random
num1=random.randint(10,99)
num2=random.randint(10,99)
if num1<num2:
    num1,num2=num2,num1
answer=int(input(str(num1)+"-"+str(num2)+"="))
if num1-num2==answer:
    print("恭喜你，回答正确！")
else:
    print("答案错误，再接再厉！")
    print(str(num1)+"-"+str(num2)+"="+str(num1-num2))
```

程序运行结果：

18-14=4
恭喜你，回答正确！

3.1.3　if…elif…else 语句

Python还提供了一个特殊的结构elif用来创建包含多分支的if语句。当我们要进行多重判断并需要多个条件作比较时，可以使用if…elif…else语句。其基本语法如下：

```
if (条件表达式1):
    语句块1
elif (条件表达式2):
    语句块2
…
else:
    语句块n
```

即当条件表达式 1 为 True 时,执行语句块 1,然后离开条件表达式。当条件表达式 1 为 False 时,检查条件表达式 2,如果条件表达式 2 为 True,则执行语句块 2,然后离开条件表达式,否则持续进行检查。上述 elif 的条件表达式可以不断扩充,若所有条件表达式都是 False,则执行语句块 n。if…elif…else 语句的流程图如图 3-3 所示。

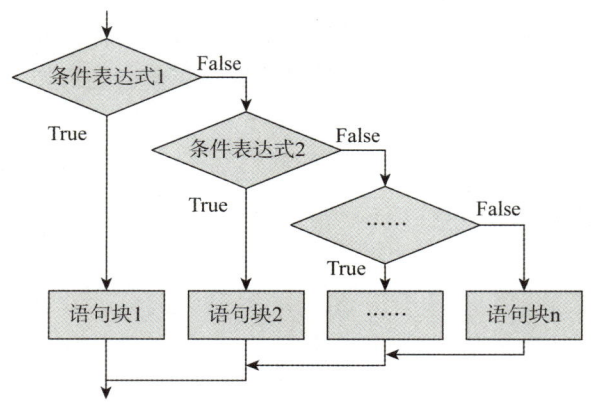

图 3-3 if…elif…else 语句的流程图

【示例 3-6】利用多分支选择结构判断用户英语分数和数学分数的总分属于何种等级。根据分数结果,用户将获得以下等级之一:A、B、C、D、E、F。

```
english_score = float(input("请输入您的英语分数:"))
math_score = float(input("请输入您的数学分数:"))
total_score = english_score + math_score
if total_score >= 180:
    grade= 'A'
elif total_score >= 160 and total_score <= 179:
    grade= 'B'
elif total_score >= 140 and total_score <= 159:
    grade= 'C'
elif total_score >= 120 and total_score <= 139:
    grade= 'D'
elif total_score >= 100 and total_score <= 119:
    grade= 'E'
else:
    grade= 'F'
print("您的等级是:",grade)
```

程序运行结果:

请输入您的英语分数:92
请输入您的数学分数:95
您的等级是: A

【示例 3-7】有一游乐园的票价收费标准为 100 元。如果购票者年龄小于等于 6 岁或大于等于 80 岁，收费打 2 折；如果购票者年龄在 7~12 岁或 60~79 岁，收费打 5 折。请根据输入的年龄计算最终票价。

```
print("计算票价")
age = int(input("请输入年龄："))
ticket = 100
if age >= 80 or age<=6:
    ticket = ticket * 0.2
    print("票价是：%d" % ticket)
elif age >= 60 or age <= 12:
    ticket = ticket * 0.5
    print("票价是：%d" % ticket)
else:
    print("票价是：%d" % ticket)
```

程序运行结果：

计算票价
请输入年龄：5
票价是：20

3.2 关系运算符

在 Python 中，关系运算符是比较数字和字符串的重要角色。每个 if 语句包含一个条件。在很多情况下，值为 True 或 False 的条件涉及比较两个值的大小，通常使用关系运算符，如示例 3-3 中 floor>13 中的比较符号>。Python 中有 6 个关系运算符，如表 3-1 所示。

表 3-1　关系运算符

关系运算符	数学符号	说明
==	=	等于
!=	≠	不等于
<	<	小于
<=	≤	小于或等于
>	>	大于
>=	≥	大于或等于

在 Python 中，=是赋值的意思，而==运算符表示相等性测试。例如：floor=13 表示把 13 赋值给 floor，而示例 3-3 中的 if floor==13 表示测试 floor 是否等于 13。

3.2.1　比较字符串

字符串也可以使用关系运算符进行比较，例如，测试两个字符串是否相等：

```
if name1==name2:
    print("两个字符串相等")
```

或者像下面这样使用!=运算符测试它们是否不相等。

```
if name1!=name2:
    print("两个字符串不相等")
```

如果两个字符串相等，那么它们必定具有相同的长度并且包含同样的字符序列。只要有一个字符不相等，两个字符串就不会相等。

【示例 3-8】 比较数字和字符串。

```
from math import sqrt
m=4
n=16
if m*m==n:
    print(m,"×",m,"=",n)
```

程序运行结果：

4 × 4 = 16

```
#比较浮点数
x=sqrt(2)
y=2.0
if x*x==y:
    print(x,"×",x,"=",y)
else:
    print(x,"×",x,"≠",y,"等于",x*x)

EPSILON=1E-14
if abs(x*x-y)<EPSILON:
    print(x,"×",x,"≈",y)
```

程序运行结果：

1.4142135623730951 × 1.4142135623730951 ≠ 2.0 等于 2.0000000000000004
1.4142135623730951 × 1.4142135623730951 ≈ 2.0

可以看到，上述代码用$\sqrt{2}$乘以$\sqrt{2}$，结果不是 2。这是因为浮点数仅支持有限精度，与之相关的计算会引入舍入误差。在比较浮点数时必须认真考虑这些舍入误差。

```
# 比较字符串
s="120"
t="20"
if s==t:
    comparison="等于"
else:
    comparison="不等于"
print("字符串 '%s' %s 字符串 '%s'."%(s,comparison,t))
u="1"+t
if s !=u:
    comparison="不"
else:
    comparison=""
print("字符串 '%s' 和 '%s' %s相同." %(s,u,comparison))
```

程序运行结果：

字符串 '120' 不等于 字符串 '20'.
字符串 '120' 和 '120' 相同.

3.2.2 字符串的字典顺序

如果两个字符串互不相等，Python 的关系运算符会像字典里单词的排序方式一样，使用字典顺序对字符串进行比较。

具体而言，在比较两个字符串时，会先比较每个单词的第 1 个字母，然后比较第 2 个字母，以此类推，直到其中一个字符串结束或发现了第 1 对不相等的字母。若 string1 < string2，则字符串 string1 在字典中出现在 string2 的前面；例如，string1 是"Actor"，string2 是"Apple"。如果 string1>string2，那么字符串 string1 在字典中出现在 string2 的后面；如果 string1==string2，那么两个字符串相等。

因此，可以总结为在 Python 中，所有大写字母排在小写字母之前，如"A"在"a"的前面，即 A<a；空格在所有可打印字符的前面；数字在字母的前面，如 1<n。

如果第一个字符串结束，长的字符串会被认为更大些，如 June>Jun；如果遇到不匹配的字母，包含在字母顺序上靠后的字母的字符串会被认为更大些，如 June>July。

【示例 3-9】比较两个字符串的大小。

```
string1=input("请输入一个字符串：")
string2=input("请输入一个字符串：")
if string1>string2:
    print(string1+" 大于 "+string2)
elif string1==string2:
    print(string1+" 等于 "+string2)
else:
    print(string1+" 小于 "+string2)
```

程序运行结果：

```
请输入一个字符串：apple
请输入一个字符串：Apple
apple 大于 Apple
```

【示例 3-10】从给定字符串中提取中间位置的元素。

```
string=input("请输入字符串：")
position=len(string)//2
if len(string)%2==1:
    result=string[position]
else:
    result=string[position-1]+string[position]
print(result)
```

程序运行结果：

```
请输入字符串：grape
a
```

可以看到，当字符串是"grape"时，运行结果是"a"。若字符串有偶数个字母，则提取中间的两个字符。例如，字符串是"grapes"，运行结果是"ap"。

3.3 嵌套分支

嵌套分支是指在 if 语句中含有其他 if 语句，这样的组织形式也称为嵌套的语句集合。

【示例 3-11】表 3-2 所示是某商场的一份折扣活动方案，会员和非会员均能享受到一定的折扣。其中，当会员购物金额小于等于 500 元时享受 90% 的折扣，超出 500 元的部分即可享受 80% 的折扣；当非会员购物金额小于等于 800 元时享受 90% 的折扣，超出 800 元的部分才可享受 80% 的折扣。请根据给定的会员状况和购物金额计算最终金额。

表 3-2 折扣活动方案

会员状况	购物金额	最终购物金额
会员	≤¥500	购物金额*90%
	>¥500	¥450+超出的部分*80%
非会员	≤¥800	购物金额*90%
	>¥800	¥720+超出的部分*80%

此例的关键是需要做两级判断才能得出最终结果。首先，必须根据会员状况进行分支。然后，对于不同会员状况，根据购物金额再次进行分支。最终购物金额计算流程图如图 3-4 所示。

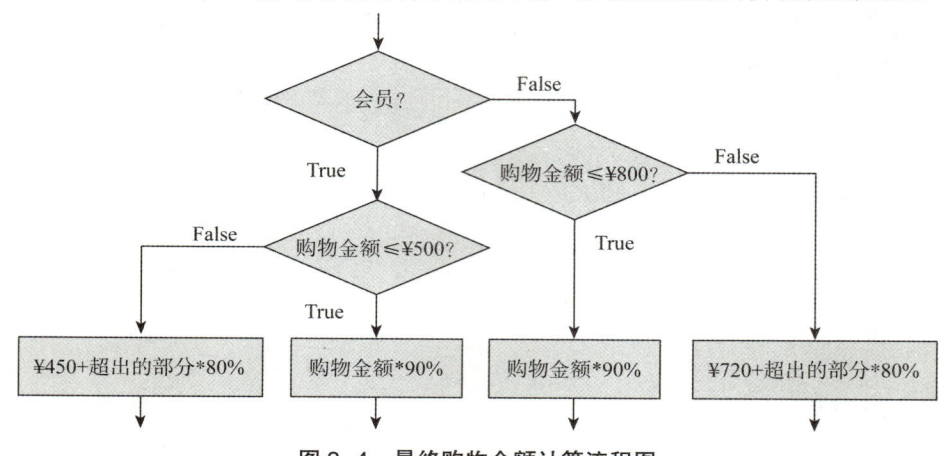

图 3-4 最终购物金额计算流程图

```
DISCOUNT1=0.90
DISCOUNT2=0.80
DISCOUNT1_MEMBER_LIMIT=500
DISCOUNT1_NONMEMBER_LIMIT=800
# 读取会员和购物金额状况
amount=float(input("请输入您的购物金额："))
membership=input("请输入您的会员状况(y为会员，n为非会员)：")
# 计算最终购物金额
finalAmount1=0.0
finalAmount2=0.0
if membership=="y":
    if amount <= DISCOUNT1_MEMBER_LIMIT:
        finalAmount1=DISCOUNT1*amount
    else:
        finalAmount1=DISCOUNT1*DISCOUNT1_MEMBER_LIMIT
        finalAmount2=DISCOUNT2*(amount-DISCOUNT1_MEMBER_LIMIT)
else:
    if amount <= DISCOUNT1_NONMEMBER_LIMIT:
        finalAmount1=DISCOUNT1*amount
    else:
        finalAmount1=DISCOUNT1*DISCOUNT1_NONMEMBER_LIMIT
        finalAmount2=DISCOUNT2*(amount-DISCOUNT1_NONMEMBER_LIMIT)
finalAmount=finalAmount1+finalAmount2
print("您应支付的最终购物金额为 ¥%.2f" % finalAmount)
```

程序运行结果：

请输入您的购物金额：1000
请输入您的会员状况(y为会员，n为非会员)：n
您应支付的最终购物金额为 ¥880.00

【示例 3-12】测试某一年是否为闰年(闰年可以被 4 整除,且它除以 100 时余数不为 0;或者是除以 400 时余数为 0)。

```
year=input("请输入年份：")
rem4=int(year)%4
rem100=int(year)%100
rem400=int(year)%40
if rem4==0:
    if rem100 != 0 or rem400 == 0:
        print("%s 是闰年"%year)
    else:
        print("%s 不是闰年"%year)
else:
    print("%s 不是闰年"%year)
```

程序运行结果：
请输入年份：2022
2022 不是闰年

3.4 多重选择

在很多情况下,if 语句会多于两个分支,本节将介绍如何实现多分支的选择结构。

【示例 3-13】假设你是某电商平台的运营人员,需要根据不同的用户评价等级给予不同的优惠券。评价等级分为 0~10 分,其中 10 分最好,0 分最差。具体优惠券发放规则如表 3-3 所示,请根据输入的用户评价分数输出对应的优惠券金额。

表 3-3　优惠券发放规则

评价等级	发放优惠券金额
9~10	50 元
7~9	30 元
6~7	20 元
3~6	10 元
0~3	无优惠券

此例有 5 个分支：4 个分别对应于表中描述的 4 个优惠券发放金额,1 个对应于不发放优惠券的情况。其流程图如图 3-5 所示。

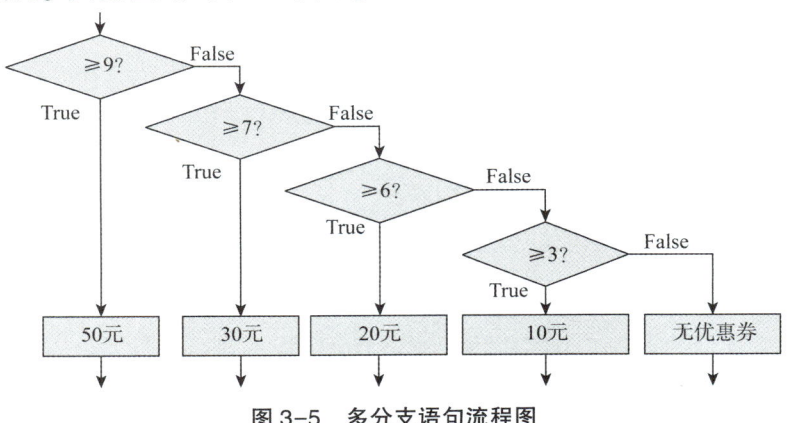

图 3-5　多分支语句流程图

我们可以使用多个 if 语句来实现多个选择。

```
# 本程序根据给定用户评价分数来输出对应的优惠券金额
# 获取用户输入
score = float(input("请输入用户评价分数："))
#输出描述信息。
if score >= 9 :
    print("发放50元优惠券")
else :
    if score >= 7 :
        print("发放30元优惠券")
    else :
        if score >= 6 :
            print("发放20元优惠券")
        else :
            if score >= 3 :
                print("发放10元优惠券")
            else :
                print("不发放优惠券")
```

程序运行结果：

请输入用户评价分数：5
发放10元优惠券

也可以像下面这样使用 elif 语句。

```
score = float(input("请输入用户评价分数："))
if score >= 9 :
    print("发放50元优惠券")
elif score >= 7 :
    print("发放30元优惠券")
elif score >= 6 :
    print("发放20元优惠券")
elif score >= 3 :
    print("发放10元优惠券")
else :
    print("不发放优惠券")
```

【示例 3-14】建立一个登录窗口并要求输入用户名和密码，密码设置为"520cjlu"。若密码正确，根据性别显示"恭喜某某先生/女士，您已成功登录！"；若密码不正确，则显示"用户名或者密码错误"。

```
a=input("请输入您的用户名：")
b=input("请输入您的密码：")
c=input("您的性别是：")
if b=="520cjlu":
    if c=="男":
        print("恭喜%s先生，您已成功登录！"%a)
    if c=="女":
        print("恭喜%s女士，您已成功登录！"%a)
else:
    print("用户名或者密码错误。")
```

程序运行结果：

请输入您的用户名：雷小军
请输入您的密码：520cjlu
您的性别是：男
恭喜雷小军先生，您已成功登录！

3.5 流程图

俗话说,千言万语不如一张图。流程图能够直观地显示决策的结构和解决问题需要完成的任务,对于解决复杂的任务来说是一种极好的方法。其思路很简单,即按预期执行的顺序连接任务和输入/输出模块,需要做出决定时画一个带有两个输出的菱形,每个分支都可以包含一系列任务甚至另外的决策。流程图元素如图 3-6 所示。

图 3-6 流程图元素

在画流程图时不要把箭头指向另一个分支内部,随意的分支和合并会导致程序在可能路径之间形成凌乱的网络。

【示例 3-15】请设计一个运费价格计算程序,根据用户输入的目的地来计算运费价格:如果目的地是中国香港,那么运费为 15 元,如果目的地是江浙沪地区(江苏、浙江或上海),那么运费为 6 元,其他目的地的运费也为 15 元。

图 3-7 所示是一个基本的运费价格流程图,此时若重复使用"运费为 15 元"这个任务,则会像图 3-8 所示箭头指向不同分支的内部,出现"面条式"流程图。

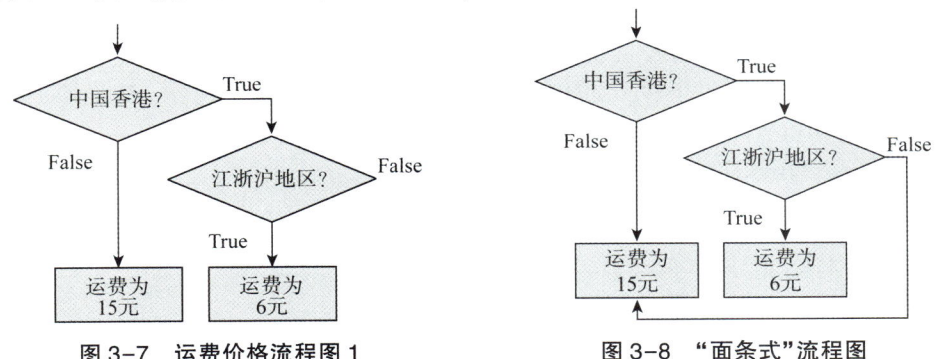

图 3-7 运费价格流程图 1   图 3-8 "面条式"流程图

如图 3-9 所示,可以增加另外一个"运费为 15 元"的任务来避免出现这种情况。

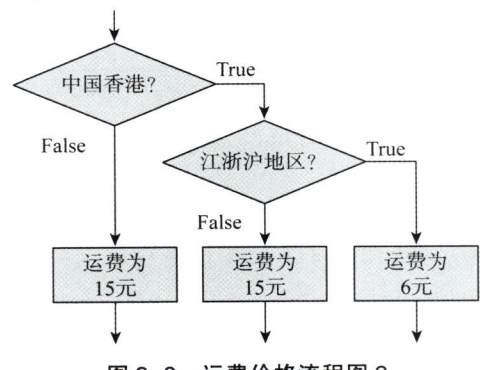

图 3-9 运费价格流程图 2

代码设计如下。

```
# 获取用户输入
destination =input("请输入目的地：")
# 计算运费价格
shippingCost=0.0
if destination =="中国香港":
    shippingCost=15.0
elif destination=="江苏" or destination=="浙江" or destination=="上海":
    shippingCost=6.0
else:
    shippingCost=15.0
# 输出结果
print("运费价格为：",shippingCost)
```

程序运行结果：

请输入目的地：北京
运费价格为： 15.0

3.6 问题解决：测试用例

接下来，测试示例 3-11 的折扣计算程序。

对于给定题目，我们不可能尝试其所有可能的输入。若程序对于某个给定区间内的一个或两个金额输出是正确的，且最好完全覆盖所有的判定点，则可以充分相信这个程序可以正确计算区间内的所有金额。

以下是一个可以获得足够多测试用例集合的设计方案：

（1）有两种会员状况，每种会员状况有两个金额区间，可以得到 4 个测试用例；

（2）测试足够多的边界条件，如购物金额位于两个折扣区间的边界，以及零消费；

（3）负责错误检查时，也需要测试非法输入，如金额为负数。

测试用例和预期输出如表 3-4 所示。

表 3-4 测试用例和预期输出

测试用例	预期输出	说明
300y	270	300×90%
900y	770	450+400×80%
300n	270	300×90%
900n	800	720+100×80%
500y	450	边界用例
0n	0	边界用例

在开始写代码之前最好设计测试用例，流程图对于检查具有测试用例的每个分支来说很有用，要注意包含每个判定的边界条件的测试用例。例如，若要检查输入是否小于 100，则使用 100 作为输入测试一下。

此外，输入验证是 if 语句的一个重要应用，要时刻确保用户提供的输入是合法的，这样才能在后续的计算中使用。像示例 3-11 折扣计算程序这样要求用户输入字母来表示会员状况的程序很常见，但用户很可能会不小心输入了大写字母，这时可以允许用户输入大写或小写字母，在验证用户输入时，比较两种情况：

```
if membership== "y" or membership == "Y":
    Process the data for member status
elif membership == "n" or membership == "N":
    Process the data for non-member status
else :
    print("错误：会员状况必须输入y或者n")
```

在面对多字母代码时，可以通过 lower() 或 upper() 字符串方法，首先把用户输入转换为全部大写或全部小写，然后和单个版本进行比较。

```
membership=input("请输入会员状况：")
membership=membership.upper()
if membership== "y" or membership == "Y":
    Process the data for member status
elif membership == "n" or membership == "N":
    Process the data for non-member status
```

当用户输入了非法内容时，程序通常会终止运行。因此，可以使用 if…elif…else 语句来实现合法的输入，进而检查用户输入和处理这些数据。在大型程序中，可能需要在多个位置对输入值进行检查，可以只对输入进行一次验证，若输入了非法数据，则立即结束程序，而不是在每次使用这个值时显示一个错误信息。

在标准库 sys 中定义的 exit() 函数一旦得到执行就会立即结束程序的运行，也可以提供一个可选的信息用来在结束程序之前输出到终端。当作为输入验证过程的一部分时，这个函数可以用来在发生错误时结束程序，这样可以构建更清晰、可读性更好的代码。

```
from sys import exit
if not (userResponse == "n" or userResponse == "y"):
    exit("错误：你必须输入n或者y")
```

3.7　布尔变量和运算符

当需要做出复杂判断时，往往需要组合多个布尔值。组合布尔条件的运算符称为布尔运算符。在 Python 中，and 运算符只有两个条件都成立时才会输出 True，or 运算符只要其中一个条件成立就会输出 True。

3.7.1　布尔运算符

假设编写处理温度的程序，并且想测试给定温度下水的状态（水在 0 ℃结冰，在 0~100 ℃之间为液态，在 100 ℃沸腾），测试条件如下：

```
if temp>0 and temp<100:
    print("液体")
```

可以看出，测试条件有两部分，每部分都是独的表达式，使用 and 运算符连接。只有两个独立表达式都成立时，组合后的表达式才会成立，否则结果就是不成立。

布尔运算符 and 和 or 的优先级低于关系运算符。基于此，我们可以在布尔运算符的任意一侧使用关系运算符而不需要使用括号。例如，在表达式 temp>0 and temp<100 中，表达式 temp>0 和 temp<100 会优先被计算；然后 and 把计算结果组合在一起。当表达式非常复杂的时候，括号可以使代码更具有可读性。布尔真值表如图 3-10 所示。

A	B	A and B	A	B	A or B	A	not A
True	True	True	True	True	True	True	False
True	False	False	True	False	True	False	True
False	True	False	False	True	True		
False	False	False	False	False	False		

图 3-10 布尔真值表

测试给定温度下水是否不是液体(温度≤0 ℃或温度>100 ℃),使用布尔运算符 or 来组合表达式:

```
if temp<=0 or temp>100:
    print("不是液体")
```

使用布尔运算符 not 对条件进行求反。not 接收单个条件,若条件不成立,则得到 True,否则得到 False。在此例中,如果布尔变量 frozen 的值是 False,则会输出"不是结冰状态"。

```
if not frozen:
    print("不是结冰状态")
```

为了提高代码的可读性,不要在逻辑表达式中与布尔常量(True 或 False)相比较。例如,下面 if 语句能够执行的条件可能会把读者搞糊涂。

```
if frozen == False:
    print("不是结冰状态")
```

3.7.2 连用关系运算符

在数学中,组合使用多个关系运算符来比较一个值和多个值是很常见的,如下述表达式。

```
0 <= value <= 100
```

Python 也允许使用这种方式连续使用关系运算符,表达式被求值时,Python 解释器自动插入布尔运算符 and 形成两个独立的关系表达式。

```
value >= 0 and value <= 100
```

关系运算符可以任意组合。例如,表达式 a<x>b 表示的意思与 a<x and x>b 完全一样,即 x 比 a 和 b 都大。

3.7.3 德摩根定律

根据逻辑学家 Augustus De Morgan 命名的德摩根定律可以对逻辑表达式进行简化。德摩根定律有两个形式:一个用于 and 表达式的否定,另一个用于 or 表达式的否定。

not(A and B) 等价于 not A or not B

not(A or B) 等价于 not A and not B

需要注意的是,在 not 移入时,and 和 or 运算符被翻转了。

对于示例 3-15 来说,如果你认为用户输入的目的地不是江苏、浙江或上海,那么根据德摩根定律,你可以认为目的地应该是其他地方。

现在把德摩根定律应用到运费计算，如"destination 是江浙沪地区"的否定：

not（destination =="江苏" or destination =="浙江" or destination =="上海"）

等价于"destination 不是江苏，不是浙江，也不是上海"：

destination !="江苏" and destination !="浙江" and destination !="上海"

3.8 分析字符串

有时候需要确定一个字符串中是否包含另一个给定的子字符串。也就是说，一个字符串包含另一个字符串的精确匹配。

name="GuAiling"

表达式"Ai" in name 的值为 True，因为子字符串"Ai"出现在保存在变量 name 中的字符串中了。

Python 也提供了运算符 in 的否定，即 not in，例如：

```
if "-" not in name:
    print("名字中不包含连字符")
```

有时候我们不仅需要确定一个字符串是否包含另一个字符串，还要确定这个字符串是否以另一个字符串开始或结束。例如，假设需要知道一个文件名是否有正确的扩展名。

```
if filename.endswith(".html"):
    print("这是一个HTML文件")
```

字符串方法 endswith() 作用于 filename 中保存的字符串，若字符串以子字符串".html"结束，则返回 True，否则返回 False。表 3-5 描述了用来测试子字符串的更多字符串方法。

表 3-5　测试子字符串的运算

运算	说明
substring in s	若 s 包含 substring，则返回 True；否则返回 False
s.count(substring)	返回 substring 在 s 中不重叠出现的次数
s.endswith(substring)	若 s 以 substring 结束，则返回 True；否则返回 False
s.find(substring)	返回 substring 在 s 中开始的最小索引，没找到就返回-1
s.startswith(substring)	若 s 以 substring 开始，则返回 True；否则返回 False

我们也可以检查一个字符串是否具有指定的特征。

【示例 3-16】使用 islower() 检查字符串，并确定字符串中的所有字母是否都是小写的。

```
line = "Four score and seven years ago"
if line.islower():
    print("这个字符串中只有小写字母")
else :
    print("这个字符串包含了小写字母和大写字母")
```

程序运行结果：

这个字符串包含了小写字母和大写字母

Python 提供了很多用于测试字符串特征的方法，如表 3-6 所示。

表 3-6　测试字符串特征的方法

方法	说明
s.isalnum()	若字符串 s 只包含字母或数字并至少包含一个字符，则返回 True；否则返回 False
s.isalpha()	若字符串 s 只包含字母并至少包含一个字符，则返回 True；否则返回 False
s.isdigit()	若字符串 s 只包含数字并至少包含一个字符，则返回 True；否则返回 False
s.islower()	若字符串 s 至少包含一个字母并且所有字母都是小写，则返回 True；否则返回 False
s.isupper()	若字符串 s 至少包含一个字母并且所有字母都是大写，则返回 True；否则返回 False
s.isspace()	若字符串 s 只包含空白字符（空格、换行符、制表符）并至少包含一个字符，则返回 True；否则返回 False

【示例 3-17】测试子字符串的字符串方法。

```
# 让用户输入字符串和子字符串。
theString = input("请输入字符串：")
theSubString = input("请输入子字符串： ")
if theSubString in theString:
    print("这个字符串包含子字符串")

    howMany = theString.count(theSubString)
    print("字符串包含",howMany,"个字符串")

    where = theString.find(theSubString)
    print("第一个子字符串出现的位置",where)

    if theString.startswith(theSubString):
        print("这个字符串以子字符串开始")
    else :
        print("这个字符串不以子字符串开始")

    if theString.endswith(theSubString):
        print("这个字符串以子字符串结束")
    else :
        print("这个字符串不以子字符串结束")
else :
    print("这个字符串不包含子字符串")
```

程序运行结果：

请输入字符串：Apple
请输入子字符串： pple
这个字符串包含子字符串
字符串包含 1 个字符串
第一个子字符串出现的位置 1
这个字符串不以子字符串开始
这个字符串以子字符串结束

3.9 综合案例——个人所得税计算

个人所得税是国家对本国公民、居住在本国境内的个人的所得和境外个人来源于本国的所得征收的一种所得税。目前我国个人所得税计算公式如下：

应纳个人所得税税额=(工资薪金所得-五险一金-个税免征额)×适用税率-速算扣除数

基本减除费用标准为每月 5 000 元，2018 年 10 月 1 日起调整后，也就是 2018 年实行的 7 级超额累进个人所得税税率，如表 3-7 所示。

表 3-7　个人所得税税率(综合所得适用)

级数	全年应纳税所得额	税率/%	速算扣除数
1	不超过 36 000 元的	3	0
2	超过 36 000 元至 144 000 元的部分	10	2 520
3	超过 144 000 元至 300 000 元的部分	20	16 920
4	超过 300 000 元至 420 000 元的部分	25	31 920
5	超过 420 000 元至 660 000 元的部分	30	52 920
6	超过 660 000 元至 960 000 元的部分	35	85 920
7	超过 960 000 元的部分	45	181920

【示例 3-18】请用 Python 实现个人所得税计算，用户输入为应发工资薪金所得扣除五险一金后的金额，输出应缴税款和实发工资，结果保留两位小数。当输入数字小于 0 时，输出"error"。

```
wages=float(input("请输入应发工资薪金所得扣除五险一金后的金额："))
taxPayment=0
if wages<0:
    print('error')
else:
    if 0<=wages<=5000:
        taxPayment=0
    elif 0<wages-5000<=36000:
        taxPayment=(wages-5000)*0.03
    elif 36000<wages-5000<=144000:
        taxPayment=(wages-5000)*0.1-2520
    elif 144000<wages-5000<=300000:
        taxPayment=(wages-5000)*0.2-16920
    elif 300000<wages-5000<=420000:
        taxPayment=(wages-5000)*0.25-31920
    elif 420000<wages-5000<=660000:
        taxPayment=(wages-5000)*0.3-52920
    elif 660000<wages-5000<=960000:
        taxPayment=(wages-5000)*0.35-85920
    elif 960000<wages-5000:
        taxPayment=(wages-5000)*0.45-181920
    netWages=wages-taxPayment
    print('应缴税款{:.2f}元，实发工资{:.2f}元。'.format(taxPayment,netWages))
```

程序运行结果：

请输入应发工资薪金所得扣除五险一金后的金额：8000
应缴税款90.00元，实发工资7910.00元。

3.10　本章小结

Python 中主要有 3 种条件结构：if 语句、if…else 语句和 if…elif…else 语句，使用这些语句判断程序是否满足某些特定条件来实现选择结构。通常使用关系运算符来比较数字和字符串的大小。在 if 语句中含有其他的 if 语句时称为嵌套分支，if 语句多于两个分支时可以实现多重选择。流程图对于可视化程序步骤来说是一个非常重要而实用的工具，最好在开始写代码之前就用流程图设计测试用例，设计测试编写的程序所用的方案，并验证用户输入。当需要做出复杂判断时，往往需要组合多个布尔值，组合布尔值的运算符称为布尔运算符。Python 也为我们提供了测试子字符串的字符串分析方法。

3.11　习题

3-1　邮寄 1 kg 以内的普通物品，我国国内一般省份的运费是 16 元，江浙沪包邮，新疆和西藏的运费是 25 元，邮寄到国外(其他国家)的运费统一是 70 元。输入上述地区，显示该地区的运费情况。请参照示例 3-14 运费计算程序，完成上述程序。

3-2　完成改进版电梯模拟程序，并加入判断语句，即当用户输入的电梯楼层的值不是数字时，提示并退出程序。

3-3　编写程序，提示输入用户的生日，输出用户的属相、星座以及该星座的性格特点。

3-4　请设计一个程序，当输入为负值时将它改为正值输出，当输入为正值时将它改为负值输出。如果输入为非数字，则输出"输入无效，需要输入一个数字"。

3-5　请设计一个程序，满足以下条件：①输入大写字母时改为小写字母输出；②输入小写字母时改为大写字母输出；③输入阿拉伯数字，直接输出；④输入其他字符则列出输入错误。

3-6　某商场为举办 60 年周年庆，特做出以下活动：①消费满 10 000 元可打 9 折；②消费满 8 000 元可打 95 折；③消费满 5 000 元可打 98 折；④如果消费者今年 60 岁，无论消费金额为多少都打 95 折。请设计这个程序。

3-7　假设肯德基薪资如下(以月为标准)：①小于 120 h，每小时工资是 120 h 工资的 80%；②等于 120 h，每小时工资 150 元；③大于 120 h、小于或等于 150 h，每小时工资是 120 h 工资的 120%；④大于 150 h，每小时工资是 120 h 工资的 160%。请按工作时数计算相应工资。

第 4 章 循环

本章学习目标
- 熟练掌握 while 循环、for 循环、嵌套循环的使用规则
- 掌握循环控制语句 break 和 continue 的应用
- 熟练掌握字符串的处理规则
- 学习生成随机数的方法

本章知识结构图

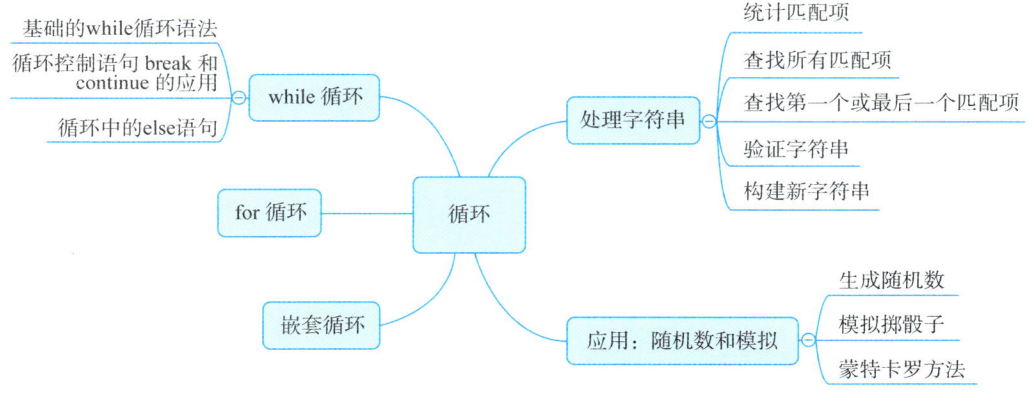

4.1 while 循环

4.1.1 基础的 while 循环语法

循环语句,就是在达到目标之前重复执行指令的语句。

思考这样一个投资问题,假如把 10 000 美元存入银行账户,每年 4% 的利息,多少年之后账户余额会翻 3 倍呢?

如图 4-1 所示,定义关于初始资金和预期目标的条件设定,当条件成立时,执行 while 循环语句。需要注意的是,应在 while 循环之外初始化资金变量 balance。

053

```
                            变量在循环之外初始化,
                            而在循环之内进行更新
                                    balance=10000              这里放一个冒号
            如果条件永远成立,              :
              则无限循环
                                   while balance<TARGET:
                                       interest=balance*RATE/100
                                       balance=balance+interest    当条件成立时,
                                                                   执行这些语句
                     复合语句中的所有语句必
                     须缩进到同一列的位置
```

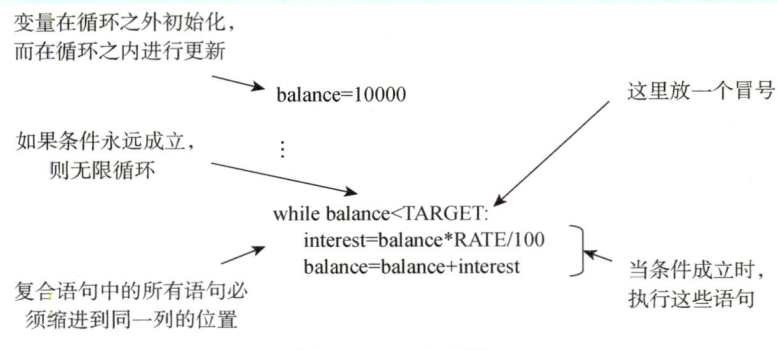

图 4-1 while 语句

由于目标期望是余额翻 3 倍,那么当余额少于既定目标 30 000 美元之前,年度计数器应加 1 并且金额应加上当年利息:

```
while balance<TARGET:
    year=year+1
    interest=balance*RATE/100
    balance=balance+interest
```

完整代码如下,当年利率为 4%时,需要 29 年才能实现账户余额翻 3 倍。

【示例 4-1】余额翻 3 倍。

```
RATE=4.0                        #计算每年4%的增速,何时财富能翻3倍
INITIAL_BALANCE=10000           #创建常量
TARGET=3*INITIAL_BALANCE

balance=INITIAL_BALANCE         #开始计算,赋初始值
year=0

while balance<TARGET:           #每年复利4%,计算翻倍所需年数
    year=year+1
    interest=balance*RATE/100
    balance=balance+interest
print("每年4%的增速,多少年后财富能翻3倍?:"+str(year)+"年")
```

程序运行结果:

每年4%的增速,多少年后财富能翻3倍?:29年

在循环内部读取输入。如下所示,为了计算工资平均值,首先要保证输入值为非负数;其次,需要知晓输入的工资的总和以及采集的输入数量。

```
while salary>=0.0:              #处理数据,直到输入警戒值。
    salary=float(input("输入工资或者输入-1结束程序:"))
    if salary>=0.0:
        total=total + salary
        count=count+1
```

任何负数都可以终止循环,但是可以在输入数据前提示使用者将-1 作为警戒值。注意,若没有检测到警戒值,则循环不会停止。

此外,第 1 次进入循环时,是没有读入任何值的。因此,必须确保初始化 salary 为任何非负数,并且这个值可以满足 while 循环条件,保证循环至少可执行一次。

```
salary=0.0                      #初始化salary为任何非负数。
```

每次读取一系列输入时,都需要有一个方法能提示序列的结尾。当输入值不为 0 时,可以提示用户一直输入数字,当输入值为 0 时,表明序列结束。

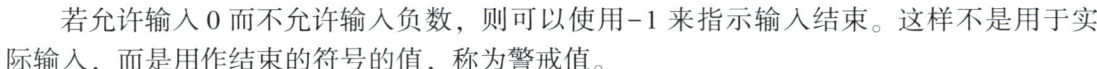

若允许输入 0 而不允许输入负数，则可以使用 –1 来指示输入结束。这样不是用于实际输入，而是用作结束的符号的值，称为警戒值。

【示例 4-2】输入 –1 提示序列的结尾。

```
total=0.0                 #计算工资数值的平均值，并以警戒值结束序列。
count =0                  #初始变化量total和count。

salary=0.0                #初始化salary为任何非负数。

while salary>=0.0:        #处理数据，直到输入警戒值。
    salary=float(input("输入工资或者输入-1结束程序:"))
    if salary>=0.0:
        total=total + salary
        count=count+1

if count>0:               #计算和输出平均工资。
    average =total/count
    print("平均工资为",average)
else:
    print("没有数据输入")
```

程序运行结果：

```
输入工资或者输入-1结束程序:400
输入工资或者输入-1结束程序:600
输入工资或者输入-1结束程序:1200
输入工资或者输入-1结束程序:4500
输入工资或者输入-1结束程序:-1
平均工资为 1675.0
```

"四叶玫瑰数"是四位数各位上的数字的四次方之和等于本身的数。例如，1 634 是一个四叶玫瑰数，因为 $1\ 634=1^4+6^4+3^4+4^4$。要求对 1 000～9 999 的每个数进行四叶玫瑰数的判断。

【示例 4-3】输出四叶玫瑰数。

```
i=1000                              #为变量i赋初始值
print("所有的四叶玫瑰数是:",end=' ')
while i<=9999:                      #循环继续的条件
    d=i%10                          #获得个位数
    c=i//10%10                      #获得十位数
    b=i//100%10                     #获得百位数
    a=i//1000                       #获得千位数
    if a**4+b**4+c**4+d**4==i:      #判断是否是"四叶玫瑰数"
        print(i,end=' ')            #打印"四叶玫瑰数"
    i=i+1                           #变量i增加1
```

程序运行结果：

所有的四叶玫瑰数是：1634 8208 9474

用 Python 实现九九乘法表。每一列式子的第 1 个数值相同，第 2 个数值从上到下递减；每一行式子的第 2 个数值相同，第 1 个数值从左到右递减。

【示例 4-4】输出九九乘法表。

```
i=9
while i>=1:
    j=9
    while(j>=i):
        print(str(j)+"*"+str(i)+"="+str(i*j),end=' ')
        j -= 1
    print("")
    i -= 1
```

程序运行结果：

```
9*9=81
9*8=72 8*8=64
9*7=63 8*7=56 7*7=49
9*6=54 8*6=48 7*6=42 6*6=36
9*5=45 8*5=40 7*5=35 6*5=30 5*5=25
9*4=36 8*4=32 7*4=28 6*4=24 5*4=20 4*4=16
9*3=27 8*3=24 7*3=21 6*3=18 5*3=15 4*3=12 3*3=9
9*2=18 8*2=16 7*2=14 6*2=12 5*2=10 4*2=8 3*2=6 2*2=4
9*1=9 8*1=8 7*1=7 6*1=6 5*1=5 4*1=4 3*1=3 2*1=2 1*1=1
```

当然，也可以使用布尔变量处理警戒值来控制循环的结束。

【示例4-5】 使用布尔变量值提示序列的结尾。

```
done=False
while not done:
    value=float(input("输入工资或者输入-1结束程序："))
    if value<0.0:
        done =True
```

程序运行结果：

```
输入工资或者输入-1结束程序:400
输入工资或者输入-1结束程序:600
输入工资或者输入-1结束程序:1200
输入工资或者输入-1结束程序:4500
输入工资或者输入-1结束程序:-1
```

用于决定循环是否结束的测试是在循环中间进行的，而不是在其顶部。这是因为只有执行到半路才能知道循环是否结束，所以这种循环被称为半路循环。可以使用 break 语句控制循环的结束。

【示例4-6】 使用 break 语句提示序列的结尾。

```
while True:
    value=float(input("输入工资或者输入-1结束程序："))
    if value<0.0:
        break
```

程序运行结果：

```
输入工资或者输入-1结束程序:400
输入工资或者输入-1结束程序:600
输入工资或者输入-1结束程序:1200
输入工资或者输入-1结束程序:4500
输入工资或者输入-1结束程序:-1
```

break 语句在半路循环中非常有用。当 break 语句出现时，循环结束，Python 继续执行紧跟着循环的语句。

4.1.2 循环控制语句 break 和 continue 的应用

即使循环序列并没有被完全遍历（for 语句），或者循环没有被判断为 False（while 语句），break 也会中止整个循环语句。如果在嵌套循环中，break 语句将跳出最深层的循环，开始执行其下一行代码；而 continue 语句则只中止当次循环，无论 continue 语句后面是否有代码，都会提前进入下一次循环。

【示例4-7】 循环控制语句 break 和 continue 的应用。

```
day1=0                    #break语句
for i in range(1,31):     #一个月有30天
    if i%4==0:
        break
    day1=day1+1           #出勤天数
print("出勤天数：",day1)   #结果为第1、2、3一共三天
print("i值为：",i)
```

```
day2=0                    #continue用法
for j in range(1,31):     #一个月有30天
    if j%4==0:
        continue
    day2=day2+1           #出勤天数
print("出勤天数：",day2)#结果为30天中除去4、8、12、16、20、24、28剩余的天数
print("j值为：",j)
```

程序运行结果：

出勤天数： 3
i值为： 4
出勤天数： 23
j值为： 30

4.1.3 循环中的 else 语句

循环语句还可带有 else 子句，其在循环序列遍历(for 语句)结束，或者循环被判断为 False(while 语句)时执行。由于 break 语句使循环中止，因此 else 语句无法在 break 语句后执行，但能在 continue 语句后执行。

【示例 4-8】循环中的 else 语句。

```
day1=0                    #break语句
for i in range(1,31):     #一个月有30天
    if i%4==0:
        break
    day1=day1+1           #出勤天数
else:
    print("else输出结果："+i)
print(day1)               #结果为第1、2、3一共三天

day2=0                    #continue用法
for j in range(1,29):     #一个月有30天
    if j%4==0:
        continue
    day2=day2+1           #出勤天数
else:
    print("else输出结果："+str(j))
print(day2)               #结果为30天中除去4、8、12、16、20、24、28剩余的天数
```

程序运行结果：

3
else输出结果：28
21

4.2 for 循环

如果需要访问一个字符串中的每个字符，那么可以使用 Python 中的 for 循环。例如，假设我们想以每行一个字符的方式打印一个字符串。简单地使用 print() 函数来打印字符串并不能满足要求。相反，我们需要迭代这个字符串中的每个字符，并且每迭代一个就立刻打印一个。下面是使用 for 循环的示例。

【示例 4-9】for 循环迭代字符。

```
word="circulate"
for letter in word:
    print(letter)
```

程序运行结果：

c
i
r
c
u
l
a
t
e

对从字符串 word 中第一个位置开始的每个字符执行循环。在每次循环迭代开始时，将下一个字符赋值给 letter 变量，并执行循环体。可以把这个循环读成"word"中的每个"letter"，它等价于下面显式使用了索引变量的 while 循环。

【示例 4-10】while 循环迭代字符。

```
i =0
while i<len(word):
    letter=word[i]
    print(letter)
    i=i+1
```

程序运行结果：
c
i
r
c
u
l
a
t
e

for 循环和 while 循环的区别：在 for 循环中，元素变量 letter 被赋值为 word[0]、word[1]等；而在 while 循环中，索引变量 i 被赋值为 0、1 等。

图 4-2 所示为 for 循环语句的说明，letter 元素存在于 stateName 容器中，被 for 循环依次迭代。

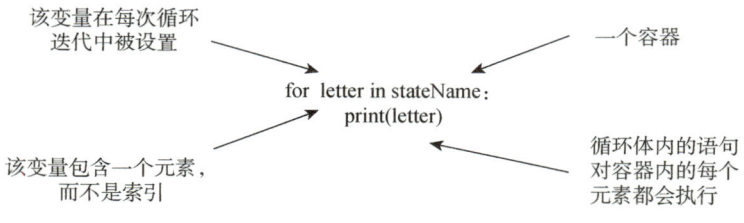

图 4-2 for 语句

在 Python 中，容器就是包含或存储多个元素的对象，字符串就是一个存储多个字符的容器。for 循环可以用来迭代任何容器内的元素。在后续的章节中，我们还将学习 Python 提供的其他类型的容器。

如 4.1 节所述，在整数值范围内迭代的循环非常常见。为了简化 Python 中这类循环的写法，可以使用 range() 函数来生成在 for 循环中需要的一系列整数。

【示例 4-11】for 循环——range() 函数生成整数。

```
for i in range(5):
    print(i)
```

程序运行结果：
0
1
2
3
4

按顺序打印 0~4 的整数。range() 函数根据提供的参数来生成一系列值,当函数内只有一个参数时,默认第 1 个生成的数值为 0,且小于该参数值的数值都会被包含在生成的序列中。上述的 for 循环等价于下面的 while 循环。

【示例 4-12】while 循环——range() 函数生成整数。

```
i=0
while i<5:
    print(i)
    i=i+1
```

程序运行结果:

```
0
1
2
3
4
```

需要注意的是,结束值(range() 函数的参数)是不包含在生成的序列中的,所以等价的 while 循环也在到达这个值之前结束。

当 range() 函数内有两个参数时,第 1 个参数表示序列中的第 1 个值,第 2 个参数表示结束值。

【示例 4-13】range() 函数内有两个参数。

```
for i in range(1,11):    #i=1,2,...,10
    print("Hello")        #输出10次Hello
```

程序运行结果:

```
Hello
Hello
Hello
Hello
Hello
Hello
Hello
Hello
Hello
Hello
```

由于函数默认以 1 为步长创建序列,若需要修改步长值,则可设定第 3 个参数。

【示例 4-14】range() 函数内有 3 个参数。

```
for i in range(2,10,3):
    print(i)
```

程序运行结果:

```
2
5
8
```

如上所述,可以输出 2~10 之间步长为 3 的数。如下所示,也可以通过 for 循环让数值从大到小排列。

【示例 4-15】range() 函数内第 3 个参数为负。

```
for i in range(10,2,-2):
    print(i,end=" +")
```

程序运行结果:

```
10 +8 +6 +4 +
```

表4-1所示为for循环的使用示例和相关说明。

表4-1　for循环示例

循环	i的值	说明
for i in range(5):	0, 1, 2, 3, 4	循环执行了5次
for i in range(1, 11):	1, 2, 3, 4, 5, 6, 7, 8, 9, 10	序列中永远不会包括结束值
for i in range(2, 10, 3):	2, 5, 8	第3个参数表示步长
for i in range(10, 2, -2):	10, 8, 6, 4	使用负数作为步长从大到小迭代

下面是for循环的一个典型应用。已知利率和本金，可以通过输入值查询几年后银行账户的余额。

【示例4-16】for循环——已知利率和本金，查询几年后银行账户余额。

```
RATE=4.0                                    #定义常量
INITIAL_BALANCE=10000

numYears=int(input("你要看多少年后的资金总量？"))    #输入用来计算的年数
balance=INITIAL_BALANCE

for year in range(1,numYears+1):            #输入每年的资金总量
    interest=balance*RATE/100
    balance=balance+interest
    print("%4d %10.2f" % (year,balance))
```

程序运行结果：

```
你要看多少年后的资金总量？6
   1    10400.00
   2    10816.00
   3    11248.64
   4    11698.59
   5    12166.53
   6    12653.19
```

输出菱形图案：用户先输入菱形的行数，再打印出上下对称的菱形形状，要求每个#之间要有空格。

【示例4-17】画菱形案例。

```
rows=int(input("请输入需要的菱形总行数："))
half=rows//2
if rows%2==0:                               #当总行数为偶数时，
    center=half                             #中心行数为输入整数的一半
else:                                       #当总行数为奇数时
    center=half+1                           #中心行数为（总行数+1）/2

for i in range(1,center+1):                 #从第1行到最大行一次遍历
    print(" " * (center-i),"#" * (2*i-1))
for i in range(half,0,-1):                  #反向遍历
    print(" " * (center-i),"#" * (2*i-1))
```

程序运行结果：

```
请输入需要的菱形总行数：9
        #
      # # #
    # # # # #
  # # # # # # #
# # # # # # # # #
  # # # # # # #
    # # # # #
      # # #
        #
```

4.3 嵌套循环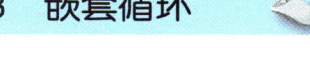

嵌套循环，就是在一个循环语句内包含另外一个循环。Python 语言允许在一个循环体中嵌入另一个循环体，例如，在 while 循环中嵌入 while 或 for 循环。一般建议循环嵌套不要超过 3 层，以保证程序的可读性。

编写程序，输出由 2、4、6、8 这 4 个数字组成的互不相同的三位数及它们的总个数。

【示例 4-18】 嵌套循环的应用。

```
lists=[2,4,6,8]
result=0
for a in lists:
    for b in lists:
        if(a!=b):
            for c in lists:
                if(a!=b and b!=c and a!=c):
                    print(a*100+b*10+c,end=' ')
                    result+=1
print("\n2、4、6、8一共组成%d个互不相同的三位数"%(result))
```

程序运行结果：

246 248 264 268 284 286 426 428 462 468 482 486 624 628 642 648 682 684 824 826 842 846 862 864
2、4、6、8一共组成24个互不相同的三位数

类似地，迭代也可以用到嵌套循环。例如，在处理表格时，用外循环迭代表格的所有行，内循环处理当前行的所有列。

表 4-2 所示为 x 的幂 x^n，第 1 个循环迭代所有 x，下面是打印这个表格的伪代码：

```
Print table header.
For x from 1 to 10
    Print table row.
    Print new line.
```

第 2 个循环打印每一行，即为每个指数打印一个值：

```
For n from 1 to 4
    Print x**n.
```

这个循环是内循环，必须嵌套在外循环中。

外循环需要打印 10 行，内循环中打印 4 列，如图 4-3 所示。这样，一共打印输出 10×4 = 40 个值。

在这个程序中，若想在同一行显示多个输出语句的结果，则可以通过调用 print() 函数的同时，增加参数 end=" " 来实现。

表 4-2 x 的幂 x^n

x^1	x^2	x^3	x^4
1	1	1	1
2	4	8	16
3	9	27	81
…	…	…	…
10	100	1 000	10 000

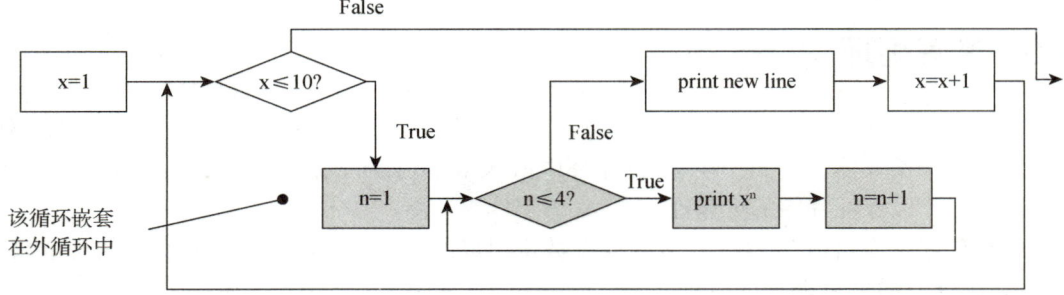

图 4-3　嵌套循环的流程图

【示例 4-19】嵌套循环实例。

```
NMAX=4                       #本程序打印x的幂运算表格
XMAX=10                      #初始化常量

for n in range(1,NMAX+1):    #打印表头x的1、2、3、4次幂
    print("%10d" % n,end="")
print()                      #打印完第1行后需要另起一行

for x in range(1,NMAX+1):    #打印表头的x
    print("%10s" %"x ",end="")
print()                      #打印完第2行后需要另起一行

print("- "*25)               #第3行为虚线,打印

for x in range(1,XMAX+1):    #打印表格内容,一共打印10行,每行打印x的4个幂值
    for n in range(1,NMAX+1):
        print("%10d"%x**n,end="")
    print()                  #打印每行后需要另起一行开始
```

程序运行结果：

```
         1         2         3         4
         x         x         x         x
- - - - - - - - - - - - - - - - - - - - - - - - -
         1         1         1         1
         2         4         8        16
         3         9        27        81
         4        16        64       256
         5        25       125       625
         6        36       216      1296
         7        49       343      2401
         8        64       512      4096
         9        81       729      6561
        10       100      1000     10000
```

4.4　处理字符串

4.4.1　统计匹配项

我们可以统计字符串内符合特定条件的值的数量。例如，假设需要统计一个字符串中包含的大写字母的个数。

【示例 4-20】统计大写字母的个数。

```
string="As The Spring Is Coming"
uppercase=0
for char in string:
    if char.isupper():
```

```
        uppercase=uppercase+1
print(uppercase)
```

程序运行结果：

5

上述代码循环迭代字符串中的每个字符，并检查每个字符是否是大写字母。如果遇到大写字母，计数器 uppercase 加 1。例如，如果字符串包含"As The Spring Is Coming"，uppercase 执行 5 次加 1 操作（分别是遇到字符 A、T、S、I 和 C 时）。

此外，还可以统计一个字符串中多个字符的出现次数。例如，假设我们想知道一个单词中包含多少个元音字母，只需用 in 运算符和一个包含 5 个元音字母的字符串，而不需要把单词中的每个字母分别与 5 个元音字母进行比较。

【示例 4-21】统计元音字母个数。

```
string="As The Spring Is Coming"
vowels=0
for char in string :
    if char.lower() in "aeiou":
        vowels=vowels+1
print(vowels)
```

程序运行结果：

6

分辨元音字母之前，还需要在逻辑表达式中使用 lower() 方法，即将每个大写字母转换为对应的小写字母。

4.4.2 查找所有匹配项

上述统计字符串中大写字母数量的方法，可以不考虑字符的位置，使用 for 语句来迭代字符串中的每个字符。然而，若需要查找字符串中每个匹配项的位置，则 for 语句不能完全适用。例如，假设要求打印一个句子中每个大写字母的位置，直接使用 for 语句迭代所有字符并不能知道匹配项的位置。此时，可以使用带 range() 函数的 for 语句来查看每个位置上的字符。

【示例 4-22】带 range() 函数的 for 语句查询匹配项位置。

```
sentence=input("请输入一句话:")
for i in range(len(sentence)):
    if sentence[i].isupper():
        print(i)
```

程序运行结果：

请输入一句话:As The Spring Is Coming
0
3
7
14
17

4.4.3 查找第一个或最后一个匹配项

在统计符合特定条件的值的数量时，需要查看所有的值，直到匹配项出现，在条件得到满足时停止循环。

【示例 4-23】查找字符串中第一个数字出现的位置。

```
string="I bought 6 strawberries and needed to pay 20 yuan."
found=False
position=0
while not found and position<len(string):
    if string[position].isdigit():
        found=True
    else:
        position=position+1
if found:
    print("第一个数字出现的位置为：", position)
else:
    print("这个字符串不包含数字。")
```

程序运行结果：

第一个数字出现的位置为： 9

如果循环找到了匹配项，那么 found 会被设置为 True，此时 position 被设置为第一个匹配项的索引。如果没有找到匹配项，那么 found 在循环结束后仍显示为 False。我们可以通过 found 的状态是 True 还是 False 来决定打印的结果。

若需要查找字符串中最后一个数字出现的位置，则可以从后往前遍历字符串。

【示例4-24】查找字符串中最后一个数字出现的位置。

```
string="I bought 6 strawberries and needed to pay 20 yuan."
found=False
position=len(string)-1
while not found and position >=0:
    if string[position].isdigit():
        found=True
    else:
        position=position-1
if found:
    print("最后一个数字出现的位置为：", position)
else:
    print("这个字符串不包含数字。")
```

程序运行结果：

最后一个数字出现的位置为： 43

4.4.4 验证字符串

通过学习，我们知道了在计算之前对用户输入进行验证的必要性。但是，数据验证并不局限于验证用户输入是否为特定值或是否在合法范围之内，还可以验证用户输入是否为特定的格式。例如，可以验证一个字符串中的电话号码是否符合正确格式。

在中国，座机的固定电话号码一般分为3个部分，中国国家长途代码(区号)、国内地区长途代码(区号)、电话号码。

若在中国大陆拨打国内长途电话，要加拨长途冠码0。例如，自杭州拨长途电话至北京时，要先后拨长途冠码0、北京区号10、电话号码。若是自境外(包括香港、澳门)打电话至中国大陆，则无须拨长途冠码0。例如，欲从美国不靠总机直拨国际电话至中国北京，要拨当地国际冠码011、中国国际区号86、北京区号10、电话号码。

结构上，C1局[①]和直辖市使用两位区号，北京为"10"，其他地区则以"2"开头。各省区市的其他设区的市使用三位区号。以三位区号为例，中国大陆拨打国内长途电话，其正

---

① C1局为大区中心局或对国外交换机，设立于8个大城市：北京市、上海市、沈阳市、南京市、武汉市、成都市、西安市、广州市。C2局为省中心局，设立于非C1局的各省会城市。C3局为地区中心局。C4局为县级交换中心。

式书写格式通常为：(####)########。

我们可以通过循环验证一个字符串是否包含 14 个字符的正确格式的电话号码。因此，除验证数字和字符是否存在之外，还必须检查其是否在字符串中合适的位置。这需要使用一个事件控制的循环，在处理字符串时，若遇到非法字符或不在正确位置的符号，则退出。以中国计量大学招生电话为例，571 为浙江省杭州市区号，其检验代码如下。

【示例 4-25】检验字符串是否处在合适的位置。

```
string="(0571)86836060"
valid=len(string)==14
position=0
while valid and position<len(string):
    if position==0:
        valid=string[position]=="("
    elif position==5:
        valid=string[position]==")"
    else:
        valid=string[position].isdigit()
    position=position+1
if valid:
    print("该条字符串包含有效的电话号码。")
else:
    print("该条字符串不包含有效的电话号码。")
```

程序运行结果：
该条字符串包含有效的电话号码。

除此之外，也可以把 3 个逻辑条件组合成一个表达式来得到更加简短的循环。

【示例 4-26】3 个逻辑条件组合。

```
string="(0571)86836060"
valid=len(string)==14
position=0
while valid and position < len(string):
    valid=((position==0 and string[position] =="(")
        or (position==5 and string[position] ==")")
        or (position != 0 and position != 5
            and string[position].isdigit()))
    position=position+1
if valid:
    print("该条字符串包含有效的电话号码。")
else:
    print("该条字符串不包含有效的电话号码。")
```

程序运行结果：
该条字符串包含有效的电话号码。

4.4.5　构建新字符串

很多时候，机器上输入的数字是不能带空格或短横线的，因此需要从字符串中将短横线或空格删除。

正如第 2 章所述，字符串的内容是不能改变的，因此想要达到目的，就需要创建一个新的字符串。例如，如果用户输入的字符串为"0571-　8683　-6060"，那么可以通过创建一个新的只包含数字的字符串来删除原始字符串中的短横线和空格。

首先创建一个空字符串，然后依次把原始字符串中不是短横线或空格的字符逐个追加到新字符串后。在 Python 中，可以使用字符串连接运算符(+)把字符加到字符串后面。

【示例 4-27】删除原始字符串中的短横线和空格。

```
userInput =input("请输入带'-'和' '的一串数字：")
enterNumber =""
for char in userInput :
    if char !=" " and char != "-":
        enterNumber=enterNumber+ char
print("删除'-'和空格后的数字为：",enterNumber)
```

程序运行结果：

请输入带'-'的一串数字：0571- 8683 -6060
删除'-'和空格后的数字为： 057186836060

如果用户输入"0571- 8683 -6060"，循环结束后 enterNumber 将包含新字符串"057186836060"。

此外，如果我们想创建一个新的字符串，把原字符串中所有大写字母都变成小写，所有小写字母都变成大写。也可以通过上例中的+运算符来实现字符串的连接。

【示例 4-28】 字母大小写互换。

```
string="As The Spring Is Coming"
newString =""
for char in string:
    if char.isupper():
        newChar=char.lower()
    elif char.islower():
        newChar=char.upper()
    else:
        newChar=char
    newString=newString+ newChar
print(newString)
```

程序运行结果：

aS tHE sPRING iS cOMING

下面的程序演示了本节中提到的字符串处理算法。本示例设定情景为被测者参与 10 道单选题的测试，输入答案次序与题目次序一一对应，即 10 道题对应 10 个答案。系统输入被测者对单选题考试答案的字符串，在这门考试中，每个题目有 4 个可能的选项：A、B、C 或 D，下列程序将根据被测试的选择结果进行等级划分。

【示例 4-29】 程序等级划分。

```
RIGHT_ANSWERS="ABBCDADBCA"               #定义一个包含正确答案的字符串

done=False
while not done :
    userAnswers=input("请输入你的考试答案:")   #获取用户答案
    if len(userAnswers)==len(RIGHT_ANSWERS): #确保提供了足够的答案
        done = True
    else:
        print("给出的答案数量不正确。")

questionsNumber=len(RIGHT_ANSWERS)        #检查考试情况
correctNumber=0
results=""

for i in range(questionsNumber):
    if userAnswers[i]==RIGHT_ANSWERS[i] :
        correctNumber=correctNumber+1
        results=results+userAnswers[i]
    else:
        results = results +"·"            #错误的答案用 "·" 标识
#对考试成绩进行分级
score=round(correctNumber/questionsNumber*100)  #根据完成情况进行评价
if score ==100 :
    print("全部正确!")
else:
    print("你错了 %d 道题:%s"%(questionsNumber-correctNumber,results))
print("你的最终成绩为: %d 分"% score)
```

程序运行结果：

```
请输入你的考试答案:ABCCDADBCD
你错了 2 道题:AB·CDADBC·
你的最终成绩为: 80 分
```

4.5 应用：随机数和模拟

模拟程序通过计算机来实现对现实世界或假想世界活动的模拟，其在科研和商业领域中常被应用于预测气候变化、分析交通、挑选股票等。在接下来的几个小节中，会看到使用一个或多个循环来修改一个系统的状态并观察这些变化的模拟例子。

4.5.1 生成随机数

现实世界中的很多事件是难以精准预测的，但可以知道其平均行为。例如，一家理发店可能根据往常的客流量，得知每隔 20 min 会有一个顾客到达。当然，顾客的到达并不会准确地以 20 min 为间隔，这只是根据经验得出的平均数。为了精确建模顾客流量，我们需要考虑随机浮动的存在。

Python 标准库中的 random() 函数可以用来生成随机数字。调用 random() 函数可以产生一个大于或等于 0 并且小于 1 的随机浮点数，且每次调用 random() 函数得到的数字并不会完全相同。random() 函数是定义在 random 模块中的。下面的程序调用了 5 次 random() 函数。

【示例 4-30】生成随机数。

```
from random import random
for i in range(5):
    value=random()
    print(value)
```

程序运行结果：

```
0.08485790746630906
0.4064655341036879
0.7022531818800217
0.6919703307011951
0.0538635879984411554
```

4.5.2 模拟掷骰子

在实际应用中，需要的是一个特定范围的随机数。例如，为了模拟掷骰子，需要使用 1~6 之间的随机整数。

Python 提供了 randint() 函数来生成给定范围内的随机整数。函数 randint(a，b) 是在 random 模块中定义的，返回一个介于 a 和 b 之间(包括 a 和 b)的随机整数。

下面的程序用来模拟一对骰子的投掷。

【示例 4-31】模拟骰子投掷。

```
from random import randint
for i in range(5):
    d1=randint(1,6)    #生成两个介于1和6之间的随机数，包括1和6
    d2=randint(1,6)
    print(d1,d2)       #输出这两个值
```

程序运行结果：

```
1 2
6 5
5 6
2 4
6 3
```

4.5.3　蒙特卡罗方法

在实际情况中，有些问题并不能精确求解，可以尝试通过蒙特卡罗方法寻找近似解。以下是一个经典的例子，使用蒙特卡罗方法近似得到圆周率 π。

如图 4-4 所示，模拟往一个半径为 1 的圆的外接正方形内发射飞镖，即随机生成介于 −1 和 1 之间的数字作为 x 坐标和 y 坐标。

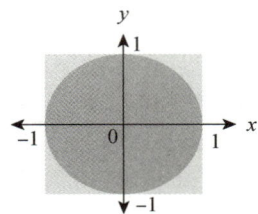

图 4-4　蒙特卡罗方法

如果生成的点落在圆内，也就是 $x^2+y^2 \leqslant 1$ 成立的情况，可称为一次命中。由于发射飞镖的落点是完全随机的，可以认为 hits/TRIES 的比值非常近似于圆的面积与正方形面积的比值，也就是 π/4。因此，我们使用 4×hits/TRIES 来逼近 π，以此得到 π 的近似值。

首先要生成介于边界 a 和 b 之间的浮点数：

```
r=random()      #0≤r<1
x=a+(b-a)*r     #a≤x<b
```

由于 r 介于 0（包括）和 1（不包括）之间，因此 x 介于 a（包括）和 b（不包括）之间。由于满足方程 $x=1$ 的点位于面积为 0 的一条直线上，因此 x 永远不会到达上边界（$b=1$），也不会影响方程的设立。具体代码如下所示。

【示例 4-32】蒙特卡罗方法预测 π。

```
from random import random    #引入随机函数
TRIES=100000
hits=0

for i in range(TRIES):       #开始10万次循环，计算落在圆内的点数
    r=random()
    x=-1+2*r                 #生成介于-1和1之间的随机数
    r=random()
    y=-1+2*r
    if x*x+y*y<=1:           #判断产生的x和y值是否在圆内
        hits=hits+1          #hits/TRIES的比值接近等于圆的面积跟其外接正方形面积的比值
PI=4*hits/TRIES
print("π的估计值为:",PI)
```

程序运行结果：

π的估计值为：3.14264

4.6　本章小结

循环结构主要有条件式的 while 循环和遍历式的 for 循环，在 while 循环中，只有满足

条件才能执行循环体，否则将跳出循环；而 for 循环是对元组或列表内每个元素执行循环体，遍历所有元素后退出循环。控制循环的则是 break 和 continue 语句，break 语句代表直接退出循环，continue 语句代表跳过本次循环。

此外，还可以通过循环语句控制字符串，实现统计匹配项、查找匹配项、验证字符串和构建新字符串等操作。

4.7 习题

4-1 编写程序判断 2020 年、2021 年、2022 年是闰年还是平年。能被 4 整除，但不能被 100 整除；或者能被 400 整除的都属于闰年，除闰年外均为平年。

4-2 编写程序，判断[40，50]区间内的自然数除自身以外的最大公约数。

4-3 编写嵌套循环，要求输入由 1、3、5、7 这 4 个数字组成的互不相同的三位数以及它们的总个数。

4-4 在批发市场，商家会根据客户类型(购买次数小于 4 为新客户，大于或等于 4 为老客户)和订货量给予不同的折扣，输入客户类型、标准价格和订货量，计算应付货款(应付货款=订货量×标准价格×(1-折扣率))。如果是新客户：订货量低于 650 没有折扣；否则折扣率为 2%。如果是老客户：订货量低于 480 的折扣率为 2.5%；订货量大于或等于 480 但低于 1 000 的折扣率为 4%；订货量大于或等于 1 000 但低于 2 000 的折扣率为 7.5%；订货量大于或等于 2 000 的折扣率为 9%。请绘制流程图，并编写程序。

4-5 编写程序，定义字符串 University="China Jiliang University"，分别统计该字符串内大写字母和元音字母的个数。

4-6 我国古代数学家张丘建在《算经》一书中提出的著名的"百钱买百鸡"问题：鸡翁一值钱五(意为鸡翁 1 只 5 元)，鸡母一值钱三，鸡雏三值钱一。百钱买百鸡，问鸡翁、鸡母、鸡雏各几何？请根据设定编写程序。

二维码 4
第 4 章习题答案

第 5 章 函数

本章学习目标
- 熟练掌握如何设计和实现自己的函数
- 理解参数传递的概念
- 熟练掌握开发把复杂任务分解为简单任务的方法
- 学会确定变量作用域
- 学会验证用户输入

本章知识结构图

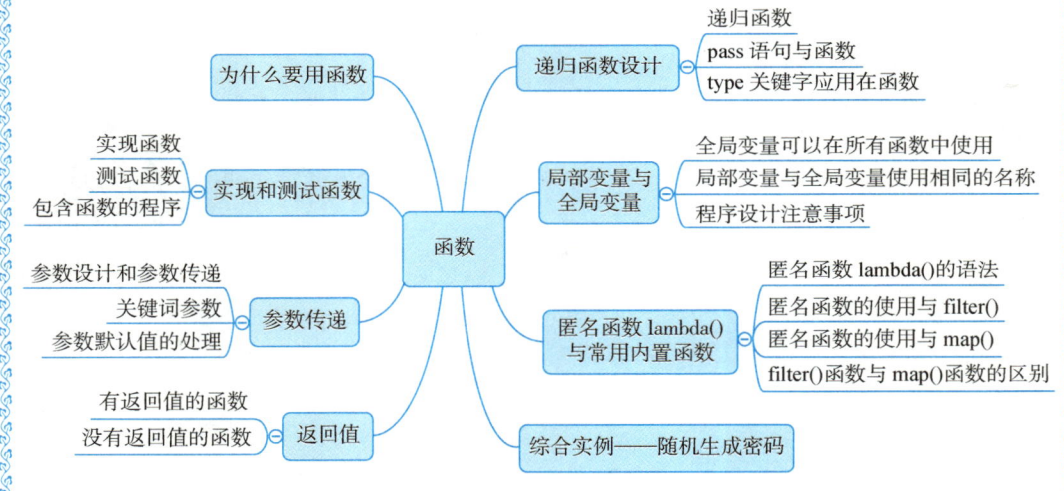

5.1 为什么要用函数

编写语句后,为了重复使用这些语句,把它们组合在一起并命名,使用时调用这个名字即可实现这些语句的功能,这就是函数。函数是有名字的一系列指令,也是组织好的并且可重复使用的,用来实现单一或相关联功能的代码段。作为一个容易理解和复用的形式,函数包含了多个步骤的计算,通过逐步提炼能够把复杂任务分解为一组互相协作的函数。当每次使用函数时，我们可以提供不同的参数输入。函数可以接收多个参数，但是只返回一个值。函数也可以不接收参数，如 random() 函数不需要参数就可以产生一个随机数。

【示例 5-1】通过调用一个函数来执行其中的指令。

```
weight=round(49.8275,2)  # 设置结果为49.83
weight
```

程序运行结果：
49.83

从上述程序可以看出，我们调用了 round() 函数，并要求函数把 49.827 5 四舍五入为两位小数，执行指令并计算结果，然后把结果返回到该函数被调用的位置，程序恢复执行。其中，49.827 5 和 2 称作函数调用的参数。

当另一个函数调用 round() 函数时，它提供"输入"，且仅仅是我们想让函数计算结果的值。round() 函数计算的"输出"称作返回值，它会返回到程序中调用这个函数的位置，然后由包含该函数调用的语句来处理。例如，假设程序中包含上述程序，当 round() 返回它的结果时，返回值被保存到了变量 weight 中。

输出返回值时通常需要添加一条语句，如 print(weight)。我们不需要知道函数是如何实现的，只需要知道函数的用法。若提供参数 x 和 n，则 round() 函数返回被四舍五入为 n 位小数的 x。

设计函数最终看起来就像黑盒子一样，可以在不知道内部实现的情况下使用函数，这样有便于更好地进行记忆。

5.2 实现和测试函数

我们通常会根据给定的说明书来实现一个函数，并且使用测试输出来调用这个函数。

5.2.1 实现函数

编写函数时，代码块以 def 关键词开头，后接函数名字，并给每个参数定义变量（形参变量），函数内容以冒号起始，包含函数定义、调用函数和输出结果的语句。其格式如下：

```
def 函数名称(参数值1[,参数值2,…]):
    "函数批注"
    程序代码区块
    return [返回值1,返回值2,…]
```

其中，函数批注部分使用了双撇号与代码相区别。同样地，三个单引号和井号一样都表示注释。

return 语句退出函数并返回结果。

【示例 5-2】编写一个函数来求绝对值。

```
def my_abs(x):
    if x >= 0:
        return x
    else:
        return -x
```

【示例 5-3】编写一个函数来求给定边长的立方体的体积。

```
def cubeVolume(sideLength):
    volume=sideLength**3
    return volume
```

5.2.2　测试函数

为了测试函数，程序中应该包含函数定义、调用函数及输出结果的语句。

【示例5-4】测试求绝对值的函数。

```
def my_abs(x):
    if x >= 0:
        return x
    else:
        return -x
print("-5的绝对值是：",my_abs(-5))
```

程序运行结果：

-5的绝对值是： 5

【示例5-5】测试求立方体体积的函数。

```
def cubeVolume(sideLength):
    volume=sideLength**3
    return volume
result1=cubeVolume(4)
result2=cubeVolume(9)
print("第一个立方体的边长为："+str(4)+" 体积为："+str(result1))
print("第二个立方体的边长为："+str(9)+" 体积为："+str(result2))
```

程序运行结果：

第一个立方体的边长为：4 体积为：64
第二个立方体的边长为：9 体积为：729

需要注意的是，如果调用函数时使用不同的参数，函数会返回不同的值。

5.2.3　包含函数的程序

编写包含一个或多个函数的程序时，要注意函数定义和调用语句的顺序。读取源代码时，Python依次读取每个函数定义和每条语句。函数定义中的语句在函数被调用之前不会执行，但函数定义之外的语句在遇到时会立刻执行。因此，在调用之前定义每个函数是非常重要的。例如，下面的程序会产生运行错误，因为编译器不知道cubeVolume()函数会在后面定义。

```
print(cubeVolume(10))
def cubeVolume(sideLength):
    volume = sideLength ** 3
    return volume
```

但是，一个函数可以在定义之前在另一个函数中调用，举例如下。

```
def main():
    result = cubeVolume(2)
    print("边长为2的立方体的体积为：",result)
def cubeVolume(sideLength) :
    volume = sideLength** 3
    return volume
main()
```

程序运行结果：

边长为2的立方体的体积为： 8

注意，尽管 cubeVolume() 函数是在 main() 函数之后定义的，但 cubeVolume() 函数依然在 main() 函数中被调用。我们可以考虑执行流，函数 main() 和 cubeVolume() 的定义先被处理，最后一行的语句不在任何一个函数之内。因此，它被立刻执行，并且调用 main() 函数，main() 函数的函数体被执行并调用函数 cubeVolume()，而这时 cubeVolume() 函数是已知的。

5.3 参数传递

函数调用后，将创建用于接收函数实参的变量，这些变量被称为形参变量或形式参数。调用函数时，函数的值是此调用的实参，各个形参变量以对应的参数初始化。例如，水果比萨的食谱可能会用到任何一种水果，这里，水果相当于形参变量，香蕉和苹果就相当于实参。

5.3.1 参数设计和参数传递

【示例5-6】函数的参数设计：传递一个参数。

```
def greeting(name):
    print("欢迎光临本店!"+name)
greeting("John")
```

程序运行结果：

欢迎光临本店!John

【示例5-7】函数的多个参数传递。

```
def subtract(m, n):
    result = m - n
    print(result)
print("本程序将执行a-b的运算")
a = int(input("a = "))
b = int(input("b = "))
print("a - b = ", end="")  # 接下来的输出不换行
subtract(a, b)
```

程序运行结果：

本程序将执行a-b的运算
a = 10
b = 3
a - b = 7

在一些特定情况下，函数参数的类型和顺序也很重要。

【示例5-8】定义函数，并注意参数的类型和顺序。

```
def interest(interest_type,subject):
    print("我喜欢的是：",interest_type)
    print("在我最喜欢的",interest_type,"中，我最喜欢",subject)
interest("体育","游泳")
```

程序运行结果：

我喜欢的是： 体育
在我最喜欢的 体育 中，我最喜欢 游泳

5.3.2 关键词参数

当然，我们可以使用关键词参数来忽略参数位置对程序的影响。关键词参数是指调用函数时，参数用"参数名称=值"的配对方式呈现。Python 也允许在调用需传递多个参数的函数时，直接将"参数名称=值"用配对方式传送。

【示例5-9】使用关键词参数进行函数设计。

```
def interest(interest_type,subject):
    print("我的兴趣是：",interest_type)
    print("在我的兴趣",interest_type,"中，我最喜欢",subject)
interest(interest_type="唱歌",subject="唱粤语歌")
interest(subject="打篮球",interest_type="体育")
```

程序运行结果：

我的兴趣是： 唱歌
在我的兴趣 唱歌 中，我最喜欢 唱粤语歌
我的兴趣是： 体育
在我的兴趣 体育 中，我最喜欢 打篮球

从上述代码可以看出，参数的位置可以发生改变。

5.3.3 参数默认值的处理

在设计函数时也可以给参数默认值，若调用的函数没有给参数值，则用函数的默认值。特别要留意函数设计时，参数的默认值必须放置在参数列的最右边。

【示例5-10】将 middlename 设置为默认值。

```
def guest_info(firstname,lastname,gender,middlename=""):
    if gender=="M":
        welcome=lastname+middlename+firstname+"先生欢迎您的到来"
    else:
        welcome=lastname+middlename+firstname+"女士欢迎您的到来"
    return welcome
info1=guest_info("Long ","Ma ","M")
info2=guest_info("Meng ","Chen ","F")
print(info1)
print(info2)
```

程序运行结果：

Ma Long 先生欢迎您的到来
Chen Meng 女士欢迎您的到来

5.4 返回值

5.4.1 有返回值的函数

在函数中用 return 来返回一个或多个结果，也可以返回任意表达式的值。一旦执行到 return，那么 return 后面的代码将不会执行，也就是会直接退出函数，返回到主程序继续运行。一般来说，不会先把返回值保存到变量中然后返回变量，而是不使用变量从而返回一个复杂的表达式的值：

```
def cubeVolume(sideLength):
    return sideLength **3
```

074

处理 return 语句时，函数立刻退出，因此 return 语句用在函数开始处理异常情况中非常方便：

```
def cubeVolume(sideLength) :
    if sideLength < 0 :
        return 0
```

若调用函数时给 sideLength 传递了负数，则函数返回 0，并且剩下的代码不会被执行，如图 5-1 所示。

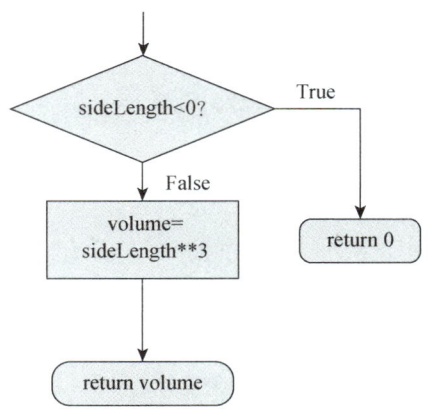

图 5-1　return 语句立刻退出函数

当然，使用多条 return 语句比较麻烦，因此，为避免使用多条 return 语句，我们可以把函数结果保存在一个变量中，然后在函数的最后一条语句中返回这个值。

【示例 5-11】演示如何避免使用多条 return 语句。

```
def cubeVolume(sideLength):
    if sideLength>=0:
        volume=sideLength**3
        return volume
    else:
        volume=0
    return volume
result1=cubeVolume(4)
result2=cubeVolume(9)
print("第一个立方体的边长为："+str(4)+" 体积为："+str(result1))
print("第二个立方体的边长为："+str(9)+" 体积为："+str(result2))
```

程序运行结果：

第一个立方体的边长为：4 体积为：64
第二个立方体的边长为：9 体积为：729

【示例 5-12】简单返回数值数据。

```
def subtract(x1,x2):
    result=x1-x2
    return result
print("本程序会执行a - b 的运算")
a=float(input ("a = "))
b=float(input("b = "))
print("a - b = ", end=" ")
print(round(subtract(a,b),2))
```

程序运行结果：

本程序会执行a – b 的运算
a = 15.6
b = 12.3
a – b = 3.3

【示例 5-13】 返回多个数据的应用。

```
def mutifunction(x1,x2):
    "加减乘除四则运算"
    addresult=x1+x2
    subresult=x1-x2
    mulresult=x1*x2
    divresult=x1/x2
    return addresult,subresult,mulresult,divresult
x1=40
x2=20
add,sub,mul,div=mutifunction(x1,x2)
print("加法结果=",add)
print("减法结果=",sub)
print("乘法结果=",mul)
print("除法结果=",div)
```

程序运行结果：
加法结果= 60
减法结果= 20
乘法结果= 800
除法结果= 2.0

【示例 5-14】 简单返回字符串数据。

```
def guest_info(firstname,middlename,lastname,gender):
    if gender=="M":
        welcome=lastname+middlename+firstname+"先生欢迎您的到来"
    else:
        welcome=lastname+middlename+firstname+"女士欢迎您的到来"
    return welcome
info1=guest_info("Eileen ","Ailing ","Gu ","F")
info2=guest_info("Jr. ","Downey ","Robert ","M")
print(info1)
print(info2)
```

程序运行结果：
Gu Ailing Eileen 女士欢迎您的到来
Robert Downey Jr. 先生欢迎您的到来

【示例 5-15】 在轮盘抽奖活动中，轮盘分为一等奖、二等奖和三等奖 3 个部分，且转轮盘是随机的。当范围在[0，0.1]之间，代表一等奖；范围在[0.1，0.3]之间，代表二等奖；范围在[0.3，1.0]之间，代表三等奖。假设该活动有 1 000 人参加，请模拟需要准备各等奖品的个数。

```
import random
def rewordfun():                    # 定义用来记录各中奖人数的变量
    onecount=0
    twocount=0
    threecount=0
    for i in range(1000):           # 计算中奖人数
        num=float(format(random.random(),'.2f'))
        if 0 <= num < 0.1:
```

```
            onecount+=1
        elif 0.1 <= num <0.3:
            twocount+=1
        else:
            threecount+=1
    return  onecount,twocount,threecount      # 返回各中奖人数
count01,count02,count03=rewordfun()           # 将函数返回值赋给变量
rewordDict={'一等奖':count01,'二等奖':count02,'三等奖':count03}
for k,v in rewordDict.items():                # 遍历输出字典的key-value
    print(k,':',v)
```

程序运行结果：

一等奖 : 90
二等奖 : 182
三等奖 : 728

5.4.2 没有返回值的函数

有时候，我们需要执行一系列不会产生值的指令。若某条指令序列出现多次，则考虑把它封装为一个函数。

【示例5-16】在一个盒子内输出字符串"!Good morning!"。

```
def boxString(contents):
    print("!"+contents+"!")
boxString("Good morning")
```

程序运行结果：

!Good morning!

需要注意的是，boxString()函数执行特定的动作，返回到调用者，并没有计算任何值，且返回一个特殊的值"None"，但不能对其做任何事情。

5.5 递归函数设计

函数既可以调用其他函数也可以调用自身，调用自身的动作被称为递归式调用。递归式调用具有以下特征：每次调用自身时，作用范围就会变小，且需要有一个结束递归函数的终止条件。

5.5.1 递归函数

递归函数可以使程序变得简单，但在设计这种函数时，很容易陷入无限循环的陷阱。其最常见的应用是处理正整数阶乘，即小于或等于该数的所有正整数的乘积，阶乘数字的表示法为 $n!$。如果 $n=0$，则 $n!=1$；$n=1$，$n!=1$；$n=3$，$n!=1×2×3=6$。

【示例5-17】计算一个正整数的阶乘。

```
def factorical(n):
    if n==1:
        return 1
    else:
        return (n*factorical(n-1))
n=int(input("请输入一个正整数："))
print(n,"的阶乘为：",factorical(n))
```

程序运行结果:
请输入一个正整数：12
12 的阶乘为： 479001600

5.5.2 pass 语句与函数

在设计大型程序时,首先规划各函数的功能,然后逐一完成各个函数的设计,但是在程序完成之前可以放置未完成的函数内容。这时我们就可以使用 pass 语句作为占位符,它什么也不用干,将其用在语法上需要语句的地方即可。

【示例 5-18】 使用 pass 语句放置未完成的函数内容。

```
def fun(arg):
    pass
```

5.5.3 type 关键字应用在函数

【示例 5-19】 列出函数的数据类型。

```
def fun(arg):
    pass
print("列出fun的type类型:",type(fun))
print("列出lambda的type类型:", type( lambda x:x))
print("列出内置函数abs的type类型:",type(abs))
```

程序运行结果:
列出fun的type类型: <class 'function'>
列出lambda的type类型: <class 'function'>
列出内置函数abs的type类型: <class 'builtin_function_or_method'>

5.6 局部变量与全局变量

设计函数时,应注意使用适当的变量名称。当变量只能用于函数且影响范围受函数限制时,该变量被称为局部变量;当变量影响整个程序时,该变量被称为全局变量。

调用函数时,Python 程序将建立一个内存工作区间,可以用来处理函数中的变量。函数结束并返回到原始调用程序时,内存工作区间就被收回,原始变量也将被销毁。因此,局部变量的影响范围只限于它们所属的函数。

对于全局变量,通常是在主程序内建立。当执行程序时,不仅主程序可以引用全局变量,所有属于这个程序的函数也可以引用全局变量,因此其影响范围是整个程序。

5.6.1 全局变量可以在所有函数中使用

一般在主程序内建立的变量是全局变量,程序内与本程序的所有函数都可以对其进行引用。

【示例 5-20】 打印全局变量。

```
def printmessage():
    '''函数内部没定义变量,只能打印全局变量的值'''
    print("函数内部打印:", message)
message="我是全局变量"
printmessage()
print("主程序打印", message)
```

程序运行结果：

函数内部打印：我是全局变量
主程序打印 我是全局变量

5.6.2 局部变量与全局变量使用相同的名称

在 Python 中，全局变量和函数内的局部变量的名称不能相同，否则容易混淆。若名称相同，则 Python 将相同名称区域和全局变量视为不同的变量。局部变量所在的函数使用局部变量内容，全局变量的内容在其他区域中使用。

【示例 5-21】全局变量和函数内的局部变量使用相同的名称。

```
def printmessage() :
    '''函数内部定义了同名的变量'''
    message="我是同名的局部变量"
    print("函数内部打印:", message)
message="我是全局变量"
printmessage()
print("主程序打印", message)
```

程序运行结果：

函数内部打印：我是同名的局部变量
主程序打印 我是全局变量

【示例 5-22】全局变量和局部变量的应用。

```
def printmessage() :
    '''函数内部=定义了变量'''
    message="我是局部变量"
    print("函数内部打印:", message)
message="我是全局变量"
printmessage()
print("主程序打印", message)
```

程序运行结果：

函数内部打印：我是局部变量
主程序打印 我是全局变量

5.6.3 程序设计注意事项

在程序设计时，有关局部变量的使用需注意下列事项，否则程序会产生错误。例如，局部变量内容无法在其他函数引用，或者局部变量内容无法在主程序引用。

【示例 5-23】局部变量内容无法在其他函数引用。

```
def printmessage() :
    '''函数内部定义了变量'''
    message="我是局部变量"
    print("函数内部打印:", message)
def printmsg() :
    print("函数内部打印：",message)
printmessage()
printmsg()
```

程序运行结果：

函数内部打印：我是局部变量

```
---------------------------------------------------------------------
NameError                                 Traceback (most recent call last)
<ipython-input-4-81c768053829> in <module>
      6         print("函数内部打印：",message)
      7 printmessage()
----> 8 printmsg()

<ipython-input-4-81c768053829> in printmsg()
      4         print("函数内部打印:", message)
      5 def printmsg():
----> 6         print("函数内部打印：",message)
      7 printmessage()
      8 printmsg()

NameError: name 'message' is not defined
```

【示例 5-24】局部变量内容无法在主程序引用。

```
def printmessage() :
    '''函数内部定义了变量'''
    message="我是局部变量"
    print("函数内部打印:", message)
printmessage()
print("主程序中，能否调用其他函数内的变量？",message)
```

程序运行结果：

函数内部打印：我是局部变量

```
---------------------------------------------------------------------
NameError                                 Traceback (most recent call last)
<ipython-input-5-fa2750c358e9> in <module>
      4         print("函数内部打印:", message)
      5 printmessage()
----> 6 print("主程序中，能否调用其他函数内的变量？",message)

NameError: name 'message' is not defined
```

5.7 匿名函数 lambda() 与常用内置函数

当一个函数没有名称时就被称为匿名函数，也称为 lambda 表达式或 lambda() 函数，Python 使用 lambda 来定义匿名函数。通常会将匿名函数与 Python 的内置函数 filter() 和 map() 等一起使用，此时匿名函数将只是这些函数的参数。

5.7.1 匿名函数 lambda() 的语法

匿名函数可以有许多参数，但只能有一个表达式，可以将执行结果返回。

```
lambda arg1[, arg2,…, argn ]:expression    #arg1是参数，可以有多个参数
```

【示例 5-25】定义一个 lambda() 函数。

```
square=lambda x:x**2          #定义一个lambda()函数
print(square(20))             #输出平方值
```

程序运行结果：
400

【示例5-26】定义一个一般函数。

```
def square(x):                #定义一个一般函数
    return x**2
print(square(20))
```

程序运行结果：
400

【示例5-27】lambda()匿名函数有多个参数的例子。

```
# 买了x个化妆品，每个化妆品的价格是y
# 之外每个化妆品还得交6个点的税
# 定义一个求总花费的匿名函数
cost=lambda x,y:x*y*(1+0.06)
# 买5个粉底液，每个粉底液30美元，求总花费
print(cost(5,30))
```

程序运行结果：
159.0

5.7.2　匿名函数的使用与filter()

匿名函数通常用在不需要函数名称的场合，例如，一些高阶函数的参数可能是函数，这时就很适合使用匿名函数，同时可以让程序变得更简洁。有一个内置函数filter()，其语法格式如下。

```
filter(function,iterable)
```

其中，iterable可以重复执行，如字符串string、列表list或元组tuple。上述函数将依次把iterable中的元素(item)放入function(item)，然后将function()函数执行结果为True的元素(item)组成新的筛选对象(filter_object)返回。

【示例5-28】定义一个求偶数的函数。

```
def is_even(x):
    return x if x%2==0 else None
mylist=[32,14,15,99,40,29,57]    # 一个有偶数和奇数的数组
# 用filter()函数返回的不是列表，而是一个Filter类的对象
filter_object=filter(is_even,mylist) #此时filter_object对象里的值都是偶数
print(filter_object)
print(mylist)
```

程序运行结果：
<filter object at 0x00000242B90C0A00>
[32, 14, 15, 99, 40, 29, 57]

注意，Python 2.x中返回的是过滤后的列表，而Python 3中返回的是一个Filter类的对象。

Filter类实现了_iter_()和_next_()方法，可以看成是一个迭代器，相对Python2.x来说提升了性能，可以节约内存。

【示例 5-29】 查看 Filter 类的对象（filter_object）。

```
print(filter_object)
print(mylist)
print(filter_object.__next__())
print(filter_object.__next__())
print(filter_object.__next__())
```

程序运行结果：

```
<filter object at 0x00000242B90BDA30>
[32, 14, 15, 99, 40, 29, 57]
32
14
40
```

获得 filter_object 对象中元素的方式：

```
for item in filter_object:
    print(item)
```

若是想获得列表，则可以使用如下方式：

```
[item for item in filter_object ]
```

或者

```
list(filter_object)
```

【示例 5-30】 关于定义一个偶数的函数不同的函数表达。

```
def is_even(x):
    return x if x%2==0 else None
```

```
def is_even(x):
    if x % 2 == 0:
        return x
```

```
def is_even(x):
    if x % 2 == 0:
        return x
    else:
        return None
```

```
def is_even(x):
    return x % 2 == 0
```

可以看出，匿名函数可以很大程度上让程序变得更加简洁。

【示例 5-31】 使用匿名函数输出偶数列表。

```
mylist=[32,14,15,99,40,29,57]    # 一个有偶数和奇数的数组
print("偶数列表：",list(filter(lambda x: x%2==0,mylist)))
```

程序运行结果：

偶数列表： [32, 14, 40]

上述使用 lambda() 函数的代码要比下述代码简单得多。

```
def is_even(x):
    return x if x%2==0 else None
mylist=[32,14,15,99,40,29,57]    # 一个有偶数和奇数的数组
# 用filter()函数返回的不是列表，而是一个Filter类的对象
filter_object=filter(is_even,mylist) #此时filter_object对象里的值都是偶数
print("偶数列表：",list(filter_object))
```

5.7.3 匿名函数的使用与 map()

内置函数 map() 的语法格式如下：

```
map(function,iterable)
```

上述函数将依次把 iterable 中的元素（item）放入 function（item），然后将 function () 函数执行结果组成新的筛选对象（filter_object）返回。

【示例 5-32】仅有一个序列时，使用 map() 函数输出列表的平方值。

```
mylist2=[2,4,6,8,10]
print('列表的平方值：',list(map(lambda x:x**2,mylist2)))
```

程序运行结果：

列表的平方值： [4, 16, 36, 64, 100]

【示例 5-33】当序列多于一个时，使用 map() 函数进行如下一系列操作。

```
def sum(a,b):
    return a+b
a=[1,3,5]
b=[2,4,6]
print('a+b=',list(map(sum,a,b)))
print('x**y=',list(map(lambda x,y:x**y,[2,4,6],[3,2,1])))
print('x+y+z=',list(map(lambda x,y,z:x+y+z,[1,2,3],[4,5,6],[7,8,9])))
```

程序运行结果：

a+b= [3, 7, 11]
x**y= [8, 16, 6]
x+y+z= [12, 15, 18]

【示例 5-34】当多个序列的元素数量不一致时，使用 map() 函数进行如下操作。

```
mylist3=[1,2,3,4,5,6,7]
mylist4=[10,20,30,40,50,60]
mylist5=[100,200,300,400,500]
print('x**2+y+z=',list(map(lambda x,y,z:x**2+y+z,
                        mylist3,mylist4,mylist5)))
```

程序运行结果：

x**2+y+z= [111, 224, 339, 456, 575]

从上述结果可以看出，若函数有多个序列参数且元素数量不一致，则会根据最少元素的序列进行函数计算。

5.7.4 filter() 函数与 map() 函数的区别

filter() 函数用于选出符合条件的元素、过滤序列中不符合条件的元素、返回一个迭代器对象，其语法格式如下：

```
filter(function,iterable)
```

它接收两个参数，第 1 个为判断函数 function（True or False），第 2 个为序列 iterable，其每个元素作为参数传递给函数进行判断，然后返回 True 或 False，再将返回 True 的元素放到 filter_object 对象中。

而 map() 函数会根据提供的函数对指定序列做映射，其语法格式如下：

083

```
map(function, iterable)
```

第 1 个参数 function 以参数序列（iterable）中的每一个元素都调用一次 function() 函数，返回包含每次 function() 函数返回值的新序列。

注意，map() 中的 function 不用于过滤元素，也就是参数序列（iterable）中有多少个元素，function 就返回多少个元素。

5.8 综合实例——随机生成密码

当我们的大量信息都在线存储时，密码的安全性就变得非常重要。目前，很多网站和软件为了提高用户密码的安全性，要求用户创建至少包含一位数字、一位小写字母、一位大写字母和一位特殊字符的密码。

【示例 5-35】 根据上述情境，请设计一个生成给定长度、数量和复杂度的随机密码的程序。要求设置 3 种密码复杂度：1 为简单（纯数字）；2 为普通（英文字母大小写+数字）；3 为复杂（特殊字符+英文字母大小写+数字）。

首先，我们要生成一个给定数量字符的密码，可以包含 3 种复杂度，因此可以使用下述小写字母、大写字母、数字和一组特殊符号。

```
import random
import sys
password_list = ['z','y','x','w','v','u','t','s','r','q','p',
                 'o','n','m','l','k','j','i','h','g','f','e',
                 'd','c','b','a','A','B','C','D','E','F','G',
                 'H','I','J','K','L','M','N','O','P','Q','R',
                 'S','T','U','V','W','X','Y','Z','0','1','2',
                 '3','4','5','6','7','8','9']
specialCharacter = ['!','@','#','$','%','^','&','*','(',')','_',
                    '+','-','=']
```

然后确定函数的"输入"，其中有 3 个参数，分别是密码的长度、密码的类型和生成密码的数量，并创建单个密码。

```
def generator_password(password_len, password_type, password_num):
    """
    生成密码并打印出来
    """
    for i in range(int(password_num)):
        createPassword=''
        for j in range(int(password_len)):    # 创建单个密码
            if password_type=='1':
                createPassword += str(random.randint(0, 10))
            elif password_type=='2':
                createPassword+=(random.sample(password_list, 1))[0]
            else:
                createPassword+=(random.sample(password_list+specialCharacter, 1))[0]
        print(createPassword)
```

定义一个函数，用来检测输入是否都为数字，若不是，则提示用户重新输入。

```
def input_check(password_len, password_type, password_num):
    '''
    检测输入是否都为数字
    '''
    if password_len.isdigit() and password_type.isdigit() and password_num.isdigit():
        return generator_password(password_len, password_type, password_num)
    print('您输入有误，请重新输入！')
    return main()
```

最后执行循环生成函数，当输入 exit 时，就可以再次进行产生随机密码的操作。

```
def main():
    '''
    执行循环生成
    '''
    while True:
        password_len = input('please enter you password lenght（密码长度）：')
        password_num = input('please enter generator password number（密码数量）：')
        input_check(password_len, password_type, password_num)
        if input('请输入 exit 退出，不然继续') == 'exit':
            sys.exit()

if __name__ == '__main__':
    main()
```

程序运行结果：
请输入您需要的密码长度： 10
请输入密码复杂度： 3
请输入您需要的密码数量： 5
dJf_bWdwMa
$0xocWKl06
r4%r70iEMh
H*EQhGoPYJ
Yi!07_1PET
输入exit退出，否则继续
请输入您需要的密码长度： 9
请输入密码复杂度： 2
请输入您需要的密码数量： 1
B9W7MDxGT
输入exit退出，否则继续exit

从上述结果可以看出，当我们输入给定的密码长度、复杂度和需要的密码数量之后，程序就会产生相应的随机密码。

5.9 本章小结

函数是一个可以重复执行的代码段，它不能自己主动执行，必须在被调用的时候才能被执行。我们通常会根据给定的说明书来实现一个函数，并且使用测试输出来调用这个函数。函数被调用后，将创建用于接收函数实参的变量，这些变量称为形参变量或形式参数。调用函数时函数的值是此调用的实参，各个形参变量以对应的参数初始化。return 语句用来返回一个或多个结果，也可以返回任意表达式的值。一旦执行到 return 语句，那么 return 语句后面的代码将不会执行，也就是会直接退出函数，返回到主程序继续运行。函数既可以调用其他函数也可以调用自身，调用自身的动作被称为递归式调用。当变量只能用于函数且影响范围受函数限制时，该变量被称为局部变量；当变量影响整个程序时，被称为全局变量；当一个函数没有名称时就被称为匿名函数，也称为 lambda 表达式或 lambda() 函数。

5.10　习题

　　5-1　什么是函数？函数的作用是什么？
　　5-2　请说明什么是局部变量？什么是全局变量？
　　5-3　函数与 lambda 表达式的区别是什么？
　　5-4　参数和返回值的区别是什么？一个函数可以有多少个参数和多少个返回值？
　　5-5　用函数计算两个整数的最大公约数（两个整数中公有的约数）。
　　5-6　定义函数 moreThan(num)，判断输入的数字是否大于 1 500，打印输出"大于 1 500"或"不大于 1 500"。
　　5-7　定义函数 max(x, y)，返回两个整数中的最大值。
　　5-8　一只兔子一次可以跳 1 级或 2 级台阶，请用函数求该只兔子跳上一个 n 级台阶共有多少种跳法（先后次序不同算作不同结果）。

二维码 5
第 5 章习题答案

第 6 章 列表

本章学习目标
- 熟练掌握使用列表收集元素
- 熟练掌握使用 for 循环遍历列表
- 学习处理列表的常用算法
- 熟练掌握在函数中使用列表
- 熟练掌握处理数据表格

本章知识结构图

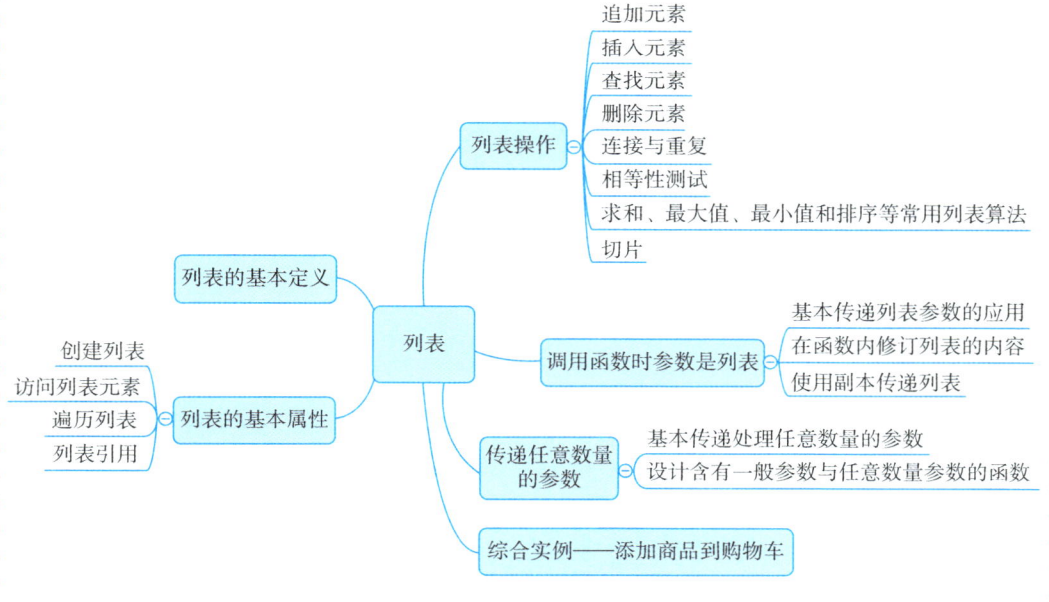

6.1 列表的基本定义

定义列表的语法格式如下：

```
name_list = [元素1，…，元素n]    # name_list是假设的列表名称
```

在列表中，放在中括号([ ])内的每一个数据称为元素，彼此用逗号(,)隔开。可以用 print()函数打印列表内容，把列表名称当作变量名称。

【示例6-1】在自由式滑雪女子大跳台决赛中，谷爱凌三跳成绩分别是93.75、88.50、94.50，定义列表。

```
GuAiling=[93.75,88.50,94.50]
```

【示例6-2】在示例6-1的GuAiling列表中，增加1个元素，存放她的英文名。

```
GuAiling=['Eileen Feng Gu',93.75,88.50,94.50]
```

【示例6-3】为水果店销售的苹果、葡萄、香蕉定义英文列表。

```
fruits=['apple','grape','banana']
```

【示例6-4】为水果店销售的苹果、葡萄、香蕉定义中文列表。

```
fruits=['苹果','葡萄','香蕉']
```

6.2 列表的基本属性

在 Python 中，列表用来收集多个值。接下来，我们将会学习如何创建列表以及如何访问列表元素。

6.2.1 创建列表

使用方括号来创建列表，元素按我们在列表中给出的顺序存储，并使用变量保存这个列表以便后面进行访问。

【示例6-5】创建一个列表并指定新列表中保存的初始值。

```
values=[23,45,64,39,80,123,116,33.4,67,100]
```

如图6-1所示，本例创建了一个包含10个元素的列表，接下来我们将介绍如何访问列表中的一个元素。

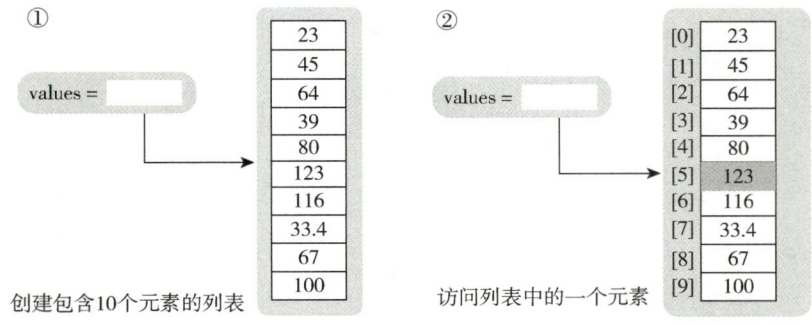

图6-1 大小为10的列表

6.2.2 访问列表元素

列表中的每个元素都有一个整数位置或索引。因此，我们可以像访问字符串中的单个

字符一样，通过使用方括号并指定索引来访问列表中的一个元素，如图 6-2 所示。

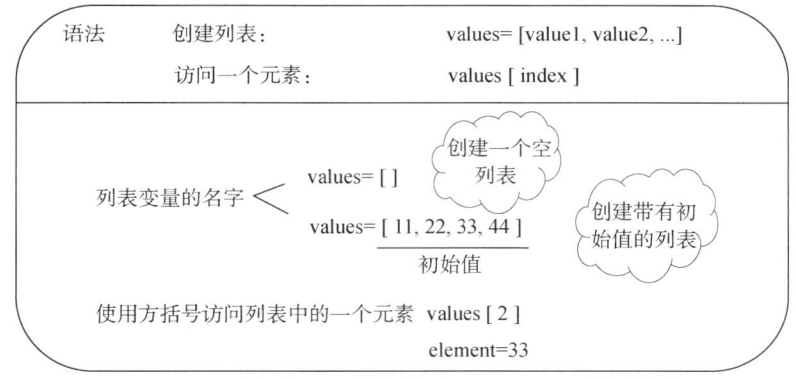

图 6-2 列表

【示例 6-6】输出索引为 5 的元素。

```
print(values[5])    # 输出索引为5的元素
```

程序运行结果：
123

与字符串不同，列表可以包含任意类型可变的值。因此，我们可以把列表中的一个元素替换为另一个元素。

【示例 6-7】将索引为 5 的元素替换为 78。

```
values[5]=78
print(values[5])
```

程序运行结果：
78

可见，当我们修改 values[5] 时，第 6 个元素被修改了。和字符串一样，列表的索引从 0 开始。也就是说，列表 values 中的合法元素为：

values[0]，第 1 个元素

values[1]，第 2 个元素

values[2]，第 3 个元素

…

values[9]，第 10 个元素

需要注意的是，values[10]＝number 是一种非常常见的越界错误。

【示例 6-8】保证在索引变量 i 位于合法边界之内时访问列表。

```
if 0 <= i and i < len(values):
    values[i]=number
```

注意，方括号有两种不同的用法。当方括号紧跟在变量名称后面时，表示下标运算符，如 values[4]；当方括号没有跟在变量名称后面时，表示创建一个列表，如 values＝[4] 设置 values 为列表[4]，也就是包含单个元素 4 的列表。

Python 允许在访问列表元素时使用负数下标，提供了按相反顺序访问列表元素的方法。

如图 6-3 所示，values[-2] 是倒数第 2 个元素，values[-10] 是第 1 个元素。一般来

089

说，负数下标的有效范围在 −1 到 −len(values) 之间。

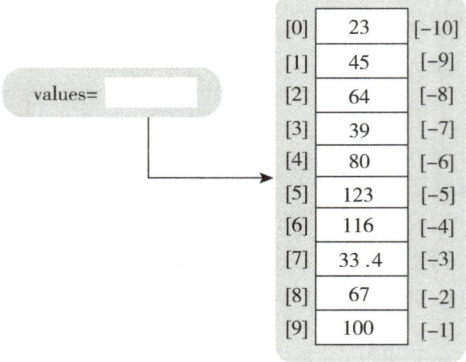

图 6-3 列表的负数下标

6.2.3 遍历列表

有两种基本方法可以访问列表中的所有元素：对所有索引值进行循环并查询每个元素，或者可以直接对所有元素进行循环。

【示例 6-9】给定包含 10 个元素的 values 列表，遍历所有索引值。

```
for i in range(10):
    print(i,values[i])
```

程序运行结果：

```
0 23
1 45
2 64
3 39
4 80
5 78
6 116
7 33.4
8 67
9 100
```

这个循环显示所有索引值和它们在 values 列表中对应的元素。

不用常量 10 表示列表中元素的个数，使用 len() 函数创建一个更容易复用的循环。

```
for i in range(len(values)):
    print(i,values[i])
```

在不需要索引值的情况下，使用 for 循环迭代这些独立的元素。

```
for element in values:
    print(element)
```

6.2.4 列表引用

变量 values 中没有存储任何数字，列表是存储在另一个地方的，values 变量存储的是列表的引用（表示列表在内存中的地址）。当访问列表中的元素时，我们不需要关心这一点，它仅在复制列表引用时比较重要。

当把一个变量复制给另一个变量时，两个变量引用的是同一个列表，如图 6-4 所示。

第 6 章 列表

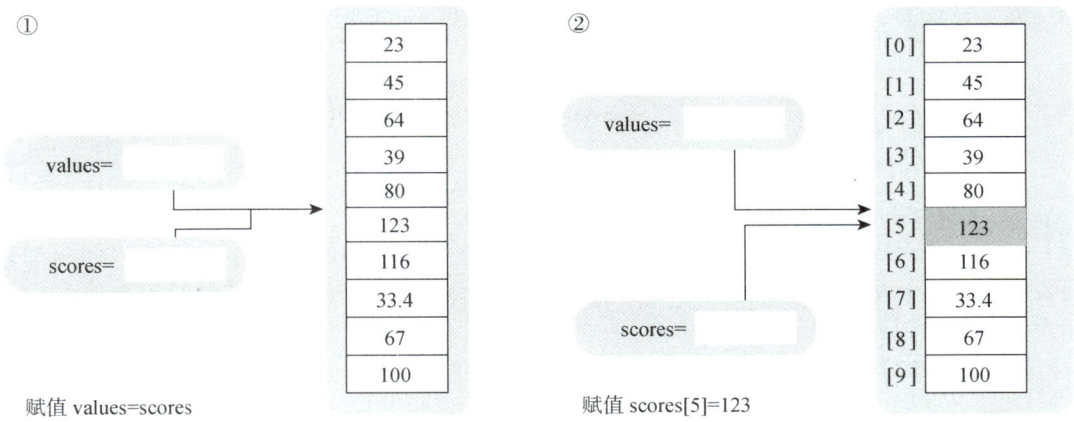

图 6-4 两个变量引用同一个列表

【示例 6-10】把一个变量复制给另一个变量，并通过其中一个变量来修改列表。

```
values=[23,45,64,39,80,123,116,33.4,67,100]
scores=values    # 将一个列表变量复制给另一个变量
values[5]=10     # 通过其中一个变量来修改列表
print(scores[5])
```

程序运行结果：
10

注意，列表一般用来存储具有相同含义值的序列。在使用列表存储相关元素的序列时，若在列表不同位置展示具有不同含义（如名字、年龄等）的数据，则不妨使用不同的列表来存储具有不同含义的数据。

6.3 列表操作

Python 使列表具有丰富的操作，让用户处理起来更加方便。接下来对这些列表的操作进行讨论。

6.3.1 追加元素

当我们不知道列表中的内容时，可以先创建一个空列表，然后根据需要增加元素。使用 append() 方法可以把一个元素追加到列表尾部，且可以增加任意数量的元素。

【示例 6-11】创建一个空列表并添加元素。

```
classmates=[]
classmates.append("佩奇")
classmates.append("乔治")
classmates.append("苏西")
print(classmates)
```

程序运行结果：
['佩奇','乔治','苏西']

如图 6-5 所示，向列表中追加元素时，首先创建一个空列表，再追加任意数量的元素。

091

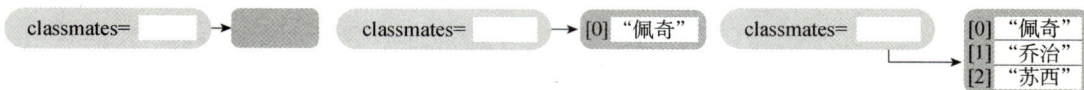

图 6-5　向列表中追加元素

extend()方法和 append()方法不同，append()方法将添加的元素作为一个整体添加到列表末尾，而 extend()方法将一个可迭代对象合并到列表中，即将添加的对象中的每一个元素分别合并到列表中。

【示例 6-12】使用 extend()方法在列表末尾添加内容。

```
classmates=['佩奇','丹妮','乔治']
# 将['理查德','艾米丽','瑞贝卡']中的每一个元素分别合并到列表中
classmates.extend(['理查德','艾米丽','瑞贝卡'])
print(classmates)
```

程序运行结果：
['佩奇','丹妮','乔治','理查德','艾米丽','瑞贝卡']

6.3.2　插入元素

有时候顺序是很重要的，当新元素必须插入列表指定位置时，我们就可以使用 insert()方法来进行插入元素的操作。

【示例 6-13】已知 classmates=['佩奇','乔治','苏西']，在第 1 个元素"佩奇"后面插入字符串"丹妮"。

```
classmates.insert(1,"丹妮")
print(classmates)
```

程序运行结果：
['佩奇','丹妮','乔治','苏西']

每次调用 insert()方法之后，列表的大小加 1。

向列表中插入元素示例如图 6-6 所示。

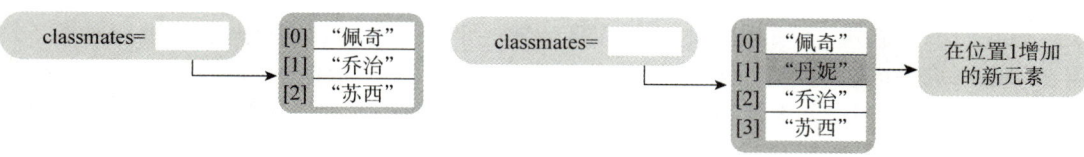

图 6-6　向列表中插入元素示例

注意，要插入元素的位置必须介于 0 和列表当前元素数量之间。例如，对于长度为 4 的列表，可插入的有效索引值是 0、1、2、3 和 4。元素会被插入给定索引的元素之前，除非索引值恰好等于列表元素数量，此时元素会被追加到最后一个元素之后，这等同于用 append()方法追加元素到列表尾部。

6.3.3　查找元素

通常我们使用 in 运算符来查找一个元素，了解其是否存在于一个列表中。

【示例6-14】在classmates列表中查找"丹妮"是否存在,并查看"丹妮"这一元素的位置。如果"丹妮"在列表中出现了多次,查找其所有出现的位置。

```
classmates=['佩奇','丹妮','乔治','丹妮','苏西']
if "丹妮" in classmates:
    print("丹妮是同学")
n1=classmates.index("丹妮")  #列表index()方法返回元素第1次出现的索引
print(n1)
n2=classmates.index("丹妮",n+1)  #从上一次匹配的位置后开始查找
print(n2)
```

程序运行结果:

丹妮是同学
1
3

可见,列表的index()方法返回元素第1次出现的索引,也可以指定要查找的起始位置。

在调用index()方法时,必须保证查找的元素在列表中,否则程序运行将会异常。这时我们可以事先使用in运算符进行测试。

```
if "丹妮" in classmates:
    n=classmates.index("丹妮")
else:
    n=-1
```

6.3.4 删除元素

(1)pop()方法可以删除任意指定位置上的元素并将其返回。

【示例6-15】删除列表classmates中指定索引位置的元素并返回列表。

```
classmates=['佩奇','丹妮','乔治','丹妮','苏西']
classmates.pop(3)
print(classmates)
```

程序运行结果:

['佩奇','丹妮','乔治','苏西']

删除某一元素后,被删除元素后面的所有元素会向上移动一个位置,列表的大小减1。要注意传递给pop()方法的索引必须在有效范围之内。

从列表中删除一个元素的示例如图6-7所示。

① 位置4上的元素被删除　　　　　　　② 被删除元素后面的元素向上移动一个位置

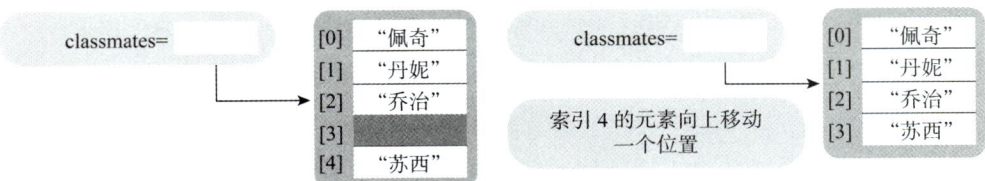

图6-7 从列表中删除一个元素的示例

列表中被删除的元素会被pop()方法返回,因此我们可以把两个操作合并为一个,即访问一个元素的同时删除它。

```
classmates=['佩奇','丹妮','乔治','丹妮','苏西']
print("删除的元素是",classmates.pop(3))
```

程序运行结果：

删除的元素是 丹妮

在调用 pop() 方法时不提供参数，它会删除并返回列表中的最后一个元素。

```
classmates=['佩奇','丹妮','乔治','苏西']
classmates.pop()
print(classmates)
```

程序运行结果：

['佩奇', '丹妮', '乔治']

（2）当我们不知道元素在列表中的位置时，可以采用 remove() 方法按值删除一个元素。

【示例 6-16】 在 classmates 列表中采用 remove() 方法对元素进行删除。

```
classmates=['佩奇','丹妮','乔治']
classmates.remove("乔治")
print(classmates)
```

程序运行结果：

['佩奇', '丹妮']

被删除的值必须在列表中，否则会引发运行异常。因此，在删除某一元素之前，我们应事先确认元素在列表中。

```
classmates=['佩奇','丹妮','乔治']
element="乔治"
if element in classmates:
    classmates.remove("乔治")
print(classmates)
```

程序运行结果：

['佩奇', '丹妮']

（3）del 语句可以删除任何位置处的列表元素。

【示例 6-17】 使用 del 语句删除列表元素。

```
classmates=['佩奇','丹妮','乔治','苏西']
del classmates[2]
print(classmates)
```

程序运行结果：

['佩奇', '丹妮', '苏西']

删除列表区间元素：

```
del classmates[0:2]
print(classmates)
```

程序运行结果：

['苏西']

在格式为 [start：stop：step] 的切片中，删除列表区间元素可以用 step 作为每隔多少区间再删除。

```
ages=[18,21,36,39,23,47,62,13,41,56,91,70]
del ages[0:10:2]           # 每隔2，删除从索引0到9的列表元素
print(ages)
```

程序运行结果：

[21, 39, 47, 13, 56, 91, 70]

删除列表索引的不同操作方法：

```
nums1=[2,4,6]
print("删除nums1列表索引1元素前 = ",nums1)
del nums1[1]
print("删除nums1列表索引1元素后 = ",nums1)
nums2=[1,2,3,4,5,6]
print("删除nums2列表索引[0:2]前 = ",nums2)
del nums2[0:2]
print("删除nums2列表索引[0:2]后 = ",nums2)
nums3 =[1,2,3,4,5,6]
print("删除nums3列表索引[0:6:2]前 = ",nums3)
del nums3[0:6:2]
print("删除nums3列表索引[0:6:21后=",nums3)
```

程序运行结果：

删除nums1列表索引1元素前 = [2, 4, 6]
删除nums1列表索引1元素后 = [2, 6]
删除nums2列表索引[0:2]前 = [1, 2, 3, 4, 5, 6]
删除nums2列表索引[0:2]后 = [3, 4, 5, 6]
删除nums3列表索引[0:6:2]前 = [1, 2, 3, 4, 5, 6]
删除nums3列表索引[0:6:21后= [2, 4, 6]

【示例6-18】判断列表是否为空列表。

```
nums=[]
print("nums列表长度是%d" %len(nums))
if len(nums) !=0:
    del nums[0]
    print("删除nums列表元素成功")
else:
    print("nums列表内没有元素数据")
```

程序运行结果：

nums列表长度是0
nums列表内没有元素数据

当列表不再使用时，也可通过del语句删除整个列表，且列表一经删除后就无法复原和继续操作，如果调用将会报错。

【示例6-19】建立、打印并删除列表，然后尝试再度打印列表，结果出现错误。

```
a=[1,2,3,4,5]
print(a)
del a    # 此时列表已经不存在了
print(a)
```

程序运行结果：

[1, 2, 3, 4, 5]

NameError   Traceback (most recent call last)
<ipython-input-135-47a1229e61a0> in <module>
      2 print(a)
      3 del a
----> 4 print(a)

NameError: name 'a' is not defined

6.3.5 连接与重复

两个列表可以用加号运算符(+)合并为一个新列表，第1个列表中的元素接第2个列表中的元素。

【示例 6-20】 列表的连接。

```
myClassmates=['小张','小王']
yourClassmates=['小刘','小赵','小陈']
ourClassmates=myClassmates+yourClassmates
print(ourClassmates)
```

程序运行结果：
['小张','小王','小刘','小赵','小陈']

如果想多次连接同一个列表，使用重复运算符(*)即可。

```
myClassmates=['小张','小王']
ourClassmates=myClassmates*4
print(ourClassmates)
```

程序运行结果：
['小张','小王','小张','小王','小张','小王','小张','小王']

重复操作的最常用的形式是使用一个固定值初始化一个列表。

```
monthlyScores=[0]*12
print(monthlyScores)
```

程序运行结果：
[0, 0, 0, 0, 0, 0, 0, 0, 0, 0, 0, 0]

6.3.6 相等性测试

使用==运算符比较两个列表是否相等，即是否以同样的顺序包含同样的元素。!=是==的反操作。

【示例 6-21】 测试两个列表是否相等。

```
[1,2,3]==[4,5,6]
```

程序运行结果：
False

6.3.7 求和、最大值、最小值和排序等常用列表算法

列表常用函数和运算符如表6-1所示。

表6-1 列表常用函数和运算符

操作	描述
[ ]	创建一个空列表
len(list)	返回列表 list 中元素的数量
list(sequence)	创建一个包含 sequence 中同样元素的新列表
values*num	通过重复列表 values 中的元素 num 次创建新列表

第 6 章　列表

续表

操作	描述
values+moreValues	通过连接两个列表中的元素创建新列表
list[from:to]	创建一个子列表,其中包含原列表 list 中从位置 from 开始到位置 to 结束(但不包括该位置)的元素子序列。其中 from 和 to 都是可选的
sum(list)	计算列表 list 中值的和
min(list) max(list)	返回列表 list 中的最小值或最大值
$list_1 == list_2$	测试两个列表是否以同样的顺序包含相同元素

常用列表方法如表 6-2 所示。

表 6-2　常用列表方法

操作	描述
list.pop(popsition)	删除指定位置的列表元素,若没指定位置,则表示删除列表中的最后一个元素
list.insert(position, element)	在列表指定位置插入元素
list.append(element)	在列表尾部追加元素
list.index(element)	返回给定元素在列表中的位置
list.remove(element)	在列表中删除给定的元素
list.sort()	对列表中所有元素从小到大排序

【示例 6-22】常用列表算法操作。

sum() 函数可以得到数字列表中所有值的和。

```
sum([1,2,3,4,5])
```

程序运行结果:
15

对于数字或字符串列表,max() 和 min() 函数可以分别返回最大值和最小值。

```
max([14,15,2,7])
```

程序运行结果:
15

```
min("Sue","Lily","Amy")
```

程序运行结果:
'Amy'

列表的 sort() 方法对数字或字符串列表进行排序。

```
values=[9,7,19,2]
values.sort()
print(values)
```

097

程序运行结果：

[2, 7, 9, 19]

用循环创建并用平方值填充一个列表。

```
values=[]
for i in range(n):
    values.append(i*i)
```

【示例 6-23】假设有一个用户列表，我们要问候其中的每位用户。

```
def greet_users(names):
    """向列表中的每位用户问好"""
    for name in names:
        msg="Hello,"+name.title()+"!"
        print(msg)
usernames=["佩奇","乔治","苏西"]
greet_users(usernames)
```

程序运行结果：

Hello,佩奇!
Hello,乔治!
Hello,苏西!

【示例 6-24】创建一个程序读入一系列值然后输出，同时标出最大值。

```
values = []                          # 创建一个空列表
print("请输入值,用Q结尾:")             # 读取输入的值
userInput=input("")
while userInput.upper() != "Q":
    values.append(userInput)
    userInput = input("")
largest = values[0]                   # 查找最大值
for i in range(1,len(values)):
    if values[i] > largest :
        largest = values[i]
for element in values :               # 输入所有的值，标记出最大的
    print(element, end=" ")
    if element == largest :
        print(" == largest value", end=" ")
    print()
```

程序运行结果：

请输入值,用Q结尾:
A
R
O
S
Q
A
R
O
S == largest value

6.3.8 切片

在设计程序时，我们常需要取得列表的一部分元素，如列表前几个元素、后几个元素、某区间元素或按照一定规则排序的元素，这个操作称为列表切片，所取得的元素可称为子列表。索引的列表元素如图 6-8 所示。

```
name_list [start:end]      # 读取从索引start到(end-1)的列表元素
name_list [:n]             # 取得列表前n名
name_list [n: ]            # 取得列表索引n到最后
name_list[-n : ]           # 取得列表后n名
name [ : ]                 # 取得所有元素
# 下列是读取区间，但是用step作为每隔多少区间再读取
# 每隔step，读取从索引 start到(end-1)的列表元素
name_list [start :end: step]
```

图 6-8　列表切片应用

【示例 6-25】假设有一个包含部分居民年龄的列表，对其进行切片操作

```
ages=[18, 21, 36, 39, 23, 47, 62, 13, 41, 56, 91, 70]
thirdQuarter=ages[6:9]     # 获取下标为6,7,8的居民年龄
print(thirdQuarter)
```

程序运行结果：

[62, 13, 41]

获取列表中从开始一直到(但不包含)位置 6 的所有元素，即居民年龄的前面一半。

```
ages[:6]
```

程序运行结果：

[18, 21, 36, 39, 23, 47]

若省略两个索引值，则会得到列表的复制，如 ages[:]。给切片赋值如下：

```
ages[6:9]=[63, 14, 42]   # 替换切片的值
```

【示例 6-26】替换 classmates 列表的前两个元素为 3 个新元素。

```
classmates=['佩奇','丹妮','乔治','苏西']
classmates[:2]=['理查德','艾米丽','瑞贝卡']
print(classmates)
```

程序运行结果：

['理查德','艾米丽','瑞贝卡','乔治','苏西']

可以看出，切片大小和要替换的值的数量不需要一样，且替换改变了列表的长度。

当然，切片适用于所有序列，不仅仅是列表，因此对于字符串也十分有用。字符串的切片就是一个子字符串。

【示例 6-27】对字符串进行切片操作。

```
greeting="Good morning!"
greeted=greeting[5:12]
print(greeted)
```

程序运行结果：

morning

【示例 6-28】打印 james 不同比赛场次的得分。

```
james=[23, 19, 22, 31, 18]      #定义james列表
print("打印james第1~3场得分", james[0:3])
print("打印james第2~4场得分", james[1:4])
print("打印james第1,3,5场得分", james[0:6:2])
```

程序运行结果：

```
打印james第1~3场得分 [23, 19, 22]
打印james第2~4场得分 [19, 22, 31]
打印james第1,3,5场得分 [23, 22, 18]
```

6.4 调用函数时参数是列表

6.4.1 基本传递列表参数的应用

调用函数时，我们可以将列表当作参数传递给函数，函数可以在遍历列表内容后执行更进一步的操作。

【示例6-29】传递列表给product_msg()函数，函数会遍历列表，然后列出一封产品发布会的信件。

```
def product_msg(customers):
    str1="亲爱的"
    str2="2022年8月1日在杭州举行产品发布会"
    str3="地点:杭州西子大酒店"
    for customer in customers:
        msg=str1+customer+'\n'+str2+'\n'+str3
        print(msg,'\n')
members=["王芳","李冰","张建","赵四"]
product_msg(members)
```

程序运行结果：

亲爱的王芳
2022年8月1日在杭州举行产品发布会
地点:杭州西子大酒店

亲爱的李冰
2022年8月1日在杭州举行产品发布会
地点:杭州西子大酒店

亲爱的张建
2022年8月1日在杭州举行产品发布会
地点:杭州西子大酒店

亲爱的赵四
2022年8月1日在杭州举行产品发布会
地点:杭州西子大酒店

6.4.2 在函数内修订列表的内容

Python允许在函数内直接修订列表内容，且主程序的列表也将永久性更改结果。

【示例6-30】给快餐店设计一个点餐系统，当顾客点餐时，可以将所点餐点放入unserved列表，服务完成后将已完成餐点放入served列表。

```
def kitchen(unserved, served):        # 将尚未服务的餐点转为已经服务
    print("厨房处理顾客所点的餐点")
    while unserved:
        current_meal=unserved.pop()
        # 模拟出餐点过程
        print("菜单：",current_meal)
        # 将已出餐点转入已经服务列表
        served.append(current_meal)
```

```
def show_unserved_meal(unserved):        # 显示尚未服务的餐点
    if not served:
        print("=== 下列是尚未服务的餐点 ===")
    for unserved_meal in unserved:
        print(unserved_meal)
def show_served_meal(served):            # 显示已经服务的餐点
    print("=== 下列是已经服务的餐点 ===")
    if not served:
        print("*** 没有餐点 ***","\n")
    for served_meal in served:
        print(served_meal)
unserved=["麦旋风","麦乐鸡块","香脆鸡腿堡"]
served=[]
# 列出餐厅处理前的点餐内容
show_unserved_meal(unserved)
show_served_meal(served)
# 餐厅服务过程
kitchen(unserved,served)
print("\n","=== 厨房处理结束 ===","\n")
# 列出餐厅处理后的点餐内容
show_unserved_meal(unserved)
show_served_meal(served)
```

程序运行结果：

=== 下列是尚未服务的餐点 ===
麦旋风
麦乐鸡块
香脆鸡腿堡
=== 下列是已经服务的餐点 ===
*** 没有餐点 ***

厨房处理顾客所点的餐点
菜单： 香脆鸡腿堡
菜单： 麦乐鸡块
菜单： 麦旋风

 === 厨房处理结束 ===

=== 下列是已经服务的餐点 ===
香脆鸡腿堡
麦乐鸡块
麦旋风

重新设计此程序，但主程序的尚未服务列表改为 order_list，已经服务列表改为 served_list，下面只列出主程序。

```
order_list=["麦旋风","麦乐鸡块","香脆鸡腿堡"]  # 所点餐点
served_list=[]                                # 已经服务餐点
# 列出餐厅处理前的点餐内容
show_unserved_meal(order_list)                # 列出尚未服务餐点
show_served_meal(served_list)                 # 列出已经服务餐点
# 餐厅服务过程
kitchen(order_list,served_list)               # 餐厅处理过程
print("\n","=== 厨房处理结束 ===","\n")
# 列出餐厅处理后的点餐内容
show_unserved_meal(order_list)                # 列出尚未服务餐点
show_served_meal(served_list)                 # 列出已经服务餐点
```

程序运行结果同上。因为当传递列表给函数时，即使函数内列表与主程序列表名称不同，但函数列表 unserved/served 与主程序列表 order_list/served_list 指向了相同的内存位

置，所以在函数更改列表内容时，主程序列表内容也随之改变。

6.4.3 使用副本传递列表

为了避免顾客在想要保存点餐内容时，经过先前程序设计发现 order_list 列表已经变为空列表的情况出现，可以在调用 kitchen() 函数时传递副本列表，格式如下。

```
kitchen(order_list[:],served_list)
```

【示例 6-31】重新设计一个点餐系统，但是保留原 order_list 的内容，并使用副本传递列表。

```python
def kitchen(unserved,served):         # 将所点餐点转为已经服务
    print("厨房处理顾客所点的餐点")
    while unserved:
        current_meal=unserved.pop()
        print("菜单： ",current_meal)  # 模拟出餐点过程
        served.append(current_meal)   # 将已出餐点转入已经服务列表
def show_order_meal(unserved):
    print("=== 下列是所点的餐点 ===") # 显示所点餐点
    if not unserved:
        print("*** 没有餐点 ***","\n")
    for unserved_meal in unserved:
        print(unserved_meal)
def show_served_meal(served):         # 显示已经服务的餐点
    print("=== 下列是已经服务的餐点 ===")
    if not served:
        print("*** 没有餐点 ***","\n")
    for served_meal in served:
        print(served_meal)
order_list=["麦旋风","麦乐鸡块","香脆鸡腿堡"]
served_list=[]
# 列出餐厅处理前的点餐内容
show_order_meal(order_list)
show_served_meal(served_list)
# 餐厅服务过程
kitchen(order_list[:],served_list)
print("\n","=== 厨房处理结束 ===","\n")
# 列出餐厅处理后的点餐内容
show_order_meal(order_list)
show_served_meal(served_list)
```

程序运行结果：

=== 下列是所点的餐点 ===
麦旋风
麦乐鸡块
香脆鸡腿堡
=== 下列是已经服务的餐点 ===
*** 没有餐点 ***

厨房处理顾客所点的餐点
菜单： 香脆鸡腿堡
菜单： 麦乐鸡块
菜单： 麦旋风

 === 厨房处理结束 ===

=== 下列是所点的餐点 ===

```
麦旋风
麦乐鸡块
香脆鸡腿堡
=== 下列是已经服务的餐点 ===
香脆鸡腿堡
麦乐鸡块
麦旋风
```

由输出结果可以发现，原来存储点餐内容的 order_list 列表经过 kitchen() 函数后，内容没有改变。

6.5 传递任意数量的参数

6.5.1 基本传递处理任意数量的参数

在 Python 的函数设计中，我们可能会碰到有多个参数传递到函数的情况。

【示例 6-32】设计一个煎饼的配料程序，在调用制作煎饼函数 make_pancake() 时，可以传递 0 到多个配料，然后 make_pancake() 函数会将所加配料列出来。

```
def make_pancake(*toppings):
    print("这个煎饼所加配料如下：")
    for topping in toppings:
        print("--- ",topping)
make_pancake("火腿","薄脆")
make_pancake("鸡柳","鸡蛋","生菜")
```

程序运行结果：

```
这个煎饼所加配料如下：
---  火腿
---  薄脆
这个煎饼所加配料如下：
---  鸡柳
---  鸡蛋
---  生菜
```

其中最关键的是 make_pancake() 函数的参数 "*toppings"，带有 "*" 的参数代表可以有 1 到多个参数传递到这个函数里。

6.5.2 设计含有一般参数与任意数量参数的函数

当我们在设计含有一般参数与任意数量参数的函数时，任意数量参数必须放在最右边。

【示例 6-33】重新设计一个煎饼的配料程序，传递参数时第 1 个参数是煎饼的种类，然后是不同数量的煎饼配料结果。

```
def make_pancake(pancake_type,*toppings):
    print("这个",pancake_type,"煎饼所加配料如下：")
    for topping in toppings:
        print("--- ",topping)
make_pancake("小米面","鸡蛋","火腿")
make_pancake("紫米面","鸡蛋","生菜","薄脆")
```

程序运行结果：

```
这个 小米面 煎饼所加配料如下：
---  鸡蛋
---  火腿
这个 紫米面 煎饼所加配料如下：
---  鸡蛋
---  生菜
---  薄脆
```

6.6 综合实例——添加商品到购物车

设美食商店有几种商品供顾客选择，如表6-3所示。

表6-3 商品清单

商品	价格/元
椰蓉酥	22
奶油泡芙	10
燕麦曲奇饼	24
夹心蛋卷	15
薯片	12
果蔬干	18

【示例6-34】请设计添加商品到购物车的程序，不断询问顾客想购买什么，用户选择一个商品编号就把对应商品添加到购物车，最终用户按〈q〉键结账（程序中可表示"按q结账"），即退出程序，打印购买的商品列表。

```
print("------    商品列表    ------")
products=[["椰蓉酥",22],["奶油泡芙",10],["燕麦曲奇饼",24],
         ["夹心蛋卷",15],["薯片",12],["果蔬干",18]]
for i in range(len(products)):
    print(i,end="\t"*2)
    print(products[i][0],end="\t"*2)
    print(products[i][1],end="\n")
Shopping_Cart = []    #定义一个购物车用来存储购买的商品
Totle_Price = 0
while 1:
    ask = input("您需要的商品是：（按q结账）")
    if ask != "q" and 0 <= int(ask) <=5 :
        ask = int(ask)
        Shopping_Cart.append(products[ask][0])
        Totle_Price += products[ask][1]
    elif ask == "q":
        print("您购买的商品是：",end="")
        for i in Shopping_Cart:
            print(i,end="、")
        print("\b")            #另起一行的首部
        print("总计%d元钱"%Totle_Price)
        break                  #结束程序
    else:
        print("输入的商品编号不存在，请重新输入！")
```

程序运行结果：
```
------    商品列表    -------
0         椰蓉酥              22
1         奶油泡芙             10
2         燕麦曲奇饼           24
3         夹心蛋卷             15
4         薯片                12
5         果蔬干               18
您需要的商品是：（按q结账）1
您需要的商品是：（按q结账）2
您需要的商品是：（按q结账）5
您需要的商品是：（按q结账）q
您购买的商品是：奶油泡芙、燕麦曲奇饼、果蔬干
总计52元钱
```

6.7 本章小结

在 Python 中，列表用来收集多个值，我们可以创建列表并访问列表中的元素。列表具有丰富的操作，包括追加元素、插入元素、查找元素和删除元素。列表之间不仅可以进行比较，也可以进行丰富的运算操作。切片操作方便我们取得列表的一部分元素。Python 允许在函数内直接修订列表内容，且主程序的列表也将永久性更改结果。当然，也可能会碰到有多个参数传递到函数的情况，此时我们可以设计含有一般参数与任意数量参数的函数。

6.8 习题

6-1　请判断：Python 列表中的所有元素都必须为相同类型。

6-2　已知列表 a＝[1，3，5]，在执行 b＝a*2 语句后，观察 b 的值。

6-3　编写一个程序，使列表 a＝[9，3，5，1，7，2，6，4]按照从大到小的顺序排序。

6-4　已知列表 scores＝[10，99，20，45，78，98，95]为一个节目的所有分数，请去掉一个最高分和一个最低分，求出平均分数。

6-5　已知一个数字列表 sum＝[59，54，89，45，78，45，12，96，789，45，69]，求列表中心元素。

6-6　编写程序，生成一个包含 50 个 0～10 000 之间随机整数的列表，然后删除其中的奇数。

6-7　用切片操作编写程序，生成一个包含 20 个随机整数的列表，然后对其中偶数下标的元素进行升序排列，奇数下标的元素保持不变。

6-8　请创建一个列表，其中包含至少 3 名你想邀请的人；然后使用这个列表打印信息，邀请这些人来与你共进晚餐。

6-9　参考 6-8，你邀请的嘉宾有一位无法赴约，因此需要另外邀请一位嘉宾，修改嘉宾名单，将无法赴约的嘉宾的姓名替换为新邀请的嘉宾的姓名。再次打印一系列信息，向名单中的每位嘉宾发出邀请。

二维码6
第6章习题答案

第 7 章 集合和字典

本章学习目标
- 学习如何构建和使用集合容器
- 了解处理数据的常用集合操作
- 掌握构建和使用字典容器的基本方法
- 熟练掌握使用字典实现表格查询的方法
- 熟练掌握在列表中嵌套字典、在字典中存储列表的方法

本章知识结构图

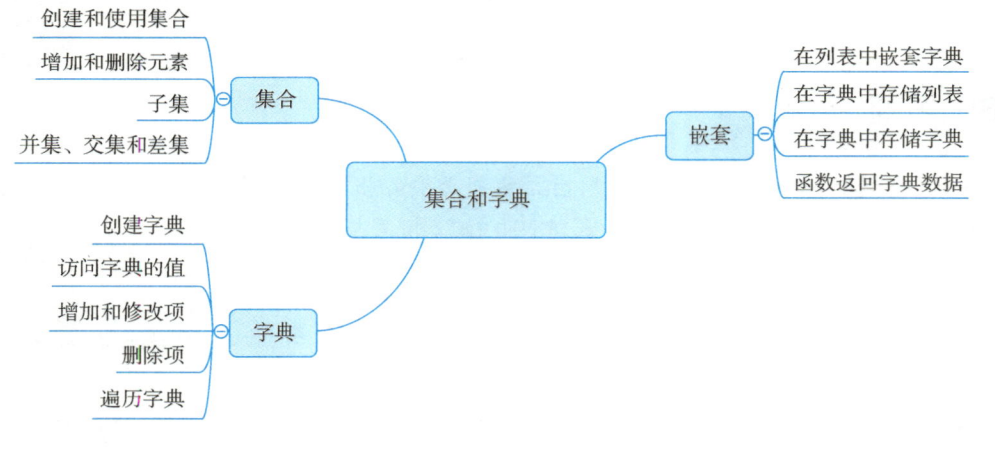

7.1 集合

集合是包含一组唯一值的容器,其中的元素不以特定的顺序存储,不能通过位置访问,因此集合操作相比列表要快得多。

7.1.1 创建和使用集合

和数学上的集合法则类似,通过指定包含在大括号({})中的元素,就可以创建带有初始元素的集合。

```
fruit={"苹果","橘子","西瓜","香蕉"}
```

set()函数可以把序列转换为集合。

```
name=["苹果","橘子","西瓜","香蕉"]
fruit=set(name)
```

需要注意的是，Python 不能使用{ }创建空集合，但可以通过不带参数的 set()函数创建。

```
fruit=set()
```

与列表相同，len()函数可以获得集合中元素的数量。

```
numberOfKinds=len(fruit)
```

判断一个元素是否包含在集合中，可以使用 in 运算符或 not in 运算符。

```
if "梨" in fruit:
    print("梨 在集合中")
else:
    print("梨 不在集合中")
```

由于集合是无序的，无法像列表一样通过定位来访问集合中的元素，因此要使用 for 循环迭代独立的元素。

```
for everyone in fruit:
    print(everyone)
```

输出中元素的顺序与创建集合时的顺序并不相同，sorted()函数则使元素可以按指定顺序显示。需要注意的是，它返回的是按序排好的列表而不是集合。

```
for everyone in sorted(fruit):
    print(everyone)
```

7.1.2　增加和删除元素

集合和列表均可以增加和删除元素。可以使用 add()方法增加上一节中 fruit 集合的元素。

如果新增元素并不包含在原集合中，那么它会被增加到原集合中，并且原集合的大小加 1。由于集合中的元素不能重复，因此，如果增加的是一个已经存在的元素，集合则不会被修改。

有两个方法可以删除集合中独立的元素。若元素存在，则可以使用 discard()方法删除；若给定元素不存在，则集合不变。

remove()方法也可以删除存在的元素，但是如果元素不存在，remove()方法会抛出异常。

最后，clear()方法会清除集合中的所有元素。

【示例 7-1】增加和删除元素。

```
fruit=set(["苹果","橘子","西瓜","香蕉"])
print(fruit)
fruit.add("杧果")            #增加没有的元素——集合+1
print(fruit)
fruit.add("苹果")            #增加已有的元素——集合不变
print(fruit)
fruit.discard("苹果")        #删除方法1:删除已有的元素——集合-1
print(fruit)
```

```
fruit.discard("草莓")        #删除方法1:删除没有的元素——集合不变
print(fruit)
fruit.remove("西瓜")         #删除方法2:删除已有的元素——集合-1
print(fruit)
fruit.clear()                #清空集合——集合为空
print(fruit)
```

程序运行结果：

```
{'苹果','西瓜','香蕉','橘子'}
{'苹果','杧果','香蕉','西瓜','橘子'}
{'苹果','杧果','香蕉','西瓜','橘子'}
{'杧果','香蕉','西瓜','橘子'}
{'杧果','香蕉','西瓜','橘子'}
{'杧果','香蕉','橘子'}
set()
```

7.1.3 子集

当第 1 个集合中的每个元素同时是第 2 个集合的元素时，我们称第 1 个集合是第 2 个集合的子集。判断一个集合是否是另一个集合的子集，可以用 issubset() 方法的返回结果（True 或 False）来确认。

【示例 7-2】issubset() 方法判断子集。

```
fruit={"苹果","橘子","西瓜","香蕉"}
subfruit={'香蕉','杧果'}
if subfruit.issubset(fruit):
    print("subfruit的水果包含在fruit集合中。")
if not subfruit.issubset(fruit):
    print("subfruit的水果至少有一个不包含在fruit集合中。")
```

程序运行结果：

subfruit的水果至少有一个不包含在fruit集合中。

【示例 7-3】== 和 != 运算符测试集合是否相等。

除了 issubset() 方法，还可以使用 == 和 != 运算符判断集合元素是否相等。

```
fruit={"苹果","橘子","西瓜","香蕉"}
fruit1={"苹果","香蕉","橘子","西瓜"}
if fruit==fruit1:
    print("两者包含相同的水果。")
```

程序运行结果：

两者包含相同的水果。

7.1.4 并集、交集和差集

并集运算使新集合包含两个原始集合中的所有元素，并去除重复元素。union() 方法可以实现两个集合的并集。注意，union() 方法返回的是新集合，而不会修改原集合。

交集运算使新集合得到属于第 1 个集合但不属于第 2 个集合的那些元素。intersection() 方法可以实现交集运算。

【示例 7-4】并集和交集。

```
fruit={"苹果","橘子","西瓜","香蕉"}
fruit2={"蓝莓","草莓","黑莓","杨梅","葡萄"}
unionfruit=fruit.union(fruit2)              #返回Python集合的并集
print(unionfruit)
```

```
fruit3={"蓝莓","草莓","葡萄","杧果"}        #返回Python集合的交集
print(fruit2.intersection(fruit3))
```

程序运行结果：

{'苹果','草莓','杨梅','黑莓','葡萄','香蕉','西瓜','蓝莓','橘子'}
{'蓝莓','草莓','葡萄'}

difference() 方法则能得到集合的差集。需要注意的是，进行集合的并集或交集运算时，顺序并不重要。但是差集运算的顺序不同，得出的结果也不相同。

【示例 7-5】差集。

```
difffruit1=fruit2.difference(fruit3)      #返回fruit2去掉fruit3的差集
print(difffruit1)
difffruit2=fruit3.difference(fruit2)      #返回fruit3去掉fruit2的差集
print(difffruit2)
```

程序运行结果：

{'杨梅','黑莓'}
{'杧果'}

常用的集合操作如表 7-1 所示。

表 7-1 常用的集合操作

操作	描述
fruit = set() fruit = set(name) fruit = {$x_1, x_2, \cdots, x_n$}	创建一个空集合，把序列 name 转换为集合，或者创建包含提供的初始元素的集合
len(fruit)	返回集合 fruit 中元素的数量
element in fruit element not in fruit	确定 element 是否在集合中
fruit. add(element)	为集合增加一个新元素
fruit. discard(element) fruit. remove(element)	从集合中删除一个元素
fruit. clear()	从集合中删除所有元素
fruit. issubset(fruit1)	返回一个表示集合 fruit 是否是集合 fruit1 的子集的布尔值
fruit == fruit1 fruit ! = fruit1	返回一个表示集合 fruit 等于或不等于集合 fruit1 的布尔值
fruit. union(fruit2)	返回一个包含集合 fruit 和集合 fruit2 中所有元素的新集合
fruit2. intersection(fruit3)	返回一个包含同时属于集合 fruit2 和集合 fruit3 的元素的新集合
fruit2. difference(fruit3)	返回一个包含属于集合 fruit2 但不属于集合 fruit3 的元素的新集合

7.2 字典

除列表和集合外，第 3 个容器是字典。字典使键和值保持关联，并存储键、值以及它们之间的关联。字典中的键是唯一的，每个键都有相关联的值，但是一个值可能会被关联到多个键上。我们把这一关联的结构称为映射。

7.2.1 创建字典

字典可以帮助实现联系人与电话号码的关联,其中名字作为键,电话号码作为值。根据定义,字典还能把多个名字(键)和一个电话号码(值)关联起来。字典中每个键/值对用冒号对应,并将所有键/值对放在大括号中。若有一对空的大括号{ },则表示这是空字典,而不是空集合。

【示例 7-6】dict()方法创建字典副本。

```
contacts={"James":111,"Jorge":222,"Cury":333,"Paul":444}
print(contacts)
newcontacts=dict(contacts)   #建一个副本,相当于复印一次
print(newcontacts)
```

程序运行结果:

{'James': 111, 'Jorge': 222, 'Cury': 333, 'Paul': 444}
{'James': 111, 'Jorge': 222, 'Cury': 333, 'Paul': 444}

7.2.2 访问字典的值

字典与列表不同,不属于顺序类型,无法通过索引或位置来访问字典中的项,其值只能通过与之关联的键来访问。

想要返回一个键对应的值,需要用到下标运算符[ ]。而为了确定一个键是否在字典中,需要用到 in 或 not in 运算符。

【示例 7-7】in 运算符判断键是否在字典中。

```
print("Paul的电话号码",contacts["Paul"])
if "Beckham" in contacts:
    print("贝克汉姆 在联系方式中。")
else:
    print("贝克汉姆 不在联系方式中。")
```

程序运行结果:

Paul的电话号码 444
贝克汉姆 不在联系方式中。

若需要的键不存在,则可以用 get()方法传递键和默认值。例如,若没有 Kare 的电话号码,则可以设定默认值 100,如此结果就会返回默认值。而若键存在,则会返回原始设定值。

【示例 7-8】get()方法传递键和默认值。

```
number=contacts.get("Kare",100)
print(number)
number=contacts.get("James",100)
print(number)
```

程序运行结果:

100
111

7.2.3 增加和修改项

字典属于可变容器,可以在创建之后改变它的内容。既可以通过下标运算符增加新

项，也可以创建一个空字典，然后根据需要增加新项。

【示例 7-9】增加和修改项。

```
contacts["lisa"]=555                    #增加新项
print(contacts)
favoriteCity={}                         #创建空字典
favoriteCity["James"]="杭州"
favoriteCity["Jorge"]="上海"
favoriteCity["Cury"]="北京"
favoriteCity["Paul"]="哈尔滨"
favoriteCity
```

程序运行结果：

{'James': 111, 'Jorge': 222, 'Cury': 333, 'Paul': 444, 'lisa': 555}

{'James': '杭州', 'Jorge': '上海', 'Cury': '北京', 'Paul': '哈尔滨'}

7.2.4 删除项

pop()方法可以从字典中删除项，需要注意的是，在调用 pop()方法之前，要判断键是否在字典中。

【示例 7-10】pop()方法删除字典中的项。

```
print(contacts)                     #查看原字典
if "James" in contacts:             #判断键是否存在
    contacts.pop("James")           #调用pop()删除项
print(contacts)
```

程序运行结果：

{'James': 111, 'Jorge': 222, 'Cury': 333, 'Paul': 444, 'lisa': 555}
{'Jorge': 222, 'Cury': 333, 'Paul': 444, 'lisa': 555}

pop()方法会删除整个项，包括键和与之对应的值，因此，可以将 pop()方法删除的值保存到一个新变量中。

```
jamesNumber=contacts.pop("lisa")    #pop()将正在删除的项的值保存到一个变量中
```

7.2.5 遍历字典

一个字典可能包含成千上万个键/值对，大量的数据需要 Python 对字典进行遍历。遍历的方式有多种，包括遍历字典的键、值和键/值对。

在探索各种遍历方法前，先创建一个存储用户的姓名、生日和职业的字典。

```
person_1={"name":"胡歌",
         "birthday":"1982",
         "profession":"演员"}
```

若要用 for 循环遍历字典，则需有两个用于存储键和值的变量，如 for key、value in person_1.items()。for 循环依次将每个键/值对存储到指定的两个变量中，返回一个键/值对列表。

【示例 7-11】遍历所有的键/值对。

```
for key,value in person_1.items():
    print("\n"+key)
    print(value)
```

程序运行结果：
```
name
胡歌

birthday
1982

profession
演员
```

如下所示，Python 遍历字典中的每个键/值对，并将键存储在变量 classify 中，将值存储在变量 element 中。仅用几行代码，就可以遍历所有的键/值对。

【示例 7-12】对键和值变量进行标识。

```
for classify,element in person_1.items():
    print(classify.title()+":"+element.title())
```

程序运行结果：
```
Name：胡歌
Birthday: 1982
Profession: 演员
```

若只需遍历字典中的键，则可以使用 keys() 方法。如下所示，Python 提取字典 person_1 中的所有键，并将结果依次存储到变量 classify 中。

【示例 7-13】遍历字典中的所有键。

```
for classify in person_1.keys():
    print(classify.title())
```

程序运行结果：
```
Name
Birthday
Profession
```

遍历字典时，会默认遍历所有的键。因此，上述代码中的 for classify in person_1.keys() 与 for classify in person_1 结果等同。

下面一个例子，需要创建一个列表，表明需要特殊打印的内容，如指定必填项。

首先要遍历所有的键，然后检查键是否在列表 keynote 中。若在列表中，则表明是必须填写项。此时，应把变量 classify 的当前值作为键。每个键都会被打印，但只有指定的必须填写项才会打印全部内容。

【示例 7-14】打印指定信息。

```
keynote=["name","birthday"]        #创建列表，标明特殊打印信息
for classify in person_1.keys():
    print(classify.title())
    if classify in keynote:        #检查当前的标题是否在列表keynote中
        print("必须填写项："+classify.title()+"——"+person_1[classify].title())
```

程序运行结果：
```
Name
必须填写项：Name——胡歌
Birthday
必须填写项：Birthday——1982
Profession
```

方法 keys() 返回一个列表，其中包含字典中的所有键。下面一个例子，使用 keys() 确定是否填写了国籍，即"nationality"是否包含在列表中。

【示例 7-15】key() 返回列表判断键是否存在。

```
if "nationality" not in person_1.keys():
    print("请填写您的国籍!")
```

程序运行结果：

请填写您的国籍！

需要注意的是，项的内部存储顺序决定了键被访问的顺序。若要以特定的顺序返回元素，则应在 for 循环中使用 sorted() 函数。

【示例 7-16】for 循环中使用 sorted() 函数。

```
contacts={"James":111,"Jorge":222,"Cury":333,"Paul":444}
print("遍历字典中独立的键")
for key in contacts:
    print(key)
print("遍历字典中键对应的值，并按序迭代")
for key in sorted(contacts):
    print("%-10s %5d" %(key,contacts[key]))
```

程序运行结果：

遍历字典中独立的键
James
Jorge
Cury
Paul
遍历字典中键对应的值，并按序迭代
Cury   333
James   111
Jorge   222
Paul   444

上述方法能提取字典中所有的键，也能提取所有的值，但若数据过多，最终的列表可能包含大量的重复项。为剔除重复项，要对包含重复元素的列表调用 set()。如下所示，结果列出了所有不重复的水果。

【示例 7-17】set() 剔除重复项。

```
fruit4={"苹果","橘子","西瓜","香蕉","苹果"}
print("下列水果被提及:")
for value in set(fruit4):
    print(value)
```

程序运行结果：

下列水果被提及：
橘子
苹果
西瓜
香蕉

除了通过下标运算符访问键的值，还可以用 values() 方法迭代字典的值。此外，将 values() 方法的结果传递给 list() 函数，也能创建包含同样的值的列表。

【示例 7-18】values() 的用法。

```
phoneNumber=[]
for number in contacts.values():      #方法1: values()迭代字典的值
    phoneNumber.append(number)
print(phoneNumber)
phoneNumber2=list(contacts.values())  #方法2: values()的结果传递给list()函数
print(phoneNumber2)
```

程序运行结果：

```
[111, 222, 333, 444]
[111, 222, 333, 444]
```

在下面的综合案例中，findNames()函数帮助查找指定电话号码的联系人，printAll()函数按字母顺序输出所有名字和电话号码的列表。

【示例 7-19】综合案例——findNames()函数和 printAll()函数的应用。

```
def main():
    contacts={"James":111,"Jorge":222,"Cury":333,"Paul":444}
    if "Beckham" in contacts:                #判断Beckham是否在联系人中
        print("贝克汉姆 在联系方式中")
    else:
        print("贝克汉姆 不在联系方式中")
    nameList=findNames(contacts,222)          #获取给定电话号码的联系人
    print("电话为222的人是：",end="")
    for name in nameList:
        print(name,end="")
    print()
    printAll(contacts)                        #输出所有名字和电话号码的列表
def findNames(contacts,number):               #查找与电话号码关联的名字
    nameList=[]
    for name in contacts:
        if contacts[name]==number:
            nameList.append(name)
    return nameList
def printAll(contacts):                       #按字母顺序输出所有项
    print("所有名字和号码：")
    for key in sorted(contacts):
        print("%-10s %5d" %(key,contacts[key]))
main()                                        #启动程序
```

程序运行结果：
```
贝克汉姆 不在联系方式中
电话为222的人是：Jorge
所有名字和号码：
Cury       333
James      111
Jorge      222
Paul       444
```

7.3 嵌套

我们把字典存储在列表中，或者将列表作为值存储在字典中的过程，称为嵌套。列表可以嵌套字典，字典中也能存储列表和字典。

7.3.1 在列表中嵌套字典

一个 student_0 字典只能存储一个学生的特征信息，假设抽取了 3 个学生，想要存储他们的特征信息，就需创建 3 个学生字典，并将这些字典全部放到 students 列表中。遍历 students 列表，即可打印所有学生信息。

【示例 7-20】在列表中嵌套字典。

```
student_0={"校服":"白色",
           "年级":"初一"}
student_1={"校服":"蓝色",
           "年级":"初二"}
student_2={"校服":"红色",
           "年级":"初三"}
```

```
students=[student_0,student_1,student_2]    #字典放入列表
for student in students:
    print(student)
```

程序运行结果：

{'校服'：'白色'，'年级'：'初一'}
{'校服'：'蓝色'，'年级'：'初二'}
{'校服'：'红色'，'年级'：'初三'}

实际上，一个学校不止有 3 个学生，可以用 range()生成想要的学生数。首先创建一个空列表 stduents，用于存储后续创建的学生，range()返回重复循环的次数。每执行一次循环，都创建一个 new_student，并将其附加到列表 stduents 后。

【示例 7-21】range()抽取 30 个学生。

```
students=[]
for student_number in range(30):       #创建30个学生信息
    new_student={"校服":"白色",
                 "年级":"初一",
                 "擅长科目":"数学"}
    students.append(new_student)

for student in students[:5]:           #显示前5个学生
    print(student)
print("...")
print("一共创建了"+ str(len(students))+"个学生列表。")
```

程序运行结果：

{'校服'：'白色'，'年级'：'初一'，'擅长科目'：'数学'}
{'校服'：'白色'，'年级'：'初一'，'擅长科目'：'数学'}
{'校服'：'白色'，'年级'：'初一'，'擅长科目'：'数学'}
{'校服'：'白色'，'年级'：'初一'，'擅长科目'：'数学'}
{'校服'：'白色'，'年级'：'初一'，'擅长科目'：'数学'}
...
一共创建了30个学生列表。

如果并不需要 30 个完全一样的学生信息，可以用 for 循环和 if 语句来修改部分同学的特征。例如，将前两行穿白色校服的学生信息修改为绿色校服、初一·冲刺班且擅长语文。

【示例 7-22】用 for 循环和 if 语句修改学生信息。

```
for student in students[0:2]:
    if student["校服"]=="白色":
        student["校服"] ="绿色"
        student["年级"] ="初一·冲刺班"
        student["擅长科目"]= "语文"
for student in students[0:5]:
    print(student)
print("...")
```

程序运行结果：

{'校服'：'绿色'，'年级'：'初一·冲刺班'，'擅长科目'：'语文'}
{'校服'：'绿色'，'年级'：'初一·冲刺班'，'擅长科目'：'语文'}
{'校服'：'白色'，'年级'：'初一'，'擅长科目'：'数学'}
{'校服'：'白色'，'年级'：'初一'，'擅长科目'：'数学'}
{'校服'：'白色'，'年级'：'初一'，'擅长科目'：'数学'}
...

若想要进一步扩展循环，可以添加一个 elif 代码块，例如，将蓝色校服的学生信息改为黄色校服、初二·冲刺班且擅长英语，如下所示(这里只列出了循环，而没有列出整个程序)。

```python
for student in students[0:2]:
    if student["校服"]=="白色":
        student["校服"] ="绿色"
        student["年级"] ="初一·冲刺班"
        student["擅长科目"]= "语文"
    elif student["校服"]=="蓝色":
        student["校服"] ="黄色"
        student["年级"] ="初二·冲刺班"
        student["擅长科目"]= "英语"
for student in students[0:5]:
    print(student)
print("...")
```

在列表中嵌套字典的另一案例,就是为网站的每个成员创建一个字典,并将所有字典存储在 actors 列表中。actors 列表中的所有字典都具有相同的结构,因此在遍历整个列表时,可以用相同的方法处理每个字典。

【示例 7-23】列表中的字典结构相同时的处理方法。

```python
person_1={"name":"胡歌","birthday":"1982","profession":"演员"}
person_2={"name":"吴磊","birthday":"1999","profession":"演员"}
person_3={"name":"迪丽热巴","birthday":"1992","profession":"演员"}
actors=[person_1,person_2,person_3]
for person in actors:
    if person["name"]=="迪丽热巴":
        person["gender"]="女"
    else:
        person["gender"]="男"
for person in actors:
    print(person)
```

程序运行结果:

```
{'name': '胡歌', 'birthday': '1982', 'profession': '演员', 'gender': '男'}
{'name': '吴磊', 'birthday': '1999', 'profession': '演员', 'gender': '男'}
{'name': '迪丽热巴', 'birthday': '1992', 'profession': '演员', 'gender': '女'}
```

7.3.2 在字典中存储列表

将列表存储在字典中的示例如下,person_1 字典存储了一个用户的姓名、生日、职业、朋友 4 个信息。其中的朋友列表是与键"friends"相关联的值。若要访问整个列表而不是单个的值,则要关联字典名和键"friends"两个要素。

首先创建一个名为 person_1 的字典,其中存储了这个用户的所有信息。在这个字典中,第 1 个键是"name",与之相关联的值是字符串"胡歌";最后一个键是"friends",与之相关联的值是一个存储了 person_1 这个用户两个朋友的列表。

【示例 7-24】在字典中存储列表。

```python
person_1={"name":"胡歌",
          "birthday":"1982",
          "profession":"演员",
          "friends":["吴磊","迪丽热巴"]
          }
print(person_1["name"]+"的朋友有:")
for friend in person_1["friends"]:
    print("\t"+friend)
```

程序运行结果:

胡歌的朋友有：
　　吴磊
　　迪丽热巴

只要字典中的键关联到的值不唯一，均可在其中存储一个列表。为进一步改进上述程序，将每个键关联的值都设为列表，并在遍历字典的 for 循环前添加 if 语句，通过 len(value) 的值来确定当前列表内的元素是否只有一个。若列表内元素唯一，则将键与值在一行打印；若元素不唯一，则将键与值分开打印。

【示例 7-25】len() 函数判断列表内的元素是否唯一。

```
person_1={"name":["胡歌"],
          "birthday":["1982"],
          "profession":["演员"],
          "friends":["吴磊","迪丽热巴"],
          "masterpiece":["琅琊榜","伪装者"]
          }
for key,value in person_1.items():
    if len(value)!=1:                    #通过len()确定value是否有多种
        print("\n"+key)
        print(value)
    else:
        for element in value:
            print(key+":"+element)
```

程序运行结果：
```
name:胡歌
birthday:1982
profession:演员

friends
['吴磊', '迪丽热巴']

masterpiece
['琅琊榜', '伪装者']
```

7.3.3　在字典中存储字典

一个 actors 字典中可以有多个用户字典，每个用户字典以姓名为键，以用户的信息为值。在下面的程序中，对于每个用户，我们都存储了两个信息，即生日和代表作，为访问这些信息，我们需要遍历所有的用户名，并访问与之相关联的信息字典。

具体步骤为，首先定义 actors 字典，字典存储两个键："胡歌"和"吴磊"。与键相关联的值是一个字典，存储了他们的生日和代表作。遍历字典 actors，依次将键存储在变量"key"中，将字典存储在变量"value"中。随后访问"value"包含的内部字典，该字典存储了"birthday"和"masterpiece"两个键。

【示例 7-26】在字典中存储字典。

```
actors={"胡歌":{"birthday":"1982",
              "masterpiece":"琅琊榜",},
        "吴磊":{"birthday":"1999",
              "masterpiece":"影",},
        }
for key,value in actors.items():
    print("\n演员姓名:"+key)
    birthday=value["birthday"]
    masterpiece=value["masterpiece"]
    print("\t出生日期："+birthday)
    print("\t代表作："+masterpiece)
```

程序运行结果：

演员姓名:胡歌
　　　出生日期：1982
　　　代表作：琅琊榜

演员姓名:吴磊
　　　出生日期：1999
　　　代表作：影

7.3.4　函数返回字典数据

函数不仅可以返回数值或字符串，还能返回字典或列表等。如下所示，build_vip()函数在调用时要求输入姓名(Name)和联系方式(Tel)，函数将返回所建立的字典数据。

【示例7-27】函数返回字典——建立 VIP 信息。

```
def build_vip(name,tel):        #建立VIP信息
    vip_dict = {'Name':name,'Tel':tel}
    return vip_dict
member = build_vip('James','111')
print(member)
```

程序运行结果：

{'Name': 'James', 'Tel': '111'}

事实上，真正的 VIP 数据库中，除姓名和联系方式之外，可能还需要地址等信息。下面将地址设定为非必填项，即将 add 地址默认为空字符串，若用户填写地址信息，Python 再将它纳入字典内容。

用户 member2 的信息在录入时调用了 build_vip() 函数，且 member2 提供了地址，因此 if 语句叙述的 add 判断为 True，即下一行会将地址字段增加到字典中。

【示例7-28】函数返回字典——默认空字符串。

```
def build_vip(name,tel,add=' '):
    vip_dict = {'Name':name,'Tel':tel}
    if add:
        vip_dict['Add'] = add
    return vip_dict
member1 = build_vip('James','111')
member2 = build_vip('Jorge','222','杭州')
print(member1)
print(member2)
```

程序运行结果：

{'Name': 'James', 'Tel': '111', 'Add': ' '}
{'Name': 'Jorge', 'Tel': '222', 'Add': '杭州'}

下面程序的执行具有无限循环的观念。当一个数据完成建立时，程序会询问是否继续，若输入非'y'字符，则程序结束。

【示例7-29】函数返回字典——无限循环。

```
def build_vip(name,tel,add=' '):
    vip_dict = {'Name':name,'Tel':tel}
    if add:
        vip_dict['Add'] = add
    return vip_dict
while True:
    print("建立VIP信息系统")
    name = input("请输入姓名:")
```

```
        tel = input("请输入电话:")
        add = input("请输入居住地:")    #如果直接按〈Enter〉键可不建立此字段
        member=build_vip(name, tel, add)  #建立字典
        print(member,"\n")
        repeat =input("是否继续(y/n)?输入非y字符可结束系统:")
        if repeat != "y":
            break
print("欢迎下次再使用")
```

程序运行结果:

```
建立VIP信息系统
请输入姓名:James
请输入电话:111
请输入居住地:
None

是否继续(y/n)?输入非y字符可结束系统:y
建立VIP信息系统
请输入姓名:Jorge
请输入电话:222
请输入居住地:杭州
{'Name': 'Jorge', 'Tel': '222', 'Add': '杭州'}

是否继续(y/n)?输入非y字符可结束系统:n
欢迎下次再使用
```

需要注意的是，在上述第 1 个成员信息录入时，居住地字段没有输入，而是直接按〈Enter〉键，这个动作相当于不做输入，结果为字段省略。

设计一个函数，将用户的姓名和联系方式相关联，即输入电话号码，就能查询指定的联系人。

【示例 7-30】获取给定号码的联系人。

```
contacts={"James":111,"Jorge":222,"Cury":333,"Paul":444}
def findNames(contacts,number):    #查找与电话号码关联的名字
    nameList=[]
    for name in contacts:
        if contacts[name]==number:
            nameList.append(name)
    return nameList
nameList=findNames(contacts,222)    #获取给定电话号码的联系人
print("电话为222的人是：",end="")
for name in nameList:
    print(name,end="")
```

程序运行结果:

电话为222的人是：Jorge

7.4 本章小结

集合是无序可变且不可重复的，其所有元素均放置在{}内，与列表和元组不同，无法实现切片、索引操作。此外，集合还有并集、交集和差集等专有运算。

除列表和集合外，第 3 个容器是字典，存放在{}内。字典也是无序的，它使键和值保持关联，并存储键、值以及它们之间的关联。字典中的键是唯一的，每个键都有相关联的值，但是一个值可能会被关联到多个键上。我们把这一关联的结构称为映射。

可以在列表中嵌套字典，也可以在字典中存储列表或字典。

7.5 习题

7-1 设定集合 country1 = {"中国","泰国","美国","德国","日本"}；country2 = {"韩国","俄罗斯","中国","意大利","德国"}，请打印出这两个集合的并集、交集，以及 country1 去掉 country2 的差集。

7-2 校园歌手比赛结果出炉，9 位评委对入围的 6 名选手给出了最终的评分，请根据表 7-2 所示的评分表，将每名选手的得分去掉一个最高分和一个最低分后求平均分，并按照平均分由高到低的顺序输出选手编号和最后得分。

表 7-2 评分表

6 名选手	9 位评委打分								
023 号	25	14	98	54	68	61	71	21	64
102 号	82	95	91	65	89	97	25	32	89
037 号	54	90	75	55	67	98	67	57	71
114 号	65	89	97	82	90	51	57	25	45
058 号	61	71	93	93	75	85	67	39	51
069 号	97	25	65	97	35	62	71	84	72

7-3 创建一个字典 country3 = {"中国"：121，"泰国"：232，"美国"：343，"德国"：454，"日本"：565}，使用 in 运算符判断键"俄罗斯"是否在字典中。

7-4 创建一个字典 country4 = {"中国","泰国","美国","德国","日本","泰国","意大利","德国"}，用 set() 函数剔除重复项。

7-5 输入字符串 University = "China Jiliang University"，根据所学的集合和字典的知识，输出字符串中出现次数最多的字母及其出现次数。

二维码 7
第 7 章习题答案

第 8 章
Python 类和对象

本章学习目标
- 理解类的定义和使用
- 理解类的访问权限
- 理解类的继承
- 能够熟练掌握编写一些类并创建其实例的操作

本章知识结构图

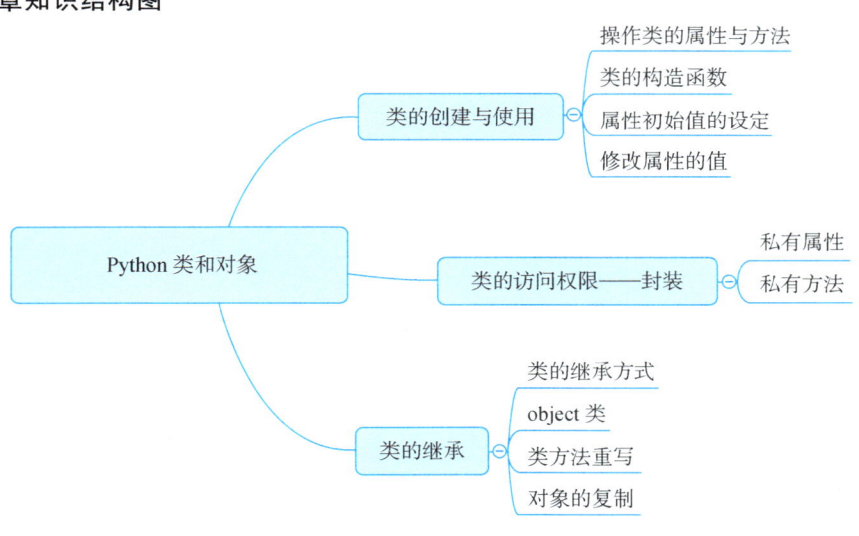

类是一种抽象概念，而对象是类的实例。对象指现实世界中存在的事物，编写表示对象的类并基于类来创建对象被称为实例化。编写类时，首先定义一大类对象具有的通用行为，基于类创建对象时，每个对象都自动具备通用行为，然后根据需要赋予每个对象独特的个性。因此，可以使用类来模拟现实情景，具有一定的逼真度。

在本章中，我们将编写一些类并创建其实例，指定在实例中存储的信息，定义对这些实例执行的操作。此外，我们还将编写一些类来扩展既有类的功能，使相似的类能够高效地共享代码；然后把自己编写的类存储在模块中，并在自己的程序文件中导入其他人编写的类，这样有助于我们了解代码的作用并培养逻辑思维，通过编写程序解决遇到的问题。

8.1 类的创建与使用

类的语法定义如下：

```
class Classname():      # Classname是类名称, 第1个字母需大写
    statement1
    ...
    statementn
```

【示例8-1】创建一个银行类。

```
class Banks():              # 定义银行类
    title='杭州银行'         # 定义属性
    def motto(self):        # 定义方法
        return"以客为尊"
```

在这个类中，我们定义了一个属性 title 与一个方法 motto()。定义方法的方式和定义函数的方式相同，但必须称之为方法而不是函数，因为函数可以随时被调用，而只有属于该类的对象才能调用相关的方法。

8.1.1 操作类的属性与方法

在操作类的属性与方法之前，我们首先要定义该类的对象变量，简称为对象。访问属性和调用方法的方式如下：

object.类的属性

object.类的方法

【示例8-2】定义 userbank 为 Banks 类的对象，然后使用该对象读取 Banks 类内的 title 属性和 motto() 方法，并列出 title 属性值与 motto() 方法传回的内容。

```
class Banks():              # 定义银行类
    title='杭州银行'         # 定义属性
    def motto(self):        # 定义方法
        return"以客为尊"
userbank=Banks()            # 定义对象userbank
print("目前服务银行是 ",userbank.title)
print("银行服务理念是 ",userbank.motto())
```

程序运行结果：

目前服务银行是　杭州银行
银行服务理念是　以客为尊

8.1.2 类的构造函数

初始化类是建立类的一个重要工作，它是指在类内建立一个特殊的初始化方法，当在程序内定义这个类的对象时，Python 将自动执行这个方法。初始化方法的固定名称是 __init__()，其中 init 左右的两个下划线旨在避免 Python 默认方法与普通方法发生名称冲突。通常将这类初始化方法称为构造函数，并且在这类初始化方法里可以进行一些属性变量设定。

类中定义的每个方法都有一个名为 self 的参数，该参数必须是方法的第 1 个参数，且需要放在所有参数的最左边，表示类本身的对象。

【示例8-3】设定初始化方法，同时存入第1笔开户的钱200元。

```
class Banks():                                  # 定义银行类
    title='杭州银行'                             # 定义属性
    def __init__(self,uname,money):             # 初始化方法
        self.name=uname                         # 设定存款者名字
        self.balance=money                      # 设定所存的钱
    def get_balance(self):
        return self.balance
hungbank=Banks('hung',200)                      # 定义对象hungbank
print(hungbank.name.title(),"存款余额是",hungbank.get_balance())
```

程序运行结果：

hung 存款余额是 200

上述程序在定义 Banks 类的 hungbank 对象时，Banks 类会自动启动 __init__() 初始化方法，且该方法包含3个形参：self、uname 和 money，Python 在初始化时会自动传入参数 self，未来在类内想要参照各属性与函数执行运算。

在 __init__(self, uname, money) 方法中，有另外两个参数 uname 和 money，我们在定义 Banks 类的对象时需要传递两个参数分别给 uname 和 money。

```
self.name=uname        # name是Banks类的属性
self.balance=money     # balance是Banks类的属性
```

另外有一个 get_balance(self) 方法，在这个方法内只有一个参数 self，所以调用时可以不用任何参数，这个方法的目的是传回存款余额。

【示例8-4】增加存款与提款功能，同时在类内直接列出目前余额。

```
class Banks():                                  # 定义银行类
    title='杭州银行'                             # 定义属性
    def __init__(self,uname,money):             # 初始化方法
        self.name=uname                         # 设定存款者名字
        self.balance=money                      # 设定所存的钱
    def save_money(self,money):                 # 设计存款方法
        self.balance+=money                     # 执行存款
        print("存款 ",money," 完成")            # 打印存款完成
    def withdraw_money(self,money):             # 设计提款方法
        self.balance-=money                     # 执行提款
        print("提款 ",money," 完成")            # 打印提款完成
    def get_balance(self):                      # 获得存款余额
        print(self.name.title()," 目前余额：",self.balance)
hungbank=Banks('hung',100)                      # 定义对象hungbank
hungbank.get_balance()                          # 获得hung存款余额
hungbank.save_money(300)                        # 存款300元
hungbank.get_balance()                          # 获得hung存款余额
hungbank.withdraw_money(200)                    # 提款200元
hungbank.get_balance()                          # 获得hung存款余额
```

程序运行结果：

hung   目前余额： 100
存款   300   完成
hung   目前余额： 400
提款   200   完成
hung   目前余额： 200

类建立完成后，我们可以随时使用多个对象引用这个类的属性和函数。

【示例8-5】创建 Dog 类表示任何小狗，根据 Dog 类创建实例，每个实例都将存储小狗

的名字和年龄，并赋予每只小狗蹲下（sit()）和打滚（roll_over()）的能力。

```
class Dog():
    """一次模拟小狗类的尝试"""
    def __init__(self,name,age):
        """初始化属性name和age"""
        self.name=name
        self.age=age
    def sit(self):
        """模拟小狗坐的姿态"""
        print(self.name.title()+"正在坐下！")
    def roll_over(self):
        """模拟小狗打滚"""
        print(self.name.title()+"正在打滚！")
my_dog1=Dog("Wangcai",3)
my_dog1.roll_over()
my_dog1.sit()
```

程序运行结果：

Wangcai正在打滚！
Wangcai正在坐下！

当然，我们还可以按需求根据类创建任意数量的实例。

【示例8-6】再创建一个名为my_dog2的实例。

```
class Dog():
    """一次模拟小狗类的尝试"""
    def __init__(self,name,age):
        """初始化属性name和age"""
        self.name=name
        self.age=age
    def sit(self):
        """模拟小狗坐的姿态"""
        print(self.name.title()+"正在坐下！")
    def roll_over(self):
        """模拟小狗打滚"""
        print(self.name.title()+"正在打滚！")
my_dog1=Dog("Wangcai",3)
my_dog2=Dog("Laifu",5)
print("我的第一只小狗的名字叫"+my_dog1.name.title())
print(my_dog1.name.title()+"现在"+str(my_dog1.age)+"岁了")
my_dog1.roll_over()
my_dog1.sit()
print("我的第二只小狗的名字叫"+my_dog2.name.title())
print(my_dog2.name.title()+"现在"+str(my_dog2.age)+"岁了")
my_dog2.roll_over()
my_dog2.sit()
```

程序运行结果：

我的第一只小狗的名字叫Wangcai
Wangcai现在3岁了
Wangcai正在打滚！
Wangcai正在坐下！
我的第二只小狗的名字叫Laifu
Laifu现在5岁了
Laifu正在打滚！
Laifu正在坐下！

【示例8-7】编写一个表示汽车的类。

```
class Car():
    def __init__(self,make,model,year):
        self.make=make
        self.model=model
        self.year=year
    def get_descriptive_name(self):
        long_name=str(self.year)+' '+self.make+' '+self.model
        return long_name.title()
my_new_car=Car("BMW","320Li","2018")
print(my_new_car.get_descriptive_name())
```

程序运行结果：
2018 Bmw 320Li

8.1.3 属性初始值的设定

在之前设计的程序中，Banks 类的 title 实为初始值的设定，通常 Python 在设定初始值时是将初始值设在__init__()方法内的。

【示例 8-8】在定义 Banks 类对象时，省略开户金额，只要两个参数。

```
class Banks():                              # 定义银行类
    def __init__(self,uname):               # 初始化方法
        self.name=uname                     # 设定存款者名字
        self.balance=0                      # 设定开户金额是0元
        self.title="杭州银行"                # 设定银行名字
    def save_money(self,money):             # 设计存款方法
        self.balance+=money                 # 执行存款
        print("存款 ",money," 完成")         # 打印存款完成
    def withdraw_money(self,money):         # 设计提款方法
        self.balance-=money                 # 执行提款
        print("提款 ",money," 完成")         # 打印提款完成
    def get_balance(self):                  # 获得存款余额
        print(self.name.title(),"目前余额: ",self.balance)
hungbank=Banks('hung')                      # 定义对象hungbank
print("目前开户银行 ",hungbank.title)        # 列出目前开户银行
hungbank.get_balance()                      # 获得hung存款余额
hungbank.save_money(100)                    # hung存款100元
hungbank.get_balance()                      # 获得hung存款余额
```

程序运行结果：
目前开户银行　杭州银行
hung　目前余额：　0
存款　100　完成
hung　目前余额：　100

【示例 8-9】在 Car 类中，给属性指定默认值。

```
class Car():
    def __init__(self,make,model,year):
        self.make=make
        self.model=model
        self.year=year
        self.odometer_reading=0

    def get_descriptive_name(self):
        long_name=str(self.year)+' '+self.make+' '+self.model
        return long_name.title()
```

```
    def read_odometer(self):
        print('此车开了'+str(self.odometer_reading)+'公里')
my_new_car=Car("BMW","320Li","2018")
print(my_new_car.get_descriptive_name())
my_new_car.read_odometer()

my_new_car.odometer=100
my_new_car.read_odometer()
```

程序运行结果：

2018 BMW 320Li
此车开了 0 公里

8.1.4 修改属性的值

有3种不同的方式可以修改属性的值：直接通过实例进行修改；通过方法进行设置；通过方法进行递增（增加特定的值）。

【示例8-10】直接修改属性的值，通过实例访问它。将汽车的里程表读数设置为25。

```
class Car():
    def __init__(self,make,model,year):
        self.make=make
        self.model=model
        self.year=year
        self.odometer_reading=0
    def get_descriptive_name(self):
        long_name=str(self.year)+' '+self.make+' '+self.model
        return long_name.title()
    def read_odometer(self):
        print('此车开了'+str(self.odometer_reading)+'公里')
my_new_car=Car('BMW','320Li','2018')
print(my_new_car.get_descriptive_name())
my_new_car.odometer_reading=25
my_new_car.read_odometer()
```

程序运行结果：

2018 BMW 320Li
此车开了25公里

【示例8-11】通过方法修改属性的值。添加一个方法update_odometer()，这个方法用来接收一个里程值，并将其存储到self.odometer_reading中。

```
class Car():
    def __init__(self,make,model,year):
        self.make=make
        self.model=model
        self.year=year
        self.odometer_reading=0
    def get_descriptive_name(self):
        long_name=str(self.year)+' '+self.make+' '+self.model
        return long_name.title()
    def read_odometer(self):
        print('此车开了'+str(self.odometer_reading)+'公里')
    def update_odometer(self,mileage):
        self.odometer_reading=mileage    # 将读数设置为指定值
my_new_car=Car('BMW','320Li','2018')
print(my_new_car.get_descriptive_name())
```

```
my_new_car.update_odometer(25)
my_new_car.read_odometer()
```

程序运行结果：

2018 BMW 320Li
此车开了25公里

【示例 8-12】通过方法对属性的值进行递增。对于一辆二手车来说，假设从购买到登记期间增加了 60 公里的里程，请传递这个增量，并相应地增加里程表读数。

```
class Car():
    def __init__(self,make,model,year):
        self.make=make
        self.model=model
        self.year=year
        self.odometer_reading=0
    def get_descriptive_name(self):
        long_name=str(self.year)+' '+self.make+' '+self.model
        return long_name.title()
    def read_odometer(self):
        print('此车开了'+str(self.odometer_reading)+'公里')
    def update_odometer(self,mileage):
        self.odometer_reading=mileage    # 将读数设置为指定值
    def increment_odometer(self,kilometers):
        self.odometer_reading+=kilometers
my_used_car=Car('Audi','A6','2020')
print(my_used_car.get_descriptive_name())
my_used_car.update_odometer(25000)
my_used_car.read_odometer()
my_used_car.increment_odometer(60)
my_used_car.read_odometer()
```

程序运行结果：

2020 Audi A6
此车开了25000公里
此车开了25060公里

8.2　类的访问权限——封装

从程序中可以直接引用类内的属性与方法，这种可以让外部引用的类内属性称为公有属性，可以让外部引用的方法称为公有方法。前面我们所使用的 Banks 类内的属性与方法都是公有属性与公有方法。

但是，外部直接引用也代表可以直接修改类内的属性值，这将造成类内数据不安全的问题。因此，Python 也提供了私有属性与私有方法的观念，即类外无法直接更改类内的私有属性，也无法直接调用私有方法，这一观念又称封装。

8.2.1　私有属性

为了确保类内的属性安全，有必要使用私有属性限制外部无法直接获取类内属性值。

```
hungbank=Banks('hung')
hungbank.get_balance()
hungbank.balance=10000
hungbank.get_balance()
```

可以看出，上述程序直接在类外就更改了存款余额，而没有经过 Banks 类内的 save_money()方法，整个余额就从 0 元增至 10 000 元。因此，我们应该应用私有属性的观念，在属性名称前面增加__(两个下划线)，定义为私有属性后，类外的程序就无法引用了。

【示例 8-13】将 Banks 类的属性定义为私有属性，无法由外部程序修改。

```
class Banks():                              # 定义银行类
    def __init__(self,uname):              # 初始化方法
        self.__name=uname                   # 设定私有存款者名字
        self.__balance=0                    # 设定私有开户金额是0元
        self.__title="杭州银行"              # 设定私有银行名字
    def save_money(self,money):            # 设计存款方法
        self.__balance+=money               # 执行存款
        print("存款 ",money," 完成")         # 打印存款完成
    def withdraw_money(self,money):        # 设计提款方法
        self.__balance-=money               # 执行提款
        print("提款 ",money," 完成")         # 打印提款完成
    def get_balance(self):                 # 获得存款余额
        print(self.__name.title()," 目前余额: ",self.__balance)
hungbank=Banks('hung')                     # 定义对象hungbank
hungbank.get_balance()                     # 获得hung存款余额
hungbank.balance=10000                     # 类外直接修改存款余额
hungbank.get_balance()                     # 获得hung存款余额
```

程序运行结果：

```
hung  目前余额:  0
hung  目前余额:  0
```

上述程序倒数第二行试图修改存款余额，但从输出结果来看修改失败。对上述程序来说，存款余额只会在以存款和提款方法被触发时，才会随参数金额修改。

【示例 8-14】定义 Banks 类的对象 Wangming 并进行存款和提款的操作。

```
class Banks():                              # 定义银行类
    def __init__(self,uname):              # 初始化方法
        self.__name=uname                   # 设定私有存款者名字
        self.__balance=0                    # 设定私有开户金额是0元
        self.__title="杭州银行"              # 设定私有银行名字
    def save_money(self,money):            # 设计存款方法
        self.__balance+=money               # 执行存款
        print("存款 ",money," 完成")         # 打印存款完成
    def withdraw_money(self,money):        # 设计提款方法
        self.__balance-=money               # 执行提款
        print("提款 ",money," 完成")         # 打印提款完成
    def get_balance(self):                 # 获得存款余额
        print(self.__name.title()," 目前余额: ",self.__balance)
wangAccount=Banks("Wangming")              # 定义对象Wangming
wangAccount.get_balance()                  # 获得Wangming存款余额
wangAccount.save_money(1000)               # 存款1000元
wangAccount.get_balance()                  # 获得Wangming存款余额
wangAccount.withdraw_money(500)            # 提款500元
wangAccount.get_balance()                  # 获得Wangming存款余额
```

程序运行结果：

```
Wangming  目前余额:  0
存款  1000  完成
Wangming  目前余额:  1000
提款  500  完成
Wangming  目前余额:  500
```

8.2.2 私有方法

私有方法的观念与私有属性类似，类外的程序无法直接调用私有方法。定义方法为前面加上__（两个下划线）。

延续上述程序实例，现在我们来探讨换汇的问题。一般来说，银行在换汇时会针对客户对银行的贡献程度设定不同的汇率与手续费，但这个部分客户无法得知，因此这类内部比较敏感且不适合外部人参与的应用很适合用私有方法处理。

【示例8-15】用私有方法处理换汇问题。

```
class Banks():                          # 定义银行类
    def __init__(self,uname):           # 初始化方法
        self.__name=uname               # 设定私有存款者名字
        self.__balance=0                # 设定私有开户金额是0元
        self.__title="杭州银行"          # 设定私有银行名字
        self.__rate=6.4                 # 预设美元与人民币汇率
        self.__service_charge=0.01      # 换汇的服务费
    def save_money(self,money):         # 设计存款方法
        self.__balance+=money           # 执行存款
        print("存款 ",money," 完成")
    def withdraw_money(self,money):     # 设计提款方法
        self.__balance-=money           # 执行提款
        print("提款 ",money," 完成")    # 打印提款完成
    def get_balance(self):              # 获得存款余额
        print(self.__name.title()," 目前余额: ",self.__balance)
    def usa_to_china(self,usa_d):       # 美元兑人民币方法
        self.result=self.__cal_rate(usa_d)
        return self.result
    def __cal_rate(self,usa_d):         # 定义换汇是私有方法
        return int(usa_d*self.__rate*(1-self.__service_charge))
wangAccount=Banks("Wangming")           # 定义对象Wangming
usa_d=50                                # 50美元
print(usa_d,"美元可以兑换",wangAccount.usa_to_china(usa_d),"人民币")
```

程序运行结果：

50 美元可以兑换 316 人民币

8.3 类的继承

8.3.1 类的继承方式

在Python中，继承是一种创建新类的方式，新建的类可以继承一个或多个父类（又称基类或超类），新建的类称为子类（又称派生类）。

子类可以继承父类的公有成员，在子类中调用父类的方法可以使用内置函数"super().方法名"或通过"父类名.方法名()"的方式来实现。

类的多重继承语法格式如下：

```
class 子类名(父类1,父类2,…,父类n):
```

8.3.2 object类

object类是所有类的父类，若在定义类的时候没有指定父类，则默认父类为object类，

此时可以省略类名后面的小括号。用户可以通过类提供的__bases__属性查看该类的所有直接父类。

object 类中定义的所有方法名前后都有两个下划线，其中比较重要的方法如下。

（1）__str__()方法：返回一个描述该对象的字符串。

（2）__eq__()方法：用于比较两个对象是否相等。

（3）__dir__()方法：用于显示对象内部所有的属性和方法。

（4）__dict__()方法：以字典的形式显示对象的所有属性名和属性值。

8.3.3 类方法重写

当子类的要求不能被父类方法满足时，可以在子类中重写父类的方法，其中方法名和父类相同。

【示例 8-16】类方法重写。

```
class Dog():
    """一次模拟小狗类的尝试"""
    def __init__(self,name,age):
        """初始化属性name和age"""
        self.name=name
        self.age=age
    def sit(self):
        """模拟小狗坐的姿态"""
        print(self.name.title()+"正在坐下！")
    def show(self):
        print("名字：",self.name)
        print("年龄：",self.age)
class Labrador(Dog):                # Labrador继承Dog类
    def __init__(self,name,age,color):
        super().__init__(name,age)  # 调用父类初始化方法
        self.color=color
    def show(self):                 # 重写父类方法
        Dog.show(self)              # 调用父类方法
        print("颜色：",self.color)   # 添加额外行为
my_labrador=Labrador('多多','3','白')
my_labrador.sit()
my_labrador.show()
```

程序运行结果：

多多正在坐下！
名字： 多多
年龄： 3
颜色： 白

8.3.4 对象的复制

复制原对象的内容，可以使用 copy 模块的 copy() 函数，此时两个对象的内容相同，但是引用不同。==使两个对象的引用相同，此时一个对象的变化会影响另一个对象。copy()函数是浅复制，只复制当前对象，不会复制对象内部的其他对象，如果要递归复制对象内部的其他对象，可以使用 copy 模块的 deepcopy() 函数进行深复制。

【示例 8-17】对象的深复制和浅复制。

```
import copy                              # 加载copy模块
class Birthday():                        # 创建Birthday类
    def __init__(self,year,month,day):
        self.year=year
        self.month=month
        self.day=day
class Dog():                             # 创建Dog类
    def __init__(self,name,age,birthday):
        self.name=name
        self.age=age
        self.birthday=birthday
birthday_1=Birthday(2019,6,1)            # 生成Birthday类的实例
d_1=Dog('多多','3',birthday_1)           # 生成Dog类的实例d_1
birthday_2=Birthday(2019,6,1)
d_2=Dog('多多','3',birthday_1)           # 生成Dog类的实例d_2
d_3=d_1                                  # 将d_3指向d_1的内容
d_4=copy.copy(d_1)                       # 变量d_4为d_1的浅复制对象
d_5=copy.deepcopy(d_1)                   # 变量d_5为d_1的深复制对象
print(id(birthday_1))                    # 打印birthday_1对象的ID
print(id(birthday_2))                    # 打印birthday_2对象的ID
print("d_1==d_2:",d_1==d_2)
print("d_1==d_3:",d_1==d_3)
print("d_1==d_4:",d_1==d_4)
print("d_1==d_5:",d_1==d_5)
print("d_1.name==d_2.name:",d_1.name==d_2.name)
print("d_1.name==d_3.name:",d_1.name==d_3.name)
print("d_1.name==d_4.name:",d_1.name==d_4.name)
print("d_1.name==d_5.name:",d_1.name==d_5.name)
print("d_1.birthday==d_2.birthday:",d_1.birthday==d_2.birthday)
print("d_1.birthday==d_3.birthday:",d_1.birthday==d_3.birthday)
print("d_1.birthday==d_4.birthday:",d_1.birthday==d_4.birthday)
print("d_1.birthday==d_5.birthday:",d_1.birthday==d_5.birthday)
```

程序运行结果：
2346125727440
2346125727728
d_1==d_2: False
d_1==d_3: True
d_1==d_4: False
d_1==d_5: False
d_1.name==d_2.name: True
d_1.name==d_3.name: True
d_1.name==d_4.name: True
d_1.name==d_5.name: True
d_1.birthday==d_2.birthday: True
d_1.birthday==d_3.birthday: True
d_1.birthday==d_4.birthday: True
d_1.birthday==d_5.birthday: False

此程序中，d_1 和 d_3 指向同一对象；d_4 是 d_1 的浅复制对象，只复制当前对象内容而不复制引用，birthday 指向同一引用；d_5 是 d_1 的深复制对象，对内部对象执行递归复制，此时 birthday 指向不同的引用。

8.4　本章小结

对象是类的实例，编写表示对象的类并基于类来创建对象被称为实例化。编写类时，

首先定义一大类对象具有的通用行为，基于类创建对象时，每个对象都自动具备通用行为，并根据需要赋予每个对象独特的个性。Python 提供了私有属性与私有方法的观念——封装，即类外无法直接更改类内的私有属性，也无法直接调用私有方法。继承是一种创建新类的方式，新建的类可以继承一个或多个父类，新建的类称为子类。在 Python 中，所有类的父类为 object 类，如果在定义类的时候没有指定父类，则默认以 object 类为分类，其包含了 __str__()、__eq__()、__dir__()、__dict__() 等多个内部方法。在继承类时，可以在子类中重写父类的方法，实现新的功能和作用。

8.5 习题

8-1 简述 Python 中类的命名规则，并定义一个类名，要求使用不少于两个单词。

8-2 请定义一个学生类：Student，要求有姓名、年龄、成绩等属性，并为该类定义一个方法，打印学生的成绩。

8-3 请设计一个表示圆的类：Circle，属性为半径。该类包含两个方法：求面积的方法和求周长的方法。利用这个类创建半径为 1~5 cm 的圆，并打印出相应的信息。

8-4 请定义一个游乐园门票类：Ticket，并创建实例调用函数，完成儿童和成人的总票价统计(人数不定，由输入的人数来决定)。其中，成人平日票价 100 元；周末票价为平日票价的 120%；儿童半价。

8-5 请定义一个用户类：User，其中包含属性 first_name 和 last_name。在类 User 中定义一个名为 describe_user() 的方法，它打印用户信息摘要，创建多个表示不同用户的实例，并对每个实例都调用上述两个方法。

8-6 定义一个桌子类：Desk，包含长(length)、宽(width)、高(height)属性，同时包含一个打印桌子信息属性的方法(showInfo())。实例化两个桌子对象，为其赋予不同的属性值，并调用 showInfo() 方法，输出每个桌子的信息。

二维码 8
第 8 章习题答案

第 9 章 NumPy 库

本章学习目标

- 了解 NumPy 的简史并学会如何安装 NumPy 库
- 学会如何创建数组并掌握基础的数组操作
- 熟练掌握索引机制、切片和数组迭代的基本内容
- 掌握条件和布尔数组的应用条件和应用方式
- 熟练掌握数组的形状变换方法
- 学会结构化数组的操作规则
- 熟练掌握数组数据文件的读写

本章知识结构图

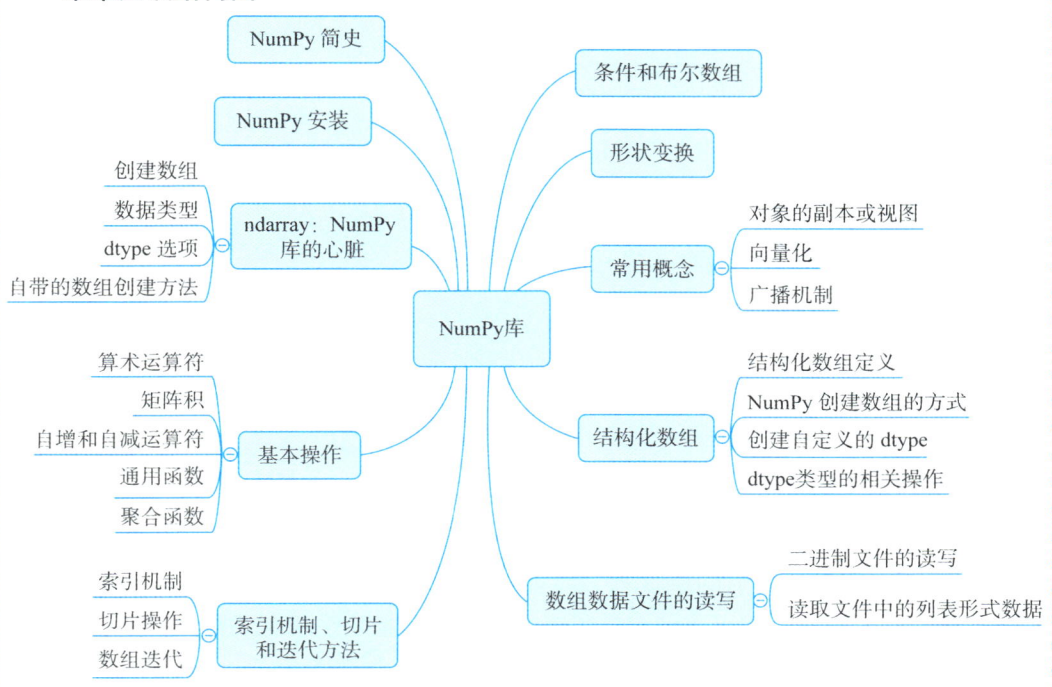

9.1 NumPy 简史

Python 语言诞生不久,开发人员就产生了数值计算的需求,并用它进行科学计算。

1995 年,Jim Hugunin 为尝试用 Python 进行科学计算而开发了 Numeric 包。随后又诞生了 Numarray 包。这两个包都是专门用于数组计算的,但各有优劣,开发人员只好根据不同的使用场景选择不同的包。由于两者之间的区别并不那么明确,因此开发人员将它们整合为一个包。Travis Oliphant 于 2006 年发布了 NumPy 库的第一个版本(v 1.0)。

NumPy(Numerical Python)是 Python 的一种开源的数值计算扩展基础库,它是大量 Python 数学和科学计算包的基础。为了更好地理解和使用 Python 所有的科学计算包,尤其是 pandas,需要先行掌握 NumPy 库的用法,这样才能把 pandas 的用处发挥到极致。pandas 是后续章节的主题。

如今,NumPy 在计算大量的维度数组与矩阵运算方面用途广泛。此外,它还提供多个函数,对于数组的操作来说效率很高,还可用来实现高级数学运算。

当前,NumPy 是开源项目,使用 BSD 许可证。在众多开发者的共同努力下,NumPy 库有了进一步的应用和发展。

9.2 NumPy 安装

一般来说,大多数 Python 发行版都把 NumPy 作为一个基础包。如果 NumPy 不是基础包,也可自行安装。

Linux 系统(Ubuntu 和 Debian)使用如下命令:

```
sudo apt-get install python-numpy
```

Linux 系统(Fedora)使用如下命令:

```
sudo yum install numpy scipy
```

Anaconda 发行版的 Windows 系统,使用如下命令:

```
conda install numpy
```

NumPy 安装到系统之后,在 Python 会话中输入以下代码导入 NumPy 模块:

```
import numpy as np
```

9.3 ndarray:NumPy 库的心脏

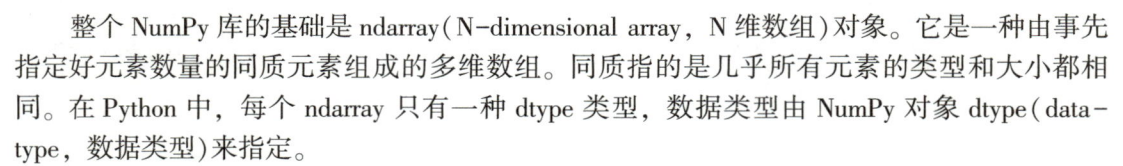

整个 NumPy 库的基础是 ndarray(N-dimensional array,N 维数组)对象。它是一种由事先指定好元素数量的同质元素组成的多维数组。同质指的是几乎所有元素的类型和大小都相同。在 Python 中,每个 ndarray 只有一种 dtype 类型,数据类型由 NumPy 对象 dtype(datatype,数据类型)来指定。

数组的型确定数组的维数和元素数量,其由 N 个正整数组成的元组来指定,元组的每个元素对应每一维的大小。数组的维统称为轴,轴的数量称为秩。

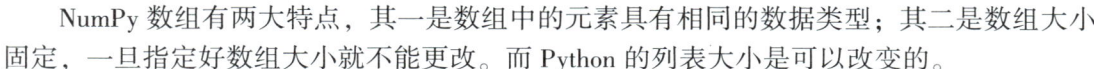

NumPy 数组有两大特点，其一是数组中的元素具有相同的数据类型；其二是数组大小固定，一旦指定好数组大小就不能更改。而 Python 的列表大小是可以改变的。

定义 ndarray 最简单的方式是使用 array() 函数，以 Python 列表作为参数，列表的元素即是 ndarray 的元素。

【示例 9-1】使用 array() 函数。

```
a=np.array([1,2,3])
a
```

程序运行结果：

```
array([1, 2, 3])
```

【示例 9-2】调用变量的 dtype 属性，即可知晓 ndarray 属于哪种数据类型。

```
a.dtype
```

程序运行结果：

```
dtype('int32')
```

如下所示，由于数组 a 只有一个轴，因而秩的数量为 1，它的型为(3,)。

【示例 9-3】判断轴的数量需要使用 ndim 属性。

```
a.ndim
```

程序运行结果：

1

【示例 9-4】判断数组长度需要使用 size 属性。

```
a.size
```

程序运行结果：

3

【示例 9-5】判断数组的型要用 shape 属性。

```
a.shape
```

程序运行结果：

(3,)

数组 a 只有一维，较为简单。如下所示，定义一个 2×3 的二维数组 b。

【示例 9-6】定义一个 2×3 的二维数组。

```
b=np.array([[1.4,2,3],[4,5,6.7]])
b
```

程序运行结果：

```
array([[1.4, 2. , 3. ],
       [4. , 5. , 6.7]])
```

【示例 9-7】判断 ndim 属性。

```
b.ndim
```

程序运行结果：

2

【示例 9-8】判断 size 属性。

```
b.size
```

135

程序运行结果：
6

【示例 9-9】判断 shape 属性。

```
b.shape
```

程序运行结果：
(2, 3)

【示例 9-10】判断 dtype 属性。

```
b.dtype
```

程序运行结果：
dtype('float64')

9.3.1 创建数组

使用 array() 函数是最常用的数组创建方法，参数为单层或嵌套列表。

【示例 9-11】创建数组。

```
c=np.array([[1,2,3],[4,5,6],[7,8,9]])
c
```

程序运行结果：
array([[1, 2, 3],
       [4, 5, 6],
       [7, 8, 9]])

【示例 9-12】判断 size 属性。

```
c.size
```

程序运行结果：
9

【示例 9-13】判断 shape 属性。

```
c.shape
```

程序运行结果：
(3, 3)

除了列表，array() 函数的参数还可以为嵌套元组或元组列表。

【示例 9-14】创建嵌套元组。

```
d=np.array(((1,2,3),(4,5,6)))
d
```

程序运行结果：
array([[1, 2, 3],
       [4, 5, 6]])

9.3.2 数据类型

到目前为止，本书只提及过简单的整型和浮点型数据类型，其实 NumPy 数组能够包含如字符串在内的多种数据类型，如表 9-1 所示。

表 9-1 NumPy 数组包含的多种数据类型

类型	类型代码	说明
int8、uint8	i1、u1	有符号和无符号的 8 位（1 个字节）整型
int16、uint16	i2、u2	有符号和无符号的 16 位（2 个字节）整型
int32、uint32	i4、u4	有符号和无符号的 32 位（4 个字节）整型
int64、uint64	i8、u8	有符号和无符号的 64 位（8 个字节）整型
float16	f2	半精度浮点数
float32	f4 或 f	标准的单精度浮点数。与 C 语言的 float 兼容
float64	f8 或 d	标准的双精度浮点数。与 C 语言的 double 和 Python 的 float 对象兼容
float128	f16 或 g	扩展精度浮点数
complex64、complex128、complex256	c8、c16、c32	分别用两个 32 位、64 位或 128 位浮点数表示的复数
bool	?	存储 True 和 False 值的布尔类型
object	O	Python 对象类型
string_	S	固定长度的字符串类型（每个字符 1 个字节）。例如，要创建一个长度为 10 的字符串，应使用 S10
unicode_	U	固定长度的 unicode 类型（字节数由平台决定）。跟字符串的定义方式一样（如 U10）

如下所示的数组 e，dtype 的类型还有 U 和 S。

【示例 9-15】创建元组 e。

```
e=np.array([['a','b'],['c','d']])
e
```

程序运行结果：

```
array([['a', 'b'],
       ['c', 'd']], dtype='<U1')
```

【示例 9-16】判断 dtype 的类型。

```
e.dtype
```

程序运行结果：

```
dtype('<U1')
```

【示例 9-17】获得元素类型。

```
e.dtype.name
```

程序运行结果：

```
'str32'
```

9.3.3 dtype 选项

每个 ndarray() 对象都有一个相对应的，且唯一定义数组中每个元素的数据类型的 dtype 对象。array() 函数可以接收多个参数，默认列表或元素序列中各元素的数据类型为

ndarray()对象指定的最适合的数据类型。如下所示，可以用 dtype 选项作为函数 array() 的参数，并指定 dtype 的类型。

【示例 9-18】用 dtype 选项作为函数 array() 的参数，并指定 dtype 的类型。

```
f=np.array([[1,2,3],[4,5,6]],dtype=complex)
f
```

程序运行结果：

```
array([[1.+0.j, 2.+0.j, 3.+0.j],
       [4.+0.j, 5.+0.j, 6.+0.j]])
```

9.3.4 自带的数组创建方法

NumPy 库可以通过不同的函数，生成不同的包含初始值的 N 维数组。有了这些函数，仅用一行代码就能生成大量数据。

例如，zeros() 函数能够生成由 shape 参数指定维度信息、元素均为 0 的数组。以如下所示的 3×3 型二维数组为例。

【示例 9-19】zeros() 函数。

```
g=np.zeros((3,3))
g
```

程序运行结果：

```
array([[0., 0., 0.],
       [0., 0., 0.],
       [0., 0., 0.]])
```

ones() 函数与 zeros() 函数相似，生成一个 3×3 型各元素均为 1 的数组。

【示例 9-20】ones() 函数。

```
h=np.ones((3,3))
h
```

程序运行结果：

```
array([[1., 1., 1.],
       [1., 1., 1.],
       [1., 1., 1.]])
```

上述两个函数默认使用 float64 数据类型创建数组。NumPy 的 arange() 可以按照特定规则，将传入的参数生成包含一个数值序列的数组。例如，如果要生成一个包含数字 0~9 的数组，只需传入标识序列结束的数字[1]作为参数即可。

【示例 9-21】生成一个包含数字 0~9 的数组。

```
i=np.arange(0,9)
i
```

程序运行结果：

```
array([0, 1, 2, 3, 4, 5, 6, 7, 8])
```

arange() 函数还可以生成等间隔的序列，如下所示指定了第 3 个参数为 3，它表示序列中相邻两个值之间的差距[2]为 3。

---

[1] 用你想得到的序列的最后一个数字再加 1 作为参数。下面的例子使用了 0 和 9 两个参数，由于序列默认从 0 开始，只传入一个参数也可。

[2] 也称"步长"。

【示例 9-22】arange()函数生成等间隔的序列。

```
j=np.arange(0,15,3)
j
```

程序运行结果：
array([0, 3, 6, 9, 12])
此外，第 3 个参数还可以是浮点型①。

【示例 9-23】arange()函数第 3 个参数为浮点型。

```
k=np.arange(0,9,0.3)
k
```

程序运行结果：
array([0. , 0.3, 0.6, 0.9, 1.2, 1.5, 1.8, 2.1, 2.4, 2.7, 3. , 3.3, 3.6,
       3.9, 4.2, 4.5, 4.8, 5.1, 5.4, 5.7, 6. , 6.3, 6.6, 6.9, 7.2, 7.5,
       7.8, 8.1, 8.4, 8.7])

前文提及的函数所创建的都是一维数组。如果要生成二维数组，需要将 arange()函数与 reshape()函数结合。后者按照指定的形状，把一维数组拆分为不同的部分。

【示例 9-24】将 arange()函数与 reshape()函数结合生成二维数组。

```
A=np.arange(12).reshape(3,4)
A
```

程序运行结果：
array([[0, 1, 2, 3],
       [4, 5, 6, 7],
       [8, 9, 10, 11]])

linspace()函数与 arange()函数类似。它的第 1 个和第 2 个参数同样是用来指定序列的起始和结尾，但 arange()函数的第 3 个参数表示相邻两个数字之间的差距，而 linspace()函数的第 3 个参数则表示将起始和结尾两个数字所指定的范围分割成几个部分。

【示例 9-25】linspace()函数的应用。

```
B=np.linspace(0,10,8)
B
```

程序运行结果：
array([0.   , 1.42857143, 2.85714286, 4.28571429, 5.71428571,
        7.14285714, 8.57142857, 10.   ])

numpy.random 模块的 random()函数也可以创建由随机数填充的数组，数组所包含的元素数量由参数指定。

【示例 9-26】random()函数的应用。

```
np.random.random(3)
```

程序运行结果：
array([0.76585 , 0.80879119, 0.57924827])

每次用 random()函数生成的数组，其元素均会有所不同。若要生成多维数组，只需把数组的大小作为参数传递给它。

【示例 9-27】random()函数生成多维数组。

---

① 与 Python 的 range()函数有所不同，range()函数只可以使用整数作为步长。

```
np.random.random((4,4))
```

程序运行结果：
```
array([[0.02254535, 0.42401862, 0.15453243, 0.23129418],
       [0.37841361, 0.27394334, 0.21599226, 0.9056631 ],
       [0.03835491, 0.10818598, 0.81186354, 0.34810099],
       [0.4556065 , 0.80689963, 0.06407761, 0.55625128]])
```

9.4 基本操作

前面介绍了新建 NumPy 数组和定义数组元素的方法，下面介绍数组的各种运算方法。

9.4.1 算术运算符

数组的第一类运算是使用算术运算符进行的简易运算。首先，可以为数组加上或乘以一个标量。

【示例 9-28】 数组加上或乘以一个标量。

```
a=np.arange(4)
a,a+3,a*2
```

程序运行结果：
```
(array([0, 1, 2, 3]), array([3, 4, 5, 6]), array([0, 2, 4, 6]))
```

上述这些运算符还可以用于两个数组的运算。在 NumPy 中，这些运算符为元素级。

【示例 9-29】 两个数组的运算。

```
a=np.arange(4)
b=np.arange(2,6)
a,b,a+b,a-b,a*b
```

程序运行结果：
```
(array([0, 1, 2, 3]),
 array([2, 3, 4, 5]),
 array([2, 4, 6, 8]),
 array([-2, -2, -2, -2]),
 array([ 0,  3,  8, 15]))
```

此外，也可以对返回值为 NumPy 数组的函数运用运算符。例如，数组 a 乘以数组 b 的正弦值或平方根。

【示例 9-30】 数组 a 乘以数组 b 的正弦值。

```
a*np.sin(b)
```

程序运行结果：
```
array([ 0.        ,  0.14112001, -1.51360499, -2.87677282])
```

【示例 9-31】 数组 a 乘以数组 b 的平方根。

```
a*np.sqrt(b)
```

程序运行结果：
```
array([0.        , 1.73205081, 4.        , 6.70820393])
```

针对多维数组的运算，这些运算符仍然是元素级的。

【示例 9-32】 多维数组的运算。

```
A=np.arange(9).reshape(3,3)
B=np.ones((3,3))
C=A*B
print('A为\n',A)
print('B为\n',B)
print('C为\n',C)
```

程序运行结果：
```
A为
 [[0 1 2]
 [3 4 5]
 [6 7 8]]
B为
 [[1. 1. 1.]
 [1. 1. 1.]
 [1. 1. 1.]]
C为
 [[0. 1. 2.]
 [3. 4. 5.]
 [6. 7. 8.]]
```

9.4.2 矩阵积

在进行数据分析的过程中，部分工具将 * 表示为两个矩阵之间的矩阵积运算。NumPy 用 dot() 函数表示矩阵积，dot() 函数不是元素级的。

【示例 9-33】dot() 函数。

```
np.dot(A,B)
```

程序运行结果：
```
array([[ 3.,  3.,  3.],
       [12., 12., 12.],
       [21., 21., 21.]])
```

数组中的每个元素，是由第 1 个矩阵中与该元素行号相同的元素与第 2 个矩阵中与该元素列号相同的元素，两两相乘后再求和所得。

把 dot() 函数当作另一个矩阵对象也可进行矩阵积的运算。

【示例 9-34】把 dot() 函数当作另一个矩阵对象。

```
A.dot(B)
```

程序运行结果：
```
array([[ 3.,  3.,  3.],
       [12., 12., 12.],
       [21., 21., 21.]])
```

由于矩阵积运算不遵循交换律，因此运算对象的顺序很重要。A*B 不等于 B*A，两者表示为不同的计算过程。

【示例 9-35】运算对象顺序的改变。

```
np.dot(B,A)
```

程序运行结果：
```
array([[ 9., 12., 15.],
       [ 9., 12., 15.],
       [ 9., 12., 15.]])
```

9.4.3 自增和自减运算符

Python 没有++或--运算符。想要实现变量的自增与自减，需要使用+=或-=运算符。与上文提及的运算符不同的是，运算得到的结果不是赋给一个新数组，而是赋给参与运算的数组本身。

【示例 9-36】设定一个新数组。

```
a=np.arange(4)
a
```

程序运行结果：

array([0, 1, 2, 3])

【示例 9-37】+=运算符实现自增。

```
a += 3
a
```

程序运行结果：

array([3, 4, 5, 6])

【示例 9-38】-=运算符实现自减。

```
a -= 1
a
```

程序运行结果：

array([2, 3, 4, 5])

【示例 9-39】*=运算符。

```
a *= 3
a
```

程序运行结果：

array([6, 9, 12, 15])

9.4.4 通用函数

通用函数一般写作 ufunc，它可以对数组中的各个元素逐一操作。具体来说，通用函数就是将输入数组的每个元素进行单独处理，并将生成的结果组成一个新的输出数组，输出数组的大小跟输入数组相同。

三角函数等很多数学运算就属于通用函数，如计算平方根的 sqrt() 函数、用来取对数的 log() 函数和求正弦值的 sin() 函数。

【示例 9-40】通用函数的运算。

```
a = np.arange(3,9)
a,np.sqrt(a),np.log(a),np.sin(a)
```

程序运行结果：

```
(array([3, 4, 5, 6, 7, 8]),
 array([1.73205081, 2.        , 2.23606798, 2.44948974, 2.64575131,
        2.82842712]),
 array([1.09861229, 1.38629436, 1.60943791, 1.79175947, 1.94591015,
        2.07944154]),
 array([ 0.14112001, -0.7568025 , -0.95892427, -0.2794155 ,  0.6569866 ,
        0.98935825]))
```

9.4.5 聚合函数

聚合函数是指对一组值(一个数组)进行操作、返回结果为单一值的函数。因而，求数组所有元素之和的函数就是聚合函数。ndarray 类实现了多个这样的函数。

【示例 9-41】 求和计算。

```
a=np.array([2.7,8.6,9.5,4,6,7,7,1.2])
a.sum()
```

程序运行结果：
46.0

【示例 9-42】 求最小值与最大值。

```
a.min(),a.max()
```

程序运行结果：
(1.2, 9.5)

【示例 9-43】 求均值和标准差。

```
a.mean(),a.std()
```

程序运行结果：
(5.75, 2.7027763503479156)

9.5 索引机制、切片和迭代方法

前面讲解了数组创建和数组运算，下面将介绍数组对象的操作方法，以及如何通过索引机制和切片方法选择元素，以获取数组中某几个元素的视图或用赋值操作改变元素，最后会介绍数组的迭代方法。

9.5.1 索引机制

数组索引机制指的是用方括号加序号的形式引用单个数组元素，其可以实现抽取元素、选取数组的几个元素、赋一个新值等功能。

新建数组的同时，会生成跟数组大小一致的索引。要获取数组的单个元素，只需指定元素的索引即可。NumPy 数组若用负数作为索引应从 0 开始，依次增加-1，表示的是从数组的最后一个元素向数组第 1 个元素移动。在负数索引机制中，数组第 1 个元素的索引最小。

此外，当方括号内传入多个索引值时，可以同时选择多个元素。

【示例 9-44】 数组索引。

```
a=np.arange(5,12)
a,a[2],a[6],a[-1],a[-6],a[[0,3,5]]
```

程序运行结果：
(array([5, 6, 7, 8, 9, 10, 11]), 7, 11, 11, 6, array([5, 8, 10]))

二维数组，也称矩阵，是由行和列组成的矩形数组。因此，可以用一对值来表示二维数组的索引：第 1 个值为行索引，第 2 个值为列索引。如果要选取矩阵中的元素，应在方括号内填入一对值：[行索引，列索引]。

【示例9-45】创建二维数组。

```
A=np.arange(10,19).reshape(3,3)
A
```

程序运行结果：
```
array([[10, 11, 12],
       [13, 14, 15],
       [16, 17, 18]])
```

【示例9-46】获取第1行第3列的元素，使用二维数组的索引值[0，2]。

```
A[0,2]
```

程序运行结果：
```
12
```

9.5.2 切片操作

切片操作是指抽取数组的一部分元素生成新数组。对 Python 列表进行切片操作得到的数组是原数组的副本，而对 NumPy 数组进行切片操作得到的数组则是指向相同缓冲区的视图。

使用切片方法，把几个用冒号隔开的数字置于方括号中，即可抽取（或查看）想要的数组部分。

【示例9-47】使用切片方法抽取数组部分。

```
a=np.arange(5,12)
a,a[2:6]
```

程序运行结果：
```
(array([ 5,  6,  7,  8,  9, 10, 11]), array([7, 8, 9, 10]))
```

若想从指定的元素范围内抽取一定间隔的元素，可以再用一个数字指定所抽取的两个元素之间的间隔大小。例如，间隔为2表示每隔一个元素抽取一个。

【示例9-48】抽取一定间隔的元素。

```
a[2:6:2]
```

程序运行结果：
```
array([7, 9])
```

如果起始和结束位置不明确，切片方法还有以下几种默认情况：如果省去第1个数字，NumPy 会认为第1个数字是0（对应数组的第1个元素）；如果省去第2个数字，NumPy 则会认为第2个数字是数组的最大索引值；如果省去最后一个数字，它将会被理解为1，也就是抽取所有元素而不再考虑间隔。

【示例9-49】起始和结束位置不明确。

```
a[::2],a[:6:2],a[:6:]
```

程序运行结果：
```
(array([ 5,  7,  9, 11]), array([5, 7, 9]), array([ 5,  6,  7,  8,  9, 10]))
```

切片方法依然适用于二维数组，只需要分别指定行和列的索引值即可。

【示例9-50】创建二维数组。

```
A=np.arange(10,19).reshape(3,3)
A
```

程序运行结果：

array([[10, 11, 12],
       [13, 14, 15],
       [16, 17, 18]])

【示例 9-51】 只抽取第 1 行。

```
A[:,0]                #只抽取第1行
```

程序运行结果：

array([10, 13, 16])

【示例 9-52】 抽取前 2 行和前 2 列。

```
A[0:2,0:2]            #抽取前2行和前2列
```

程序运行结果：

array([[10, 11],
       [13, 14]])

【示例 9-53】 抽取第 1 行和第 3 行，抽取前 2 列。

```
A[[0,2],0:2]          #抽取第1行和第3行,抽取前2列
```

程序运行结果：

array([[10, 11],
       [16, 17]])

9.5.3　数组迭代

Python 数组元素的迭代使用 for 循环即可实现。

【示例 9-54】 创建二维数组。

```
A=np.arange(10,19).reshape(3,3)
A
```

程序运行结果：

array([[10, 11, 12],
       [13, 14, 15],
       [16, 17, 18]])

【示例 9-55】 用 for 循环遍历矩阵的每个元素。

```
for row in A:
    print(row)
for row in A.flat:
    print(row)
```

程序运行结果：

[10 11 12]
[13 14 15]
[16 17 18]
10
11
12
13
14
15
16
17
18

9.6 条件和布尔数组

索引机制和切片方法适用于数值形式的索引。而另外一种从数组中有选择性地抽取元素的方法是使用条件表达式和布尔运算符。创建随机数矩阵后,如果使用类似于小于号的表示条件的运算符,将会得到由布尔值组成的数组。对于原数组中满足设定条件的元素,布尔数组中处于同等位置的元素为 True。

【示例 9-56】从由 0 到 1 之间的随机数组成的 4×4 型矩阵中选取所有小于 0.5 的元素。

```
A=np.random.random((4,4))
A,A<0.5
```

程序运行结果:
```
(array([[0.71435363, 0.54464851, 0.81699866, 0.78613254],
        [0.47581601, 0.23944834, 0.18849287, 0.86451303],
        [0.84300038, 0.88737402, 0.70449716, 0.38892665],
        [0.50186519, 0.16535835, 0.69392441, 0.42047607]]),
 array([[False, False, False, False],
        [ True,  True,  True, False],
        [False, False, False,  True],
        [False,  True, False,  True]]))
```

实际上,从数组中选取一部分元素时,隐式地用到了布尔数组。如下所示,将条件表达式置于方括号中,也能抽取所有小于 0.5 的元素,组成一个新数组。

【示例 9-57】将条件表达式置于方括号中,抽取所有小于 0.5 的元素。

```
A[A<0.5]
```

程序运行结果:
```
array([0.47581601, 0.23944834, 0.18849287, 0.38892665, 0.16535835,
       0.42047607])
```

9.7 形状变换

创建二维数组的一个方法,就是使用 reshape() 函数,将一维数组转换为矩阵形式。

【示例 9-58】使用 reshape() 函数创建二维数组。

```
a=np.random.random(10)
b=a.reshape(2,5)
a,b
```

程序运行结果:
```
(array([0.46814074, 0.50270365, 0.05023066, 0.67341824, 0.73431211,
        0.61444237, 0.04408263, 0.11486087, 0.32299553, 0.37569803]),
 array([[0.46814074, 0.50270365, 0.05023066, 0.67341824, 0.73431211],
        [0.61444237, 0.04408263, 0.11486087, 0.32299553, 0.37569803]]))
```

reshape() 函数返回一个新数组,就是创建一个新对象。然而,如果仅仅想改变数组的形状,而并不创建一个新对象,可以通过将新形状的元组赋给数组的 shape 属性来实现。

【示例 9-59】shape 属性改变数组的形状。

```
a.shape=(2,5)
a
```

程序运行结果：
```
array([[0.46814074, 0.50270365, 0.05023066, 0.67341824, 0.73431211],
       [0.61444237, 0.04408263, 0.11486087, 0.32299553, 0.37569803]])
```

从上述结果可以看出，上述操作改变了原始数组的形状，而没有返回新对象。改变数组形状的操作是可逆的，ravel()函数可以实现二维数组到一维数组的转变。

【示例9-60】ravel()函数将二维数组变回一维数组。

```
a=a.ravel()
a
```

程序运行结果：
```
array([0.46814074, 0.50270365, 0.05023066, 0.67341824, 0.73431211,
       0.61444237, 0.04408263, 0.11486087, 0.32299553, 0.37569803])
```

9.8 常用概念

这一节将介绍 NumPy 库的几个常用概念。在区别副本和视图的基础上，了解两者返回值的不同之处。我们还会介绍 NumPy 函数的很多事务隐式使用的广播机制。

9.8.1 对象的副本或视图

在使用 NumPy 库进行数组运算或数组操作时，返回结果有副本和视图两类。所有的赋值运算在 NumPy 的规则中都不会为数组和数组中的任何元素创建副本。

【示例9-61】创建一维数组，将 a 值赋予 b。

```
a=np.array([1,2,3,4])
b=a
a,b
```

程序运行结果：
(array([1, 2, 3, 4]), array([1, 2, 3, 4]))

【示例9-62】改变 a 中任意一个元素的值，a 和 b 均发生变化。

```
a[2]=0
a,b
```

程序运行结果：
(array([1, 2, 0, 4]), array([1, 2, 0, 4]))

【示例9-63】改变 b 中任意一个元素的值，a 和 b 均发生变化。

```
b[1]=10
a,b
```

程序运行结果：
(array([1, 10, 0, 4]), array([1, 10, 0, 4]))

如上所示，把数组 a 赋给数组 b 后，数组 a 并没有创建副本，b 只不过是调用数组 a 的另外一种方式。事实上，当对数组 a 中的第 3 个元素进行修改的同时，b 中的第 3 个元素也会被修改。数组切片操作返回的对象是原数组的视图①。

---

① 注意与 Python 列表切片操作区别开来，列表切片操作得到的是副本。

【示例 9-64】对数组进行切片。

```
c=a[0:2]
c
```

程序运行结果：

array([1, 10])

【示例 9-65】改变 a 值，c 也会发生变化。

```
a[0]=0
c
```

程序运行结果：

array([0, 10])

如上所示，即使对数组进行切片，其结果仍指向相同的对象。若要为原数组生成一份完整的副本，以期获得一个不同的数组，应使用 copy() 函数。

【示例 9-66】修改数组 a 的值，看其是否会影响数组 d 对应的值。

```
d=a.copy()        #用copy()函数复制数组a的副本
a[0]=100          #修改数组a的值，看其是否会影响数组d对应的值
a,d
```

程序运行结果：

(array([100, 10, 0, 4]), array([1, 10, 0, 4]))

从上述结果可以看出，即使改变数组 a 的值，数组 d 仍保持不变。

9.8.2 向量化

NumPy 内部实现的基础为向量化和广播这两个概念。有了向量化，编写代码时无须使用显式循环。这些显式循环并没有被省略，而是被代码中的其他结构代替，得以在内部实现。向量化的应用使代码更简洁，可读性更强，同时使很多运算看上去更像是数学表达式。例如，NumPy 中两个数组相乘可以表示为：

$$a*b$$

两个矩阵的相乘也可以表示为：

$$A*B$$

而与 Python 语言不同的是，其他语言的上述运算要用到多重 for 结构。例如，计算数组相乘：

```
for(i = 0; i<rows; i++){
    c[i] = a[i]*b[i];
}
```

计算矩阵相乘：

```
for(i = 0; i<rows; i++){
    for(j = 0; j<columns; j++){
        c[i][j] = a[i][j]*b[i][j];
    }
}
```

9.8.3 广播机制

广播机制实现了对两个或两个以上形状并不完全相同的数组进行运算或函数处理的过

程。广播机制并不要求所有的维度都要彼此兼容，但它们必须满足一定的条件。

前文提到，在 NumPy 中，如何通过用表示数组各维度长度的元组（也就是数组的型）把数组转换成多维数组。

因此，广播机制有两种适用情况：其一，两个数组的各维度兼容，也就是两个数组的每一维等长；其二，其中一个数组为一维。如果以上两种情况都不能满足，NumPy 就会抛出异常，表示两个数组不兼容。

【示例 9-67】创建两个维度不同的数组。

```
a=np.arange(16).reshape(4,4)
b=np.arange(4)
a,b
```

程序运行结果：

```
(array([[ 0,  1,  2,  3],
        [ 4,  5,  6,  7],
        [ 8,  9, 10, 11],
        [12, 13, 14, 15]]), array([0, 1, 2, 3]))
```

【示例 9-68】数组相加。

```
a+b
```

程序运行结果：

array([0, 1, 2, 3])

【示例 9-69】数组相乘。

```
a*b
```

程序运行结果：

```
array([[ 0,  2,  4,  6],
       [ 4,  6,  8, 10],
       [ 8, 10, 12, 14],
       [12, 14, 16, 18]])
```

在 NumPy 中，若遇到大小不一致的数组运算，则会触发广播机制。满足一定的条件才能触发广播机制，否则也会报错。需要注意的是，NumPy 中两个数组的元素级运算，与线性代数里的数组相乘的运算规则不一样。

下面将详细介绍广播机制的两种适用情况。

1. **数组形状相同**

【示例 9-70】创建二维数组。

```
a=np.array([[2,3],[3,3]])
a
```

程序运行结果：

```
array([[2, 3],
       [3, 3]])
```

【示例 9-71】创建不同的二维数组。

```
b=np.array([[1,1],[6,6]])
b
```

程序运行结果：

```
array([[1, 1],
       [6, 6]])
```

【示例 9-72】数组相加。

```
a+b
```

程序运行结果：
```
array([[3, 4],
       [9, 9]])
```

2. 数组形状不同

当数组大小不一致时，就会触发广播机制。

广播机制，即将两个数组的维度大小右对齐，然后比较对应维度上的数值，若数值相等或其中有一个为 1 或为空，则能进行广播运算，并且输出的维度大小取维度数值大的值，否则不能进行数组运算。

如表 9-2 所示，大小为(2，3)的数组 a 和大小为(1,)的数组 b，触发广播机制，输出大小为(2，3)的数组。

表 9-2　广播例子 1

第 1 步：创建两个数组	
数组 a 的大小	(2，3)
数组 b 的大小	(1,)
第 2 步：维度大小右对齐	
2	3
	1
2	3
第 3 步：数组运算输出大小为(2，3)	

【示例 9-73】广播例子 1：创建大小为(2，3)的数组。

```
a=np.arange(6).reshape(2,3)
a,a.shape
```

程序运行结果：
```
(array([[0, 1, 2],
        [3, 4, 5]]), (2, 3))
```

【示例 9-74】创建大小为(1,)的数组。

```
b=np.array([5])
b,b.shape
```

程序运行结果：
```
(array([5]), (1,))
```

【示例 9-75】数组相加。

```
a+b
```

程序运行结果：
```
array([[ 5,  6,  7],
       [ 8,  9, 10]])
```

【示例 9-76】数组相乘。

```
a*b
```

程序运行结果：
array([[0, 5, 10],
       [15, 20, 25]])

如表 9-3 所示，大小为(2，1，3)的数组 a 和大小为(4，1)的数组 b，触发广播机制，输出大小为(2，4，3)的数组。

表 9-3　广播例子 2

第 1 步：创建两个数组	
数组 a 的大小	(2，1，3)
数组 b 的大小	(4，1)
第 2 步：维度大小右对齐		
2	1	3
	4	1
2	4	3
第 3 步：数组运算输出大小为(2，4，3)		

【示例 9-77】广播例子 2：两个不同大小的数组相加，创建大小为(2，1，3)的数组。

```
a=np.arange(6).reshape(2,1,3)
a,a.shape
```

程序运行结果：
(array([[[0, 1, 2]],

        [[3, 4, 5]]]), (2, 1, 3))

【示例 9-78】创建大小为(4，1)的数组。

```
b=np.arange(4).reshape(4,1)
b,b.shape
```

程序运行结果：
(array([[0],
        [1],
        [2],
        [3]]), (4, 1))

【示例 9-79】数组相加。

```
c=a+b
c
```

程序运行结果：
array([[[0, 1, 2],
        [1, 2, 3],
        [2, 3, 4],
        [3, 4, 5]],

       [[3, 4, 5],
        [4, 5, 6],
        [5, 6, 7],
        [6, 7, 8]]])

【示例 9-80】广播例子 3：三维数组和二维数组相乘。

```
a=np.arange(6).reshape(2,1,3)
b=np.arange(4).reshape(4,1)
c=a*b
c
```

程序运行结果：
```
array([[[ 0,  0,  0],
        [ 0,  1,  2],
        [ 0,  2,  4],
        [ 0,  3,  6]],

       [[ 0,  0,  0],
        [ 3,  4,  5],
        [ 6,  8, 10],
        [ 9, 12, 15]]])
```

9.9 结构化数组

通过前面几节的介绍，我们对一维数组和二维数组有了更深刻的认识。通过对 NumPy 库的应用，在创建规模复杂的数组的基础上，还可以创建结构复杂的数组，结构复杂的数组又称结构化数组，它包含的不是独立的元素，而是结构或记录。

想要创建一个简单的结构化数组，可以令元素为结构体，用 dtype 选项指定一系列用逗号隔开的说明符，指明组成结构体的元素及它们的数据类型和顺序。

9.9.1 结构化数组定义

"结构化数组"这一名词最早出自 C 语言，在 C 语言中，如果想要创建一个包括姓名（name）、年龄（age）、性别（sex）、体重（weight）4 个信息的"学生（stduents）"数组，需要先构造一个结构体，然后使用结构化数组。得到的数组的形式如表 9-4 所示。

表 9-4 结构化数组

students	name	age	sex	weight
0	张无忌	22	男	138.7
1	小骨	20	女	98.6
2	魏璎珞	17	女	88.2

使用面向对象的编程语言去实现这样的数组的创建较为简单，但是 NumPy 库的实现却有所不同。

9.9.2 NumPy 创建数组的方式

例如，有一个 NumPy 数组：a=np.array（[1，10.3，4，5]，dtype=np.int32），需要注意的是，创建数组时，每一个元素的"类型"都是相同的。

【示例 9-81】创建不同类型的数组。

```
a1=np.array([1,2,3,4,5],dtype=np.int32)
a2=np.array([1,2,3,4,5],dtype='i4')
a3=np.array([1,2,3,4,5],dtype=np.float64)
a4=np.array([1,2,3,4,5],dtype='f8')
a1,a2,a3,a4
```

程序运行结果：
(array([1, 2, 3, 4, 5]),
 array([1, 2, 3, 4, 5]),
 array([1., 2., 3., 4., 5.]),
 array([1., 2., 3., 4., 5.]))

如表 9-5 所示，i、f、U10、S10 分别代表不同的含义。

表 9-5 数组的不同类型

符号	说明
i	32 位的整数类型，相当于 np.int32
f	32 位单精度浮点数，相当于 np.float32
U10	表示长度为 10 的字符串
S10	表示长度为 10 的字符串，与 U10 类似

9.9.3 创建自定义的 dtype

创建结构化数组的关键和核心在于如何创建 dtype，主要有以下几种创建方法。

【示例 9-82】 方法一：使用字符串创建 dtype 类型。

```
mytype='int,float,int'
a=np.array([1,2,3],dtype=mytype)
b=np.array([1,2,3],dtype='int,float,int')
a,b
```

程序运行结果：
(array([(1, 1., 1), (2, 2., 2), (3, 3., 3)],
      dtype=[('f0', '<i4'), ('f1', '<f8'), ('f2', '<i4')]),
 array([(1, 1., 1), (2, 2., 2), (3, 3., 3)],
      dtype=[('f0', '<i4'), ('f1', '<f8'), ('f2', '<i4')]))

【示例 9-83】 改变 dtype 类型的表达。

```
mytype='3int8,float32,(2,3)float64'    #3int8:结构体的第1个元素是包含3个int元素的
a=np.array([1,2,3],dtype=mytype)        #float:第2个元素只是单纯的一个float值
b=np.array([1,2,3],dtype='3int8,float32,(2,3)float64')
a,b                                     #(2,3)float64:第3个元素是(2,3)形状的float元素
```

程序运行结果：
(array([([1, 1, 1], 1., [[1., 1., 1.], [1., 1., 1.]]),
       ([2, 2, 2], 2., [[2., 2., 2.], [2., 2., 2.]]),
       ([3, 3, 3], 3., [[3., 3., 3.], [3., 3., 3.]])],
      dtype=[('f0', 'i1', (3,)), ('f1', '<f4'), ('f2', '<f8', (2, 3))]),
 array([([1, 1, 1], 1., [[1., 1., 1.], [1., 1., 1.]]),
       ([2, 2, 2], 2., [[2., 2., 2.], [2., 2., 2.]]),
       ([3, 3, 3], 3., [[3., 3., 3.], [3., 3., 3.]])],
      dtype=[('f0', 'i1', (3,)), ('f1', '<f4'), ('f2', '<f8', (2, 3))]))

【示例 9-84】 方法二：使用列表创建 dtype 类型。

```
x=np.array([1,2,3],dtype=[('age','int'),('height','f8'),
                          ('weight',np.float),('width','float',(2,3))])
mytype=[('age','int'),('height','f8'),('weight',np.float),('width','float',(2,3))]
y=np.array([1,2,3],dtype=mytype)
x,y
```

程序运行结果：

```
(array([(1, 1., 1., [[1., 1., 1.], [1., 1., 1.]]),
        (2, 2., 2., [[2., 2., 2.], [2., 2., 2.]]),
        (3, 3., 3., [[3., 3., 3.], [3., 3., 3.]])],
       dtype=[('age', '<i4'), ('height', '<f8'), ('weight', '<f8'), ('width', '<f8', (2, 3))]),
 array([(1, 1., 1., [[1., 1., 1.], [1., 1., 1.]]),
        (2, 2., 2., [[2., 2., 2.], [2., 2., 2.]]),
        (3, 3., 3., [[3., 3., 3.], [3., 3., 3.]])],
       dtype=[('age', '<i4'), ('height', '<f8'), ('weight', '<f8'), ('width', '<f8', (2, 3))]))
```

【示例 9-85】方法三：使用字典创建 dtype 类型。

```
student_type={'names':('name','age','sex','weight'),
              'formats':('U10','i4','U6','f8')}
students_1=np.array([('张无忌',22,'男',138.7),
                     ('小骨',20,'女',98.6),
                     ('魏璎珞',17,'女',88.2)],dtype=student_type)
students_2=np.array([('张无忌',22,'男',138.7),
                     ('小骨',20,'女',98.6),
                     ('魏璎珞',17,'女',88.2)],
                    dtype={'names':('name','age','sex','weight'),
                           'formats':('U10','i4','U6','f8')})
students_1,students_2
```

程序运行结果：

```
(array([('张无忌', 22, '男', 138.7), ('小骨', 20, '女',  98.6),
        ('魏璎珞', 17, '女',  88.2)],
       dtype=[('name', '<U10'), ('age', '<i4'), ('sex', '<U6'), ('weight', '<f8')]),
 array([('张无忌', 22, '男', 138.7), ('小骨', 20, '女',  98.6),
        ('魏璎珞', 17, '女',  88.2)],
       dtype=[('name', '<U10'), ('age', '<i4'), ('sex', '<U6'), ('weight', '<f8')]))
```

9.9.4 dtype 类型的相关操作

dtype 本质上是一个类，因此有许多的属性可以访问和操作。

【示例 9-86】访问字段名称——dtype 的 names 属性。

```
print(students_1.dtype.names)
```

程序运行结果：

('name', 'age', 'sex', 'weight')

【示例 9-87】修改字段名称。

```
students_1.dtype.names=('jiliangStudents', 'age', 'sex', 'weight')
print(students_1.dtype.names)
```

程序运行结果：

('jiliangStudents', 'age', 'sex', 'weight')

【示例 9-88】访问 students 结构化数组的第 2 个元素的子集。

```
students_1[1][['jiliangStudents', 'age']]
```

程序运行结果：

('小骨', 20)

【示例 9-89】访问 students 结构化数组的所有 'jiliangStudents' 和 'age' 元素的子集。

```
students_1[['jiliangStudents', 'age']]
```

程序运行结果：

```
array([('张无忌', 22), ('小骨', 20), ('魏璎珞', 17)],
      dtype={'names':['jiliangStudents','age'], 'formats':['<U10','<i4'], 'offsets':[0,40],
      'itemsize':76})
```

【示例9-90】修改结构化数组的部分元素内容,并显示修改后的元素值。

```
students_1[0]['jiliangStudents']='亚瑟'
students_1[['jiliangStudents', 'age']]
```

程序运行结果:
```
array([('亚瑟', 22), ('小骨', 20), ('魏璎珞', 17)],
      dtype={'names':['jiliangStudents','age'], 'formats':['<U10','<i4'], 'offsets':[0,40],
      'itemsize':76})
```

9.10 数组数据文件的读写

NumPy中很重要的一部分内容就是读取文件中的数据,尤其是在处理数组中包含大量数据的情况时。由于数据集的庞大,人工管理或两台计算机之间的数据会话读取是很难实现的。

鉴于此,NumPy提供了几个将结果保存到文本或二进制文件中的函数。类似地,NumPy还提供了从文件中读取数据并将其转换为数组的方法。

9.10.1 二进制文件的读写

NumPy的save()方法以二进制格式保存数据,load()方法则是从二进制文件中读取数据。

若要保存数据分析结果,调用save()函数即可实现。save()函数有两个参数:要保存的文件名和要保存的数据,其中文件名中的.npy扩展名系统会自动添加。

【示例9-91】生成数组。

```
data=np.random.random(16).reshape(4,4)
data
```

程序运行结果:
```
array([[0.61359492, 0.77723712, 0.98091163, 0.11652277],
       [0.2220909 , 0.5358684 , 0.09339571, 0.31822817],
       [0.82132398, 0.12752537, 0.56468856, 0.58488818],
       [0.35210438, 0.56851318, 0.76100488, 0.01068872]])
```

【示例9-92】保存文件。

```
np.save('data_file',data)
```

程序运行结果:

📄 data_file.npy

若要恢复存储在.npy文件中的数据,可以使用load()函数,用文件名作为参数,并自行添加.npy扩展名。

【示例9-93】load()函数恢复数据。

```
loaded_data=np.load('data_file.npy')
loaded_data
```

程序运行结果:

```
array([[0.61359492, 0.77723712, 0.98091163, 0.11652277],
       [0.2220909 , 0.5358684 , 0.09339571, 0.31822817],
       [0.82132398, 0.12752537, 0.56468856, 0.58488818],
       [0.35210438, 0.56851318, 0.76100488, 0.01068872]])
```

9.10.2 读取文件中的列表形式数据

当要读写文本格式的数据（如 TXT 或 CSV）时，NumPy 一般会将数据存储为文本格式而不是二进制格式。以下述 CSV（Comma-Separated Values，用逗号分隔的值）格式的数据为例，以列表形式将数据存储在名为 data1 的文件中。

data1 文件中的数据内容如表 9-6 所示。

表 9-6　data1 文件中的数据内容

序号	学号	姓名	期末卷面成绩
43	201	李明	50
44	202	王刚	40
45	203	赵强	52
46	204	Tom	48
47	205	王蓉蓉	30
48	206	霍元甲	90
49	207	刘翔翔	81

NumPy 的 genfromtxt() 函数可以从文本文件中读取数据并将其插入数组，也能将内容为空的项填充为 NaN 值。一般来说，这个函数接收 3 个参数：存放数据的文件名、用于分隔值的字符和是否含有列标题。在下面这个例子中，分隔符为逗号。

【示例 9-94】用 NumPy 的 genfromtxt() 函数获取 C 盘下 py 文件夹中的 data1.csv 文件。

```
data1=np.genfromtxt('data1.csv',delimiter=',',names=True)
data1
```

程序运行结果：

```
array([(43., 201., nan, 50.), (44., 202., nan, 40.),
       (45., 203., nan, 52.), (46., 204., nan, 48.),
       (47., 205., nan, 30.), (48., 206., nan, 90.),
       (49., 207., nan, 81.)],
      dtype=[('序号', '<f8'), ('学号', '<f8'), ('姓名', '<f8'), ('期末卷面成绩', '<f8')])
```

从上述结果可以看出，我们得到了一个结构化数组，各列的标题变为各字段的名称。

这个函数其实包含两层隐式循环：第 1 层循环每次读取一行；第 2 层循环将每一行的多个值分开后，再对这些值进行转化，依次插入所创建的元素。

【示例 9-95】加上 dtype 属性，则字符串的列可以显示。

```
data2=np.genfromtxt('data1.csv',delimiter=',',names=True,dtype='f8,i4,U10,f8')
data2
```

程序运行结果：

```
array([(43., 201, '李明', 50.), (44., 202, '王刚', 40.),
       (45., 203, '赵强', 52.), (46., 204, 'Tom', 48.),
       (47., 205, '王蓉蓉', 30.), (48., 206, '霍元甲', 90.),
       (49., 207, '刘翔翔', 81.)],
      dtype=[('序号', '<f8'), ('学号', '<i4'), ('姓名', '<U10'), ('期末卷面成绩', '<f8')])
```

9.11 本章小结

NumPy 库的基础是 ndarray 对象。每个 ndarray 对象都有一个相对应的，且唯一定义数组中每个元素的数据类型的 dtype 对象。使用 array() 函数是最常用的数组创建方法，此外，还可使用 zeros() 函数、ones() 函数、arange() 函数、linspace() 函数、random() 函数等。

对于单个数组，可以进行索引、切片和迭代操作。而对于两个数组，只要其大小符合规定，它们还可以进行简单的相加、相减、矩阵积、自增和自减、通用函数、聚合函数运算。此外，对两个或两个以上形状并不完全相同的数组进行运算或函数处理的过程，需要广播机制的实现。

在实际应用中，除了一维数组和二维数组，更常用的是结构复杂的数组，即结构化数组或外部收集的多维度数据资料，因此还要学会数据文件的读取和保存。

9.12 习题

9-1 如下所示为示例 9-95 的程序运行结果，请获取：
```
array([(43., 201, '李明', 50.), (44., 202, '王刚', 40.),
       (45., 203, '赵强', 52.), (46., 204, 'Tom', 48.),
       (47., 205, '王蓉蓉', 30.), (48., 206, '霍元甲', 90.),
       (49., 207, '刘翔翔', 81.)],
      dtype=[('序号', '<f8'), ('学号', '<i4'), ('姓名', '<U10'), ('期末卷面成绩', '<f8')])
```
(1) 第 2 行和第 5 行的数据；
(2) 第 1 列和第 4 列的数据。

9-2 说明 data2[1, 3], data2[1], data2[1][2], data2[1][: 2], data2[:,: 2] 各自代表的含义。

9-3 编写代码，计算 3×6 和 6×2 随机矩阵的矩阵积。

9-4 仿照示例 9-85，用字典的形式创建表 9-7 所示的 dtype 类型。

表 9-7 dtype 类型

城市	常住人口/万人	GDP/亿元	正午天气
杭州	1 220.4	18 109.00	晴
武汉	1 364.9	17 716.96	晴
成都	2 119.2	19 916.98	雨
广州	1 881.1	28 231.97	雨
深圳	1 768.2	30 000.00	晴

9-5 访问上述问题(9-4)所创建的结构化数组的第 3 个元素的 GDP 和正午天气。

二维码 9
第 9 章习题答案

第 10 章 pandas 库

本章学习目标
- 了解 pandas 库两种数据结构的操作方法和主要特点
- 能够熟练使用 pandas 库的基础函数处理常见的数据分析任务
- 能够充分利用索引机制处理数据
- 能够熟练掌握通过等级索引将索引机制概念扩展到多层

本章知识结构图

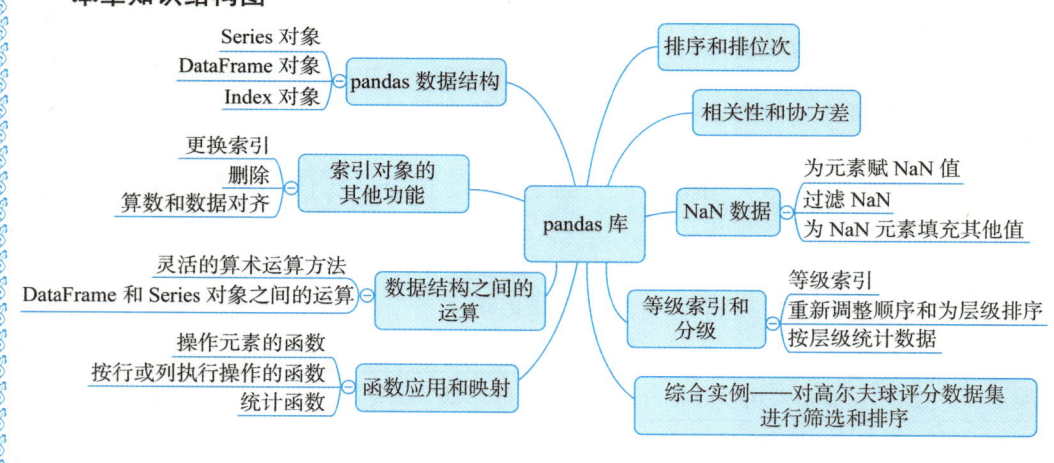

pandas 是数据分析专用的开源 Python 库,它提供了高性能、易于使用的数据类型和大量以便快速处理数据的功能和方法。目前,pandas 是所有使用 Python 语言进行相关统计分析和决策时研究和分析数据集的专家的基本工具。

10.1 pandas 数据结构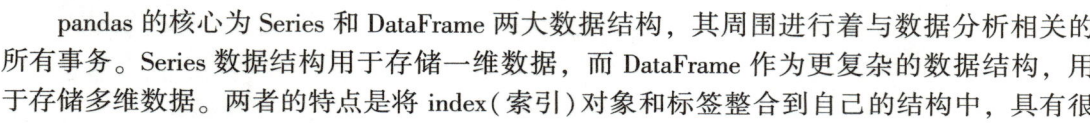

pandas 的核心为 Series 和 DataFrame 两大数据结构,其周围进行着与数据分析相关的所有事务。Series 数据结构用于存储一维数据,而 DataFrame 作为更复杂的数据结构,用于存储多维数据。两者的特点是将 index(索引)对象和标签整合到自己的结构中,具有很强的可操作性。这些数据结构为大多数应用提供了有效而强大的工具。

10.1.1　Series 对象

pandas 库的 Series 对象用来表示带有标签的一维数组。Series 对象与 NumPy 中的一维数组 ndarray 类似，与 Python 基本的数据结构 list 也很相近，其区别是 list 中的元素可以是不同的数据类型，而一维数组 ndarray 和 Series 中则只允许存储同一数据类型的数据，这样不仅可以更有效地使用内存，也可以让我们批量操作元素时达到更快的速度。

Series 对象的内部结构如表 10-1 所示，它由两个相互关联的数组组成，其中主数组用来存放 NumPy 任意类型的数据，而标签放在 pandas 对应的数据类型 index 中。

表 10-1　Series 对象的内部结构

Series	
index	value
0	12
1	-4
2	7
3	9

1. 声明 Series 对象

【示例 10-1】调用 Series() 构造函数，以数组形式传入要存放在 Series 对象的数据，创建 Series 对象。

```
s=pd.Series([14,3,-6,11])
s
```

程序运行结果：

```
0    14
1     3
2    -6
3    11
dtype: int64
```

从输出结果可以看出，左侧是一列标签，右侧是标签对应的元素。由于未指定标签，pandas 默认使用从 0 依次递增的数作为标签，并与 Series 对象中元素在数组中的位置一致。

但是最好使用有意义的标签来区分和识别每个元素，因此，在调用 Series() 构造函数时，就需要指定 index 选项，把存放有字符串类型标签的数组赋给它。

【示例 10-2】调用 Series() 构造函数并指定 index 选项。

```
s=pd.Series([14,3,-6,11],index=['a','b','c','d'])
s
```

程序运行结果：

```
a    14
b     3
c    -6
d    11
dtype: int64
```

我们可以调用 Series() 构造函数的两个属性：index（索引）和 values（元素），来分别查看组成 Series 对象的两个数组。

【示例10-3】调用 index（索引）属性。

```
s.index
```

程序运行结果：

Index(['a', 'b', 'c', 'd'], dtype='object')

【示例10-4】调用 values（元素）属性。

```
s.values
```

程序运行结果：

array([14, 3, -6, 11], dtype=int64)

2. 选择内部元素

下面我们进行获取指定元素的操作。

【示例10-5】指定键来获取 Series 对象的内部元素。

```
s[2]
```

程序运行结果：

-6

【示例10-6】指定位于索引位置处的标签。

```
s['c']
```

程序运行结果：

-6

【示例10-7】选取多项来获取 Series 对象的内部元素。

```
s[0:2]
```

程序运行结果：

a   14
b   3
dtype: int64

【示例10-8】把元素对应的标签放到数组中。

```
s[['b','c']]
```

程序运行结果：

b   3
c   -6
dtype: int64

3. 为元素赋值

【示例10-9】用索引选取元素后进行赋值。

```
s[1]=100
s
```

程序运行结果：

a   14
b   100
c   -6
d   11
dtype: int64

【示例10-10】 用标签选取元素后进行赋值。

```
s['b']=200
s
```

程序运行结果：

```
a       14
b      200
c       -6
d       11
dtype: int64
```

4. 用 NumPy 数组或其他 Series 对象定义新的 Series 对象

【示例10-11】 用 NumPy 数组定义新的 Series 对象。

```
import numpy as np
arr=np.array([11,22,33,44])
s3=pd.Series(arr)
s3
```

程序运行结果：

```
0    11
1    22
2    33
3    44
dtype: int32
```

【示例10-12】 用现有的 Series 对象定义新的 Series 对象。

```
s4=pd.Series(s)
s4
```

程序运行结果：

```
a       14
b      200
c       -6
d       11
dtype: int64
```

注意，新 Series 对象中的元素不是原 NumPy 数组或 Series 对象元素的副本，而是对它们的引用，即这些对象动态插入新 Series 对象。如果改变原有对象元素的值，那么新的 Series 对象中的这些元素也会发生改变。

【示例10-13】 改动 arr 数组第 3 个元素的值，并查看 Series 对象 s3 中相应的元素。

```
arr[2]=-2
s3
```

程序运行结果：

```
0    11
1    22
2    -2
3    44
dtype: int32
```

从运行结果可以看出，改动 arr 数组第 3 个元素值的同时也会修改 Series 对象 s3 中相应的元素。

5. 筛选元素

pandas 库的开发基于 NumPy 库，因此对于数据结构来说，NumPy 数组的多种操作方法可以扩展到 Series 对象中，包括根据条件筛选数据结构元素的方法。

【示例 10-14】 获取 Series 对象中所有大于 8 的元素。

```
s[s>8]
```

程序运行结果：

```
a    999
b    200
d     11
dtype: int64
```

6. Series 对象运算和数学函数

适用于 NumPy 数组的运算符(+、-、*、/)或其他数学函数，也适用于 Series 对象。

【示例 10-15】 对 Series 对象使用运算符来编写算术表达式。

```
s/2
```

程序运行结果：

```
a    499.5
b    100.0
c     -3.0
d      5.5
dtype: float64
```

对于 NumPy 库中的数学函数，要指定它们的出处 np，并把 Series 实例作为参数传入。

【示例 10-16】 对 Series 对象使用 NumPy 库中的数学函数。

```
np.log(s)
```

程序运行结果：

```
a    6.906755
b    5.298317
c         NaN
d    2.397895
dtype: float64
```

7. Series 对象的组成元素

Series 对象可能会包含重复的元素，为确定 Series 对象包含多少个不同的元素，我们可以统计元素重复出现的次数或判断一个元素是否在 Series 对象中。

【示例 10-17】 声明一个包含多个重复元素的 Series 对象，并使用 unique() 函数和 value_counts() 函数统计元素重复出现的次数。

```
s5=pd.Series([1,0,2,1,2,3],
             index=['white','white','blue','green','green','yellow'])
s5.unique()
s5.value_counts()
```

程序运行结果：

```
array([1, 0, 2, 3], dtype=int64)
1    2
2    2
0    1
3    1
dtype: int64
```

注意，unique() 函数返回结果为一个数组，包含 Series 去重后的元素，但顺序看上去很随意。而 value_counts() 函数不仅返回各个不同的元素，还计算每个元素在 Series 对象中的出现次数。

【示例 10-18】使用 isin() 函数判断所属关系，即判断给定的一列元素是否包含在数据结构之中，用于筛选 Series 或 DataFrame 列中的数据。

```
s5.isin([0,3])
```

程序运行结果：

```
white     False
white     True
blue      False
green     False
green     False
yellow    True
dtype: bool
```

8. NaN

当数据结构中字段为空或不符合数字的定义时，NaN(Not a Number)用来表示非数值。例如在示例 10-16 中，我们求负数的对数得到的返回结果就是 NaN。

在数据分析时，必须对 NaN 值进行处理。从某些数据源抽取数据时遇到了问题，甚至数据源缺失数据，往往就会产生这类数据。后续章节会讲解对 NaN 值的几种不同处理方法。

pandas 可以定义这种类型的数据，并把它添加到 Series 等数据结构中。

【示例 10-19】创建数据结构并为数组中元素缺失的项输入 np.NaN。

```
s6=pd.Series([5,-3,np.NaN,14])
s6
```

程序运行结果：

```
0     5.0
1    -3.0
2     NaN
3    14.0
dtype: float64
```

【示例 10-20】用 isnull() 函数识别是否有 NaN 元素。

```
s6.isnull()
```

程序运行结果：

```
0    False
1    False
2    True
3    False
dtype: bool
```

【示例 10-21】用 notnull() 函数识别是否无 NaN 元素。

```
s6.notnull()
```

程序运行结果：

```
0    True
1    True
2    False
3    True
dtype: bool
```

注意，上述两个函数返回两个由布尔值组成的 Series 对象，如果原 Series 对象的元素是 NaN，isnull() 函数的返回值为 True；反之，如果不是 NaN，notnull() 函数的返回值为 True。

两个函数均可用作筛选条件。

【示例 10-22】 用 isnull() 函数筛选出 NaN 元素。

```
s6[s6.isnull()]
```

程序运行结果：

```
2    NaN
dtype: float64
```

【示例 10-23】 用 notnull() 函数筛选出除 NaN 之外的元素。

```
s6[s6.notnull()]
```

程序运行结果：

```
0     5.0
1    -3.0
3    14.0
dtype: float64
```

9. Series 用作字典

我们还可以把 Series 对象当作字典（dictionary，dict）对象来使用。定义 Series 对象时，就可以利用这种相似性。

【示例 10-24】 用事先定义好的字典来创建 Series 对象。

```
fruit_shop={'apple':200,'grape':100,'melon':500,'orange':1000}
my_shop=pd.Series(fruit_shop)
my_shop
```

程序运行结果：

```
apple      200
grape      100
melon      500
orange    1000
dtype: int64
```

此示例中，索引数组用字典的键来填充，每个索引所对应的元素为用作索引的键在字典中对应的值。

也可以单独指定索引，pandas 会控制字典的键和数组索引标签之间的相关性，并且会在缺失值处添加 NaN。

【示例 10-25】 为 Series 对象单独指定索引。

```
fruits=['melon','apple','orange','grape','cherry']
my_shop=pd.Series(fruit_shop,index=fruits)
my_shop
```

程序运行结果：

```
melon      500.0
apple      200.0
orange    1000.0
grape      100.0
cherry       NaN
dtype: float64
```

10. Series 对象之间的运算

前面介绍了 Series 对象和标量之间可以进行算术运算，事实上，Series 对象甚至标签之间也可以进行这类运算，并且能够通过识别标签对齐不一致的数据。

【示例 10-26】求只有部分元素相同的两个 Series 对象之和。

```
fruits=['melon','apple','orange','grape','cherry']
my_shop=pd.Series(fruit_shop,index=fruits)
tropical_fruit_shop={'melon':600,'pineapple':700,'orange':500}
your_shop=pd.Series(tropical_fruit_shop)
your_shop
```

程序运行结果：

```
melon         600
pineapple     700
orange        500
dtype: int64
```

10.1.2 DataFrame 对象

DataFrame 是一种非常实用的列表式数据结构，用来表示带有行和列索引的二维数组，并将 Series 的使用场景由一维扩展到了多维。DataFrame 由按一定顺序排列的多列数据组成，各列的数据类型可以有所不同（数值、字符串或布尔值等），其数据结构如图 10-1 所示。

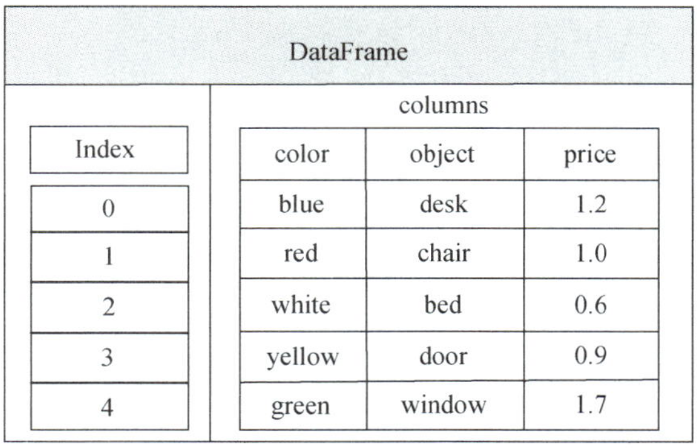

图 10-1　DataFrame 的数据结构

Series 对象的 Index 数组存放有每个元素的标签，而 DataFrame 对象则有所不同，它有两个索引数组。第 1 个数组与行相关，它与 Series 的索引数组极为相似。每个标签与标签所在行的所有元素相关联。而第 2 个数组包含一系列标签，每个标签与一列数据相关联。

DataFrame 还可以理解为一个由 Series 组成的字典，其中每一列的名称为字典的键，形成 DataFrame 的列的 Series 作为字典的值。进一步来说，每个 Series 的所有元素映射到被称为 Index 的标签数组。

1. 定义 DataFrame 对象

新建 DataFrame 对象的最常用方法是传递一个 dict 对象给 DataFrame() 构造函数。dict 对象以每一列的名称作为键，每个键都有一个数组作为值。

【示例 10-27】创建 DataFrame 对象。

```
data={'color':['blue','red','white','yellow','green'],
      'object':['desk','chair','bed','door','window'],
      'price':[1.2,1.0,0.6,0.9,1.7]}
frame=pd.DataFrame(data)
frame
```

程序运行结果：

	color	object	price
0	blue	desk	1.2
1	red	chair	1.0
2	white	bed	0.6
3	yellow	door	0.9
4	green	window	1.7

创建 DataFrame 对象的时候，可以在 dict 对象里选择自己感兴趣的数据，用 columns 选项指定需要的列即可。新建的 DataFrame 各列顺序与指定的列顺序一致，而与它们在字典中的顺序无关。

【示例 10-28】 创建指定列的 DataFrame 对象。

```
frame2=pd.DataFrame(data,columns=['object','price'])
frame2
```

程序运行结果：

	object	price
0	desk	1.2
1	chair	1.0
2	bed	0.6
3	door	0.9
4	window	1.7

DataFrame 对象与 Series 一样，当 Index 数组没有明确指定标签时，pandas 会自动为其添加一列从 0 开始的数值作为索引。把标签放到数组中，赋给 index 选项，此时就可以用标签作为 DataFrame 的索引。

【示例 10-29】 创建 DataFrame 对象并指定标签作为索引。

```
#给DataFrame对象指定index标签数组
frame3=pd.DataFrame(data,index=['one','two','three','four','five'])
frame3
```

程序运行结果：

	color	object	price
one	blue	ball	1.2
two	red	pen	1.0
three	white	pencil	0.6
four	yellow	paper	0.9
five	green	mug	1.7

当然，也有一种创建 DataFrame 对象的新方法，即定义一个构造函数，指定 3 个参数：数据矩阵、index 选项和 columns 选项，并将存放有标签的数组赋给 index 选项，将存放有列名称的数组赋给 columns 选项。

【示例 10-30】 用定义构造函数的方法创建 DataFrame 对象。

```
frame4=pd.DataFrame(np.arange(16).reshape(4,4),
                    index=['blue','white','red','yellow'],
                    columns=['desk','chair','bed','door'])
frame4
```

程序运行结果：

	desk	chair	bed	door
blue	0	1	2	3
white	4	5	6	7
red	8	9	10	11
yellow	12	13	14	15

2. 选取元素

【示例 10-31】调用 columns 属性，获取 DataFrame 对象所有列的名称。

```
frame4.columns
```

程序运行结果：
Index(['desk', 'chair', 'bed', 'door'], dtype='object')

【示例 10-32】调用 index 属性，获取 DataFrame 对象的索引列表。

```
frame4.index
```

程序运行结果：
Index(['blue', 'white', 'red', 'yellow'], dtype='object')

【示例 10-33】使用 values 属性，获取存储在数据结构中的元素。

```
frame4.values
```

程序运行结果：
array([[0, 1, 2, 3],
       [4, 5, 6, 7],
       [8, 9, 10, 11],
       [12, 13, 14, 15]])

【示例 10-34】将指定列的名称作为索引，选择该列内容。

```
frame4['door']
```

程序运行结果：
blue   3
white   7
red   11
yellow   15
Name: door, dtype: int32

从运行结果可以看出，返回值为 Series 对象。

【示例 10-35】用列名称作为 DataFrame 实例的属性，选择该列内容。

```
frame4.door
```

程序运行结果：
blue   3
white   7
red   11
yellow   15
Name: door, dtype: int32

【示例 10-36】用 loc() 函数获取 DataFrame 对象中的行。

```
frame4.loc['blue']
```

程序运行结果：

```
desk    0
chair   1
bed     2
door    3
Name: blue, dtype: int32
```

【示例 10-37】 用 iloc() 函数获取 DataFrame 对象中的行。

```
frame4.iloc[1]
```

程序运行结果：
```
desk    4
chair   5
bed     6
door    7
Name: white, dtype: int32
```

从运行结果可以看出，返回的也是一个 Series 对象，其中列名称变为索引数组的标签，列中的元素变为 Series 的数据部分。

【示例 10-38】 用 loc() 函数获取 DataFrame 对象中的列。

```
frame4.loc[['blue','white'],['desk','chair']]
```

程序运行结果：

	desk	chair
blue	0	1
white	4	5

【示例 10-39】 用 iloc() 函数获取 DataFrame 对象中的列。

```
frame4.iloc[[2,3],[1,2]]
```

程序运行结果：

	chair	bed
red	9	10
yellow	13	14

若要从 DataFrame 抽取一部分，可以用索引值选择想要的行，并看作是 DataFrame 的一部分，通过指定索引范围来选取。

【示例 10-40】 指定索引范围来选取想要的行。

```
frame4[0:1]
```

程序运行结果：

	desk	chair	bed	door
blue	0	1	2	3

【示例 10-41】 指定元素所在的列名称及行标签，获取存储在 DataFrame 对象中的元素。

```
frame4['desk']['red']
```

程序运行结果：
8

【示例 10-42】 指定元素所在的列名称及行的索引值，获取存储在 DataFrame 对象中的元素。

```
frame4['desk'][2]
```

程序运行结果：
8

3. 赋值

前面介绍了用 index 属性指定 DataFrame 中的索引数组，用 columns 属性指定包含列名称的行。我们还可以用 name 属性为 index 和 columns 这两个二级结构指定标签，从而便于识别。

【示例 10-43】用 name 属性为 index 和 columns 这两个二级结构指定标签。

```
frame4.index.name='颜色'
frame4.columns.name='物品'
frame4
```

程序运行结果：

物品	desk	chair	bed	door
颜色				
blue	0	1	2	3
white	4	5	6	7
red	8	9	10	11
yellow	12	13	14	15

灵活程度非常高是 pandas 数据结构的一大优点，我们可以在任何层级修改它们的内部结构。例如执行添加一列新元素这类常见的操作，指定 DataFrame 实例新列的名称并为其赋值即可。

【示例 10-44】为 DataFrame 对象添加一列新元素。

```
frame4['new']=12
frame4
```

程序运行结果：

物品	desk	chair	bed	door	new
颜色					
blue	0	1	2	3	12
white	4	5	6	7	12
red	8	9	10	11	12
yellow	12	13	14	15	12

如果想修改一列的内容，则需要把一个数组赋给这一列。

【示例 10-45】修改一列内容的操作。

```
frame4['new']=[1,2,3,4]
frame4
```

程序运行结果：

物品	desk	chair	bed	door	new
颜色					
blue	0	1	2	3	1
white	4	5	6	7	2
red	8	9	10	11	3
yellow	12	13	14	15	4

如果想更新某一列的全部数据，方法类似。

【示例 10-46】 借助 np.arange() 函数预先定义一个序列以更新某一列的所有元素。

```
ser=pd.Series(np.arange(5))
ser
```

程序运行结果：

```
0    0
1    1
2    2
3    3
4    4
dtype: int32
```

【示例 10-47】 为 DataFrame 对象的各列赋一个 Series 对象。

```
frame['new']=ser
frame
```

程序运行结果：

	color	object	price	new
0	blue	desk	1.2	1
1	red	chair	1.0	2
2	white	bed	0.6	3
3	yellow	door	0.9	4
4	green	window	1.7	5

如果要修改单个元素，则选择要修改的元素，为其赋新值即可。

【示例 10-48】 修改单个元素的操作。

```
frame['price'][2]=3.3
frame
```

程序运行结果：

	color	object	price	new
0	blue	desk	1.2	0
1	red	chair	1.0	1
2	white	bed	3.3	2
3	yellow	door	0.9	3
4	green	window	1.7	4

4. 元素的所属关系

isin() 函数判断元素所属关系对 DataFrame 对象也适用。它接受一个列表，判断该列表中的元素是否在某一数据集中，以此清洗数据，过滤掉 DataFrame 对象中的一些行。

【示例 10-49】 判断元素所属关系的操作。

```
frame.isin([1.0,'desk'])
```

程序运行结果：

	color	object	price	new
0	False	True	False	True
1	False	False	True	False
2	False	False	False	False
3	False	False	False	False
4	False	False	False	False

我们需要了解 DataFrame 中的布尔索引，可以用满足布尔条件的列值来过滤数据。

【示例 10-50】创建 DataFrame 对象并对其进行过滤数据的操作。

```
df=pd.DataFrame(np.random.randn(4,4),columns=['A','B','C','D'])
df
```

程序运行结果：

	A	B	C	D
0	-0.231076	1.104465	0.155226	-0.605617
1	0.583104	-0.990816	-1.289364	-0.122281
2	1.566215	1.126088	0.642872	1.590644
3	-0.592094	-0.680240	-0.712322	0.726575

```
df.A>0
```

程序运行结果：
```
0    False
1    True
2    True
3    False
Name: A, dtype: bool
```

```
df[df.A>0]
```

程序运行结果：

	A	B	C	D
1	0.583104	-0.990816	-1.289364	-0.122281
2	1.566215	1.126088	0.642872	1.590644

【示例 10-51】用 isin() 函数添加一列。

```
df['E']=['a','b','c','d']
df
```

程序运行结果：

	A	B	C	D	E
0	-0.231076	1.104465	0.155226	-0.605617	a
1	0.583104	-0.990816	-1.289364	-0.122281	b
2	1.566215	1.126088	0.642872	1.590644	c
3	-0.592094	-0.680240	-0.712322	0.726575	d

【示例 10-52】判断 E 列中是否包含 a。

```
df.E.isin(['a'])
```

程序运行结果：

```
0    True
1    False
2    False
3    False
Name: E, dtype: bool
```

【示例 10-53】 判断 E 列中是否不包含 a 和 c。

```
~df.E.isin(['a','c'])
```

程序运行结果：

```
0    False
1    True
2    False
3    True
Name: E, dtype: bool
```

【示例 10-54】 显示 E 列中包含 a 和 c 的整条数据的数据集。

```
df[df.E.isin(['a','c'])]
```

程序运行结果：

	A	B	C	D	E
0	-0.231076	1.104465	0.155226	-0.605617	a
2	1.566215	1.126088	0.642872	1.590644	c

【示例 10-55】 显示 df 中是否包含 a 和 c 的布尔值。

```
df[df.isin(['a','c'])]
```

程序运行结果：

	A	B	C	D	E
0	NaN	NaN	NaN	NaN	a
1	NaN	NaN	NaN	NaN	NaN
2	NaN	NaN	NaN	NaN	c
3	NaN	NaN	NaN	NaN	NaN

isin() 函数还可以同时对多个列或行进行过滤，格式为 df[df.[某列].isin(条件)&df.[某列/行].isin(条件)]。

【示例 10-56】 用 isin() 函数同时对多个列进行过滤。

```
df.D=[0,1,0,2]        # 为了使数据简洁，先修改D列的值
df
```

程序运行结果：

	A	B	C	D	E
0	-0.231076	1.104465	0.155226	0	a
1	0.583104	-0.990816	-1.289364	1	b
2	1.566215	1.126088	0.642872	0	c
3	-0.592094	-0.680240	-0.712322	2	d

```
df[df.D.isin([0])&df.E.isin(['a','c'])]
```

程序运行结果：

	A	B	C	D	E
0	-0.231076	1.104465	0.155226	0	a
2	1.566215	1.126088	0.642872	0	c

【示例 10-57】用 isin() 函数同时对多个行进行过滤。

```
df[1:3].isin(['a','c'])
```

程序运行结果：

	A	B	C	D	E
1	False	False	False	False	False
2	False	False	False	False	True

```
df.iloc[[1,3],:].isin(['b','d'])
```

程序运行结果：

	A	B	C	D	E
1	False	False	False	False	True
3	False	False	False	False	True

5. 删除一列

如果想删除某一列的所有数据，则使用 del 命令。

【示例 10-58】删除一整列数据的操作。

```
del df['E']
df
```

程序运行结果：

	A	B	C	D
0	-0.231076	1.104465	0.155226	0
1	0.583104	-0.990816	-1.289364	1
2	1.566215	1.126088	0.642872	0
3	-0.592094	-0.680240	-0.712322	2

6. 筛选

对于 DataFrame 对象，也可以通过指定条件筛选元素。

【示例 10-59】获取所有小于指定数字（此例为 0）的元素。

```
df[df<0]
```

程序运行结果：

	A	B	C	D
0	-0.231076	NaN	NaN	NaN
1	NaN	-0.990816	-1.289364	NaN
2	NaN	NaN	NaN	NaN
3	-0.592094	-0.680240	-0.712322	NaN

7. 用嵌套字典生成 DataFrame 对象

嵌套字典是 Python 广泛使用的数据结构。

【示例 10-60】生成记录某高校博士研究生、硕士研究生和本科生 2015—2018 年入学人数情况的嵌套字典。

```
nestdict={'PHD':{2016:8,2017:9,2018:11},
         'Master':{2015:20,2016:26,2017:32,2018:38},
         'Undergraduate':{2015:320,2016:330,2017:328,2018:308}}
nestdict
```

程序运行结果：

{'PHD': {2016: 8, 2017: 9, 2018: 11},
 'Master': {2015: 20, 2016: 26, 2017: 32, 2018: 38},
 'Undergraduate': {2015: 320, 2016: 330, 2017: 328, 2018: 308}}

【示例 10-61】将嵌套字典这种数据结构作为参数传递给 DataFrame()构造函数。

```
students=pd.DataFrame(nestdict)
students
```

程序运行结果：

	PHD	Master	Undergraduate
2016	8.0	26	330
2017	9.0	32	328
2018	11.0	38	308
2015	NaN	20	320

从运行结果可以看出，pandas 将外部的键解释成列名称，将内部的键解释为用作索引的标签，并用 NaN 填补缺失的元素。

8. DataFrame 对象转置

处理列表数据时可能会用到转置操作(列变为行，行变为列)。pandas 提供了一种很简单的转置方法，调用 T 属性就能得到 DataFrame 对象的转置形式。

【示例 10-62】进行 DataFrame 对象的转置。

```
students.T
```

程序运行结果：

	2016	2017	2018	2015
PHD	8.0	9.0	11.0	NaN
Master	26.0	32.0	38.0	20.0
Undergraduate	330.0	328.0	308.0	320.0

10.1.3 Index 对象

在数据分析方面，Series、DataFrame 对象的大部分优秀特性都取决于完全整合到这些数据结构中的 Index 对象。

【示例 10-63】指定构造函数的 index 选项。

```
ser=pd.Series([5,0,3,8,4],index=['red','blue','yellow','white','green'])
ser
```

程序运行结果：

```
red      5
blue     0
yellow   3
white    8
green    4
dtype: int64
```

与 pandas 数据结构（Series 和 DataFrame）中的其他元素不同的是，Index 对象不可改变，这就使得在不同数据结构共用 Index 对象时保证它的安全。

下面介绍 Index 对象的方法和属性，当我们需要知道 Index 对象所包含的值时，这些方法和属性非常有用。

1. Index 对象的方法

Index 对象提供了几种方法，可用来获取数据结构索引的相关信息。例如，idxmin() 和 idxmax() 函数分别返回索引值最小和最大的元素。

【示例10-64】使用 idxmin() 函数返回索引值最小的元素。

```
ser.idxmin()
```

程序运行结果：
'blue'

【示例10-65】使用 idxmax() 函数返回索引值最大的元素。

```
ser.idxmax()
```

程序运行结果：
'white'

【示例10-66】对 students 求索引值最小的结果。

```
students.idxmin()
```

程序运行结果：
```
PHD            2016
Master         2015
Undergraduate  2018
dtype: int64
```

【示例10-67】对 students 求索引值最大的结果。

```
students.idxmax()
```

程序运行结果：
```
PHD            2018
Master         2018
Undergraduate  2016
dtype: int64
```

【示例10-68】按列的方向对 students 求索引值最小和最大的结果。

```
students.idxmin(axis=1)
```

程序运行结果：
```
2016    PHD
2017    PHD
2018    PHD
2015    Master
dtype: object
```

```
students.idxmax(axis=1)
```

程序运行结果：
```
2016    Undergraduate
2017    Undergraduate
2018    Undergraduate
2015    Undergraduate
dtype: object
```

2. 含有重复标签的 index

对 pandas 数据结构而言，标签的唯一性并不是必需的。

【示例 10-69】定义一个含有重复标签的 Series 对象。

```
serd=pd.Series(range(6),
               index=['white','white','blue','green','green','yellow'])
serd
```

程序运行结果：

```
white    0
white    1
blue     2
green    3
green    4
yellow   5
dtype: int64
```

从数据结构中选取元素时，如果一个标签对应多个元素，我们得到的将是一个 Series 对象。当索引中存在重复项时，其返回结果为 DataFrame 对象。

【示例 10-70】识别索引的重复项。

```
serd['white']
```

程序运行结果：

```
white    0
white    1
dtype: int64
```

随着数据结构的逐渐增大，识别索引的重复项难度也在增加。调用 Index 对象的 is_unique 属性，就可以知道数据结构中是否存在重复的索引项。

【示例 10-71】判断数据结构中是否存在重复的索引项。

```
serd.index.is_unique
```

程序运行结果：

```
False
```

10.2 索引对象的其他功能

与 Python 常用数据结构相比，pandas 不仅利用了 NumPy 数组的高性能优势，还整合了索引机制。pandas 在结构中增加诸如标签这样的内部索引机制，为接下来的必要操作提供了更为简单直接的执行方法。

下面我们来详细分析几种使用索引机制实现的基础操作。

10.2.1 更换索引

pandas 的 reindex() 函数可更换 Series 对象的索引。它根据新标签序列，重新调整原 Series 对象的元素，生成一个新的 Series 对象。

更换索引时，可以调整索引序列中各标签的顺序，删除或增加新标签。若要增加新标签，则 pandas 会添加 NaN 作为其元素。

【示例 10-72】 创建一个名为 df1 的 Series 对象。

```
df1=pd.Series([1,2,3,4,5],
              index=['first','second','third','fourth','fifth'])
df1
```

程序运行结果：

```
first     1
second    2
third     3
fourth    4
fifth     5
dtype: int64
```

【示例 10-73】 用新的索引替换 df1 原有的索引。

```
df1.reindex(['first','dues','trios','fourth','fifth'])
```

程序运行结果：

```
first     1.0
dues      NaN
trios     NaN
fourth    4.0
fifth     5.0
dtype: float64
```

注意，此时原对象 df1 并没有被改变，被改变的是 df1 的副本（新对象）。

【示例 10-74】 显示替换后的视图。

```
df2=df1.reindex(['first','dues','trios','fourth','fifth'])
df2
```

程序运行结果：

```
first     1.0
dues      NaN
trios     NaN
fourth    4.0
fifth     5.0
dtype: float64
```

此时原来的匿名变量被指定了新名字——df2。如果需要重新编制索引，则定义所有的标签序列可能会很麻烦，因此可以使用插值方法或自动填充。

【示例 10-75】 用插值方法重新编制索引。

```
ser3=pd.Series([1,5,6,3],index=[0,3,5,6])
ser3
```

程序运行结果：

```
0    1
3    5
5    6
6    3
dtype: int64
```

【示例 10-76】 用自动填充方法重新编制索引。

```
ser3.reindex(range(6),method='ffill')
```

程序运行结果：

177

```
0    1
1    1
2    1
3    5
4    5
5    6
dtype: int64
```

由运行结果可以看出,新 Series 对象添加了原 Series 对象的索引项。新插入的索引项,其元素为前面索引编号比它小的那一项的元素,所以索引项 1、2 的值为 1,也就是索引项 0 的值。bfill 和 ffill 类似,ffill 是向后填充,但 bfill 是向前填充。

10.2.2 删除

另一种与 Index 对象相关的操作是删除。因为索引和列名称有了标签作为标识,所以删除操作变得很简单。

pandas 专门提供了一个用于删除操作的函数:drop(),它返回不包含已删除索引及其元素的新对象。

【示例 10-77】定义一个含有 4 个元素的 Series 对象,其中各元素标签均不相同。

```
ser=pd.Series(np.arange(4.),
              index=['black','brown','grey','green'])
ser
```

程序运行结果:

```
black    0.0
brown    1.0
grey     2.0
green    3.0
dtype: float64
```

【示例 10-78】删除标签为 grey 的这一项。

```
ser.drop('grey')
```

程序运行结果:

```
black    0.0
brown    1.0
green    3.0
dtype: float64
```

若要删除列,则需要指定列的索引,且必须用 axis 选项指定从哪个轴删除元素。如果按照列的方向删除,则 axis 的值为 1。

10.2.3 算术和数据对齐

对于数据结构之间的算术运算上,pandas 有一个与其数据结构 Index 对象有关的最强大的功能,即将两个数据结构的索引对齐。参与运算的两个数据结构,其索引项顺序可能不一致,而且有的索引项可能只存在于一个数据结构中。

pandas 很擅长对齐不同数据结构的索引项。

【示例 10-79】定义两个 Series 对象,分别指定两个不完全一致的标签数组。

```
s1=pd.Series([3,2,5,1],['white','yellow','green','blue'])
s2=pd.Series([1,4,7,2,1],['white','yellow','black','blue','brown'])
```

先考虑最简单的求和运算。对于一个标签,如果两个 Series 对象都有,则把它们的元

第 10 章 pandas 库

素相加；否则，标签会显示在结果（新 Series 对象）中，只不过元素为 NaN。

【示例 10-80】对上述两个 Series 对象进行求和运算。

```
s1+s2
```

程序运行结果：

```
black    NaN
blue     3.0
brown    NaN
green    NaN
white    4.0
yellow   6.0
dtype: float64
```

DataFrame 对象之间的运算，虽然看起来可能更复杂，但对齐规则相同，只不过行和列都要执行对齐操作。

【示例 10-81】定义两个 DataFrame 对象，并指定两个不完全一致的标签数组。

```
frame1=pd.DataFrame(np.arange(16).reshape(4,4),
                    index=['blue','red','yellow','white'],
                    columns=['ball','pen','pencil','paper'])
frame1
```

程序运行结果：

	ball	pen	pencil	paper
blue	0	1	2	3
red	4	5	6	7
yellow	8	9	10	11
white	12	13	14	15

```
frame2=pd.DataFrame(np.arange(12).reshape(4,3),
                    index=['blue','green','white','yellow'],
                    columns=['mug','pen','ball'])
frame2
```

程序运行结果：

	mug	pen	ball
blue	0	1	2
green	3	4	5
white	6	7	8
yellow	9	10	11

【示例 10-82】对上述两个 DataFrame 对象进行求和运算。

```
frame1+frame2
```

程序运行结果：

	ball	mug	paper	pen	pencil
blue	2.0	NaN	NaN	2.0	NaN
green	NaN	NaN	NaN	NaN	NaN
red	NaN	NaN	NaN	NaN	NaN
white	20.0	NaN	NaN	20.0	NaN
yellow	19.0	NaN	NaN	19.0	NaN

179

10.3 数据结构之间的运算

在熟悉 Series 和 DataFrame 等数据结构以及针对它们的多种基础操作之后,我们接下来深入探讨两种及两种以上数据结构之间的运算。

10.3.1 灵活的算术运算方法

前面介绍了可直接在 pandas 数据结构之间使用算术运算符。相同的运算还可以借助灵活的算术运算方法来完成,如 add()、sub()、div()、mul() 等,它们的调用方法与算术运算符的使用方法不同。

【示例 10-83】用 add() 函数对两个 DataFrame 对象进行求和运算。

```
frame1.add(frame2)
```

程序运行结果:

	ball	mug	paper	pen	pencil
blue	2.0	NaN	NaN	2.0	NaN
green	NaN	NaN	NaN	NaN	NaN
red	NaN	NaN	NaN	NaN	NaN
white	20.0	NaN	NaN	20.0	NaN
yellow	19.0	NaN	NaN	19.0	NaN

由结果可看出,使用 add() 函数与使用"+"运算符所得到的结果相同。此外,如果两个 DataFrame 对象的索引和列名称差别很大,新得到的 DataFrame 对象将有很多元素为 NaN。本章后面会讲到这类数据的处理方法。

10.3.2 DataFrame 和 Series 对象之间的运算

pandas 允许参与运算的对象为不同的数据结构,如 DataFrame 和 Series。

【示例 10-84】定义两个不同的数据结构,并进行减法运算。

```
frame1=pd.DataFrame(np.arange(16).reshape(4,4),
                    index=['blue','red','yellow','white'],
                    columns=['ball','pen','pencil','paper'])
frame1
```

程序运行结果:

	ball	pen	pencil	paper
blue	0	1	2	3
red	4	5	6	7
yellow	8	9	10	11
white	12	13	14	15

```
ser4=pd.Series(np.arange(4),
               index=['ball','pen','pencil','paper'])
ser4
```

程序运行结果:

```
ball     0
pen      1
pencil   2
paper    3
dtype: int32
```

```
frame1-ser4
```

程序运行结果:

	ball	pen	pencil	paper
blue	0	0	0	0
red	4	4	4	4
yellow	8	8	8	8
white	12	12	12	12

10.4 函数应用和映射

本节讲解 pandas 库函数。

10.4.1 操作元素的函数

pandas 库函数对 NumPy 的很多功能进行了扩展，以用来操作新数据结构 Series 和 DataFrame。通用函数(universal function，ufnc)就是扩展得到的功能，它能方便地对 Series 中的元素进行操作。

【示例 10-85】对 DataFrame 对象进行开根号的操作。

```
np.sqrt(frame1)
```

程序运行结果:

	ball	pen	pencil	paper
blue	0.000000	1.000000	1.414214	1.732051
red	2.000000	2.236068	2.449490	2.645751
yellow	2.828427	3.000000	3.162278	3.316625
white	3.464102	3.605551	3.741657	3.872983

10.4.2 按行或列执行操作的函数

除了通用函数，我们还可以自己定义函数。这些函数对一维数组进行运算，返回结果为一个数值。

【示例 10-86】定义一个计算数组元素取值范围的 lambda 函数，并将其应用于 DataFrame 对象。

```
f=lambda x:x.max()-x.min()
frame1.apply(f)
```

程序运行结果:
```
ball     12
pen      12
pencil   12
paper    12
dtype: int64
```

181

apply() 函数并不是一定要返回一个标量，它还可以返回 Series 对象，因而可以借助它同时执行多个函数。每调用一次 apply() 函数，就会有两个或两个以上的返回结果。

【示例 10-87】定义一个函数，返回一个 Series 对象，并应用于 DataFrame 对象。

```
def s(x):
    return pd.Series([x.min(),x.max()],index=['最小值','最大值'])
frame1.apply(s)
```

程序运行结果：

	ball	pen	pencil	paper
最小值	0	1	2	3
最大值	12	13	14	15

```
frame1.apply(s,axis=1)
```

程序运行结果：

	最小值	最大值
blue	0	3
red	4	7
yellow	8	11
white	12	15

10.4.3 统计函数

数组中的大多数统计函数对 DataFrame 对象依旧有效，因此没有必要使用 apply() 函数。例如 sum() 和 mean() 函数分别用来计算 DataFrame 对象元素之和及它们的均值。

【示例 10-88】用 sum() 函数计算 DataFrame 对象元素之和。

```
frame1.sum()
```

程序运行结果：

```
ball      24
pen       28
pencil    32
paper     36
dtype: int64
```

【示例 10-89】用 mean() 函数计算 DataFrame 对象元素的均值。

```
frame1.mean()
```

程序运行结果：

```
ball      6.0
pen       7.0
pencil    8.0
paper     9.0
dtype: float64
```

【示例 10-90】用 describe() 函数获取这两个核心数据结构的统计变量。

```
frame1.describe()
```

程序运行结果：

	ball	pen	pencil	paper
count	4.000000	4.000000	4.000000	4.000000
mean	6.000000	7.000000	8.000000	9.000000
std	5.163978	5.163978	5.163978	5.163978
min	0.000000	1.000000	2.000000	3.000000
25%	3.000000	4.000000	5.000000	6.000000
50%	6.000000	7.000000	8.000000	9.000000
75%	9.000000	10.000000	11.000000	12.000000
max	12.000000	13.000000	14.000000	15.000000

10.5　排序和排位次

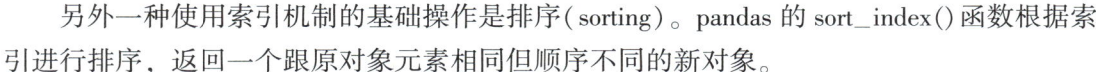

另外一种使用索引机制的基础操作是排序（sorting）。pandas 的 sort_index() 函数根据索引进行排序，返回一个跟原对象元素相同但顺序不同的新对象。

【示例 10-91】创建一个 Series 对象，并应用 sort_index() 函数对其进行排序。

```
ser=pd.Series([5,0,3,8,4],
              index=['black','brown','grey','green','white'])
ser
```

程序运行结果：

```
black    5
brown    0
grey     3
green    8
white    4
dtype: int64
```

```
ser.sort_index()
```

程序运行结果：

```
black    5
brown    0
green    8
grey     3
white    4
dtype: int64
```

【示例 10-92】根据索引对行进行降序排列。

```
ser.sort_index(ascending=False)
```

程序运行结果：

```
white    4
grey     3
green    8
brown    0
black    5
dtype: int64
```

对于 DataFrame 对象，可分别对两条轴中的任意一条进行排序。如果要根据索引对行进行排序，则在使用 sort_index() 函数时可以不用指定参数；如果要根据索引对列进行排序，则需要指定 axis 选项，其值为 1。

【示例10-93】根据索引对 DataFrame 对象进行排序。

```
frame1.sort_index()
```

程序运行结果：

	ball	pen	pencil	paper
blue	0	1	2	3
red	4	5	6	7
white	12	13	14	15
yellow	8	9	10	11

当我们需要对数据结构中的元素进行排序时，对 Series 对象来说，直接使用 sort_index() 函数即可；对 DataFrame 对象来说，可分别对两条轴中的任意一条进行排序。如果要根据索引对行进行排序，则在使用 sort_index() 函数时可以不用指定参数；如果要按列进行排序，则需要指定 axis 选项，其值为 1，或者用 by 选项指定根据哪一列进行排序。

【示例10-94】根据指定的一列对 DataFrame 对象进行排序。

```
frame1.sort_values(by='pen')
```

程序运行结果：

	ball	pen	pencil	paper
blue	0	1	2	3
red	4	5	6	7
yellow	8	9	10	11
white	12	13	14	15

【示例10-95】对 DataFrame 对象按列进行排序。

```
frame1.sort_index(axis=1)
```

程序运行结果：

	ball	paper	pen	pencil
blue	0	3	1	2
red	4	7	5	6
yellow	8	11	9	10
white	12	15	13	14

【示例10-96】根据指定的两列对 DataFrame 对象进行排序。

```
frame1.sort_values(by=['pen','pencil'])
```

程序运行结果：

	ball	pen	pencil	paper
blue	0	1	2	3
red	4	5	6	7
yellow	8	9	10	11
white	12	13	14	15

排位次操作（ranking）跟排序操作紧密相关，该操作为序列的每个元素安排一个位次（初始值为 1，依次加 1），位次越靠前，所使用的数值越小。

【示例10-97】对 Series 对象进行排位次操作。

```
ser4
```

程序运行结果：
```
ball     0
pen      1
pencil   2
paper    3
dtype: int32
```

```
ser4.rank()
```

程序运行结果：
```
ball     1.0
pen      2.0
pencil   3.0
paper    4.0
dtype: float64
```

10.6 相关性和协方差

相关性和协方差是两个重要的统计量，其中相关性是协方差的标准化格式。pandas 用 corr() 和 cov() 函数来计算上述两个统计量，且这两个统计量的计算通常涉及两个 Series 对象。

【示例 10-98】 计算两个 Series 对象的相关性和协方差。

```
seq2=pd.Series([1,2,1,2,4,3,2,5],
               ['1999','2000','2001','2002','2003','2004','2005','2006'])
seq=pd.Series([2,3,1,4,5,3,1,2],
              ['1999','2000','2001','2002','2003','2004','2005','2006'])
```

```
seq.corr(seq2)
```

程序运行结果：
0.3946228018337964

```
seq.cov(seq2)
```

程序运行结果：
0.7857142857142857

【示例 10-99】 计算单个 DataFrame 对象的相关性和协方差，返回结果为新 DataFrame 对象形式的矩阵。

```
frame=pd.DataFrame([[1,2,4,3],[2,3,1,2],[4,3,1,3],[3,1,4,4]],
                   index=['black','grey','white','brown'],
                   columns=['cat','dog','fish','rabbit'])
frame
```

程序运行结果：

	cat	dog	fish	rabbit
black	1	2	4	3
grey	2	3	1	2
white	4	3	1	3
brown	3	1	4	4

```
frame.corr()
```

程序运行结果：

	cat	dog	fish	rabbit
cat	1.000000	0.134840	-0.447214	0.316228
dog	0.134840	1.000000	-0.904534	-0.852803
fish	-0.447214	-0.904534	1.000000	0.707107
rabbit	0.316228	-0.852803	0.707107	1.000000

```
frame.cov()
```

程序运行结果：

	cat	dog	fish	rabbit
cat	1.666667	0.166667	-1.0	0.333333
dog	0.166667	0.916667	-1.5	-0.666667
fish	-1.000000	-1.500000	3.0	1.000000
rabbit	0.333333	-0.666667	1.0	0.666667

如果想要计算 DataFrame 对象的列或行与 Series 对象元素两两之间的相关性，则用 corrwith() 函数。

【示例 10-100】计算 DataFrame 对象与 Series 对象元素两两之间的相关性。

```
ser=pd.Series([1,0,3,4,8],
              index=['black','grey','white','brown','yellow'])
ser
```

程序运行结果：
```
black     1
grey      0
white     3
brown     4
yellow    8
dtype: int64
```

```
frame.corrwith(ser)
```

程序运行结果：
```
cat       0.707107
dog      -0.572078
fish      0.316228
rabbit    0.894427
dtype: float64
```

10.7　NaN 数据

在数据结构中，有时一些元素并没有相应的定义。因此，为了便于识别，我们用 NaN 表示数据结构中缺失的数值。

本节讲解缺失值的处理方法。

10.7.1　为元素赋 NaN 值

np.NaN（或 np.nan）作为 NumPy 中的空值，可以为数据结构中的元素赋 NaN 值。

【示例 10-101】为 Series 对象中的元素赋 NaN 值。

```
ser=pd.Series([1,0,3,np.NaN,8],
              index=['black','grey','white','brown','yellow'])
ser
```

程序运行结果：

```
black     1.0
grey      0.0
white     3.0
brown     NaN
yellow    8.0
dtype: float64
```

```
ser['brown']=None
ser
```

程序运行结果：

```
black     1.0
grey      0.0
white     3.0
brown     NaN
yellow    8.0
dtype: float64
```

10.7.2 过滤 NaN

使用 dropna() 函数能够删除所有 NaN 元素。

【示例 10-102】删除 Series 对象中的所有 NaN 元素。

```
ser.dropna()
```

程序运行结果：

```
black     1.0
grey      0.0
white     3.0
yellow    8.0
dtype: float64
```

也可以直接过滤，即使用 notnull() 函数作为选取元素的条件。

【示例 10-103】选取 Series 对象中的所有非 NaN 元素。

```
ser[ser.notnull()]
```

程序运行结果：

```
black     1.0
grey      0.0
white     3.0
yellow    8.0
dtype: float64
```

对于 DataFrame 对象来说，只要行或列有一个 NaN 元素，使用 dropna() 函数就会把该行或列的元素全部删除。

【示例 10-104】定义一个 DataFrame 对象，并删除 NaN 元素所在行或列的所有元素。

```
frame1=pd.DataFrame([[6,np.NaN,4],[2,np.NaN,np.NaN],[np.NaN,np.NaN,3]],
                    index=['black','grey','brown'],
                    columns=['cat','dog','fish'])
frame1
```

程序运行结果：

```
       cat  dog  fish
black  6.0  NaN  4.0
grey   2.0  NaN  NaN
brown  NaN  NaN  3.0
```

```
frame1.dropna()
```

程序运行结果：

```
cat  dog  fish
```

10.7.3 为 NaN 元素填充其他值

通常来讲，删除 NaN 元素要冒很大的风险，因为这样可能会删掉其他跟数据分析相关的数据。我们可以选择用 fillna() 函数替换 NaN 元素并填充其他值。

【示例 10-105】用同一个元素替换所有 NaN 元素。

```
frame1.fillna(0)
```

程序运行结果：

```
       cat  dog  fish
black  6.0  0.0  4.0
grey   2.0  0.0  0.0
brown  0.0  0.0  3.0
```

【示例 10-106】用不同的元素替换不同列的 NaN 元素。

```
frame1.fillna({'cat':1,'dog':3,'fish':2})
```

程序运行结果：

```
       cat  dog  fish
black  6.0  3.0  4.0
grey   2.0  3.0  2.0
brown  1.0  3.0  3.0
```

10.8 等级索引和分级

pandas 的一个重要功能就是等级索引，单条轴可以有多级索引，这样在处理多维数据时，就如同操作二维结构。

10.8.1 等级索引

【示例 10-107】创建包含两列索引的 Series 对象，即包含两层的数据结构，并获取索引。

```
mser=pd.Series(np.random.rand(8),
            index=[['red','red','red','grey','grey','blue','blue','blue'],
                   ['up','down','right','up','down','up','down','left']])
mser
```

程序运行结果：

```
red    up      0.679004
       down    0.718333
       right   0.561510
grey   up      0.682209
       down    0.719611
blue   up      0.198594
       down    0.064286
       left    0.994464
dtype: float64
```

```
mser.index
```

程序运行结果：

```
MultiIndex([( 'red',    'up'),
            ( 'red',  'down'),
            ( 'red', 'right'),
            ('grey',    'up'),
            ('grey',  'down'),
            ('blue',    'up'),
            ('blue',  'down'),
            ('blue',  'left')],
           )
```

【示例 10-108】选取第 1 列索引中某一索引项的元素。

```
mser['red']
```

程序运行结果：

```
up       0.679004
down     0.718333
right    0.561510
dtype: float64
```

【示例 10-109】选取第 2 列索引中某一索引项的元素。

```
mser[:,'down']
```

程序运行结果：

```
red     0.718333
grey    0.719611
blue    0.064286
dtype: float64
```

【示例 10-110】指定两个索引选取某个元素。

```
mser['red','up']
```

程序运行结果：

0.6790042028793833

【示例 10-111】将等级索引 Series 转换为一个简单的 DataFrame 对象。

```
mser.unstack()
```

程序运行结果：

	down	left	right	up
blue	0.064286	0.994464	NaN	0.198594
grey	0.719611	NaN	NaN	0.682209
red	0.718333	NaN	0.56151	0.679004

【示例 10-112】进行逆操作，用 stack() 函数把 DataFrame 对象转换为 Series 对象。

```
frame.stack()
```

程序运行结果：

```
black  cat     1
       dog     2
       fish    4
       rabbit  3
grey   cat     2
       dog     3
       fish    1
       rabbit  2
white  cat     4
       dog     3
       fish    1
       rabbit  3
brown  cat     3
       dog     1
       fish    4
       rabbit  4
dtype: int64
```

对于 DataFrame 对象，可以为其行和列都定义等级索引。声明 DataFrame 对象时，为 index 和 columns 选项分别指定一个元素为数组的数组。

【示例 10-113】为 DataFrame 对象的行和列都定义等级索引。

```
mframe=pd.DataFrame(np.random.randn(16).reshape(4,4),
                    index=[['black','black','grey','grey'],
                    ['down','up','down','up']],
                    columns=[['cat','cat','dog','dog'],[2,1,2,1]])
mframe
```

程序运行结果：

		cat	cat	dog	dog
		2	1	2	1
black	down	0.467116	-0.863735	0.929129	1.032170
black	up	-0.166651	1.143025	-1.620365	2.607254
grey	down	-0.069857	1.004362	1.638397	1.167587
grey	up	0.708541	0.146983	-2.533960	0.535459

10.8.2　重新调整顺序和为层级排序

有时我们需要调整某一条轴上各层级的顺序或某一层级中各元素的顺序。

swaplevel() 函数以要互换位置的两个层级名称为参数，返回交换位置后的一个新对象，其中各元素的顺序保持不变。

【示例 10-114】为 DataFrame 对象的行和列都定义等级索引。

```
mframe.columns.names=['animals','id']
mframe.index.names=['colors','status']
mframe
```

程序运行结果：

colors	status	animals	cat 2	cat 1	dog 2	dog 1
black	down		0.467116	-0.863735	0.929129	1.032170
black	up		-0.166651	1.143025	-1.620365	2.607254
grey	down		-0.069857	1.004362	1.638397	1.167587
grey	up		0.708541	0.146983	-2.533960	0.535459

【示例 10-115】交换两个层级的位置。

```
mframe.swaplevel('colors','status')
```

程序运行结果：

colors	status	animals	cat 2	cat 1	dog 2	dog 1
black	down		0.467116	-0.863735	0.929129	1.032170
black	up		-0.166651	1.143025	-1.620365	2.607254
grey	up		0.708541	0.146983	-2.533960	0.535459
grey	down		-0.069857	1.004362	1.638397	1.167587

sort_index()函数只根据所指定的某个层级将数据进行排序。

【示例 10-116】根据所指定的 colors 层级将数据进行排序。

```
mframe.sort_index(level='colors')
```

程序运行结果：

colors	status	animals	cat 2	cat 1	dog 2	dog 1
black	down		0.359576	0.111444	-0.847837	-0.879759
	up		0.474884	0.521935	-1.397080	-0.632447
grey	down		1.433355	0.355083	0.331629	-0.605657
	up		0.648575	0.363819	0.513901	-1.207486

10.8.3 按层级统计数据

DataFrame 或 Series 对象的很多描述性和概括统计量都有 level 选项，可以用它指定要获取哪个层级的描述性和概括统计量。

如果想对某一层级的行进行统计，则把层级的名称赋给 level 选项即可。

【示例 10-117】对某一层级的行进行统计。

```
mframe.sum(level='colors')
```

程序运行结果：

	animals	cat		dog	
	id	2	1	2	1
colors					
black		0.83446	0.633379	-2.244917	-1.512206
grey		2.08193	0.718902	0.845530	-1.813143

若想对某一层级的列进行统计，则可以把 axis 选项的值设置为 1，把第 2 条轴作为参数。

【示例 10-118】对某一层级的列进行统计。

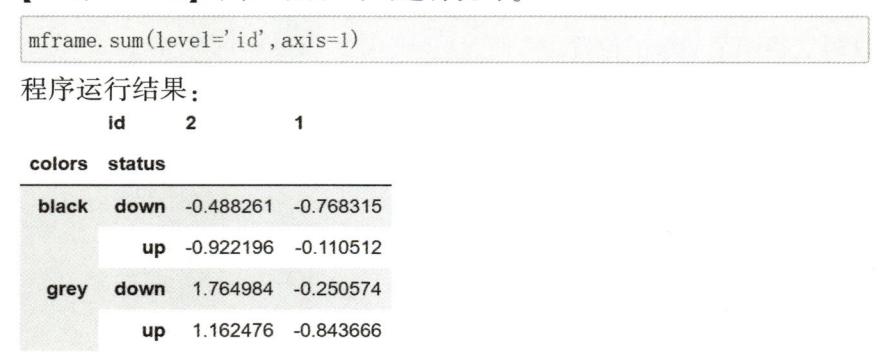

```
mframe.sum(level='id',axis=1)
```

程序运行结果：

		id	2	1
colors	status			
black	down		-0.488261	-0.768315
	up		-0.922196	-0.110512
grey	down		1.764984	-0.250574
	up		1.162476	-0.843666

10.9 综合实例——对高尔夫球评分数据集进行筛选和排序

高尔夫球运动是利用不同的高尔夫球杆将高尔夫球打进球洞的一项运动项目，被誉为"时尚优雅的运动"，深受广大运动爱好者的喜爱。

某大学高尔夫球校队教练为了了解学生的高尔夫球水平，组织学生进行了两个回合的比赛，并记录下 20 位学生的分数，得到一份高尔夫球评分数据集。

【示例 10-119】加载高尔夫球评分数据集，查看其基本信息，并对其进行筛选和排序。

```
import pandas as pd
df=pd.read_csv('C:\py2021\data\GolfScores.csv',sep = ',',encoding = 'utf-8')
df
```

程序运行结果：

	Player	Round 1	Round 2
0	Michael Letzig	70	72
1	Scott Verplank	71	72
2	D.A. Points	70	75
3	Jerry Kelly	72	71
4	Soren Hansen	70	69
5	D.J. Trahan	67	67
6	Bubba Watson	71	67
7	Reteif Goosen	68	75

	Player	Round 1	Round 2
8	Jeff Klauk	67	73
9	Kenny Perry	70	69
10	Aron Price	72	72
11	Charles Howell	72	70
12	Jason Dufner	70	73
13	Mike Weir	70	77
14	Carl Pettersson	68	70
15	Bo Van Pelt	68	65
16	Ernie Els	71	70
17	Cameron Beckman	70	68
18	Nick Watney	69	68
19	Tommy Armour III	67	71

```
df['mean_score']=df.mean(axis=1)  # 求解两个回合的平均分
df
```

程序运行结果：

	Player	Round 1	Round 2	mean_score
0	Michael Letzig	70	72	71.0
1	Scott Verplank	71	72	71.5
2	D.A. Points	70	75	72.5
3	Jerry Kelly	72	71	71.5
4	Soren Hansen	70	69	69.5
5	D.J. Trahan	67	67	67.0
6	Bubba Watson	71	67	69.0
7	Reteif Goosen	68	75	71.5
8	Jeff Klauk	67	73	70.0
9	Kenny Perry	70	69	69.5
10	Aron Price	72	72	72.0
11	Charles Howell	72	70	71.0
12	Jason Dufner	70	73	71.5
13	Mike Weir	70	77	73.5
14	Carl Pettersson	68	70	69.0
15	Bo Van Pelt	68	65	66.5
16	Ernie Els	71	70	70.5
17	Cameron Beckman	70	68	69.0
18	Nick Watney	69	68	68.5
19	Tommy Armour III	67	71	69.0

```
df.sort_values(by='mean_score',ascending=True)  # 按平均分升序排序
```

程序运行结果：

	Player	Round 1	Round 2	mean_score
15	Bo Van Pelt	68	65	66.5
5	D.J. Trahan	67	67	67.0
18	Nick Watney	69	68	68.5
19	Tommy Armour III	67	71	69.0
17	Cameron Beckman	70	68	69.0
14	Carl Pettersson	68	70	69.0
6	Bubba Watson	71	67	69.0
9	Kenny Perry	70	69	69.5
4	Soren Hansen	70	69	69.5
8	Jeff Klauk	67	73	70.0
16	Ernie Els	71	70	70.5
11	Charles Howell	72	70	71.0
0	Michael Letzig	70	72	71.0
12	Jason Dufner	70	73	71.5
3	Jerry Kelly	72	71	71.5
1	Scott Verplank	71	72	71.5
7	Reteif Goosen	68	75	71.5
10	Aron Price	72	72	72.0
2	D.A. Points	70	75	72.5
13	Mike Weir	70	77	73.5

```
df.sort_values(by='mean_score').head(5)  # 获取平均分数最低的前5名数据
```

程序运行结果：

	Player	Round 1	Round 2	mean_score
15	Bo Van Pelt	68	65	66.5
5	D.J. Trahan	67	67	67.0
18	Nick Watney	69	68	68.5
19	Tommy Armour III	67	71	69.0
17	Cameron Beckman	70	68	69.0

10.10 本章小结

　　pandas 提供了高性能的数据类型和大量快速处理数据的功能和方法，其核心为 Series 和 DataFrame 两大数据结构。Series 对象用来表示带有标签的一维数组，它由两个相互关联的数

组组成，其中主数组用来存放 NumPy 任意类型的数据，而标签放在 pandas 对应的数据类型 index 中。DataFrame 对象用来表示带有行和列索引的二维数组，其将 Series 对象的使用场景由一维扩展到了多维，它由按一定顺序排列的多列数据组成，各列的数据类型可以有所不同。DataFrame 还可以理解为一个由 Series 组成的字典，其中每一列的名称为字典的键，形成 DataFrame 的列的 Series 作为字典的值。pandas 还整合了索引机制，如更换索引、删除、算术和数据对齐。pandas 数据结构之间不仅可以使用算术运算符，还可以借助灵活的算术运算方法来完成相同的运算。有时数据结构中的一些元素没有被定义，我们可以用 NaN 表示数据结构中缺失的数值，同时 pandas 提供了一系列缺失值的处理方法。pandas 的另一个重要功能是等级索引，单条轴可以有多级索引，这样在处理多维数据时，就如同操作二维结构。

10.11 习题

10-1　请简述 Series 对象和 DataFrame 对象之间的区别与联系。

10-2　请创建一个 DataFrame 数据结构，其中包括 15 行 5 列，数据为(40，50]之间的随机数，根据指定列对其进行排序。

10-3　用字典数据类型创建 DataFrame 对象，将创建的 DataFrame 对象的索引设置为 ABCD，并且命名为"索引"。字典如下：

data＝{'state'：['a'，'b'，'c'，'d']，

'year'：[1991，1992，1993，1994]，

'pop'：[6，7，8，9]}

10-4　请依据图 10-2 创建 DataFrame 对象，并执行下述操作。

	animal	age	visits	priority
a	cat	2.5	1	yes
b	cat	3.0	3	yes
c	snake	0.5	2	no
d	dog	NaN	3	yes
e	dog	5.0	2	no
f	cat	2.0	3	no
g	snake	4.5	1	no
h	cat	NaN	1	yes
i	dog	7.0	2	no
j	dog	3.0	1	no

图 10-2　DataFrame 对象

(1) 展示前 3 行。

(2) 取出 animal 和 age 列。

(3) 取出索引为[3，4，8]行的 animal 和 age 列。

(4) 取出 age 值大于 3 的行。

(5) 取出 age 值缺失的行。

(6) 取出 age 在(2，4)之间的行。

二维码 10
第 10 章习题答案

第 11 章 用 Matplotlib 实现数据可视化

本章学习目标
- 了解 Matplotlib 的架构
- 了解 pyplot 绘图基础，掌握绘图的基本步骤
- 熟练掌握以 NumPy 库为基础的 Matplotlib 的应用
- 熟练处理多个 Figure 和 Axes 对象
- 掌握基本图表与高级图表的绘制过程

本章知识结构图

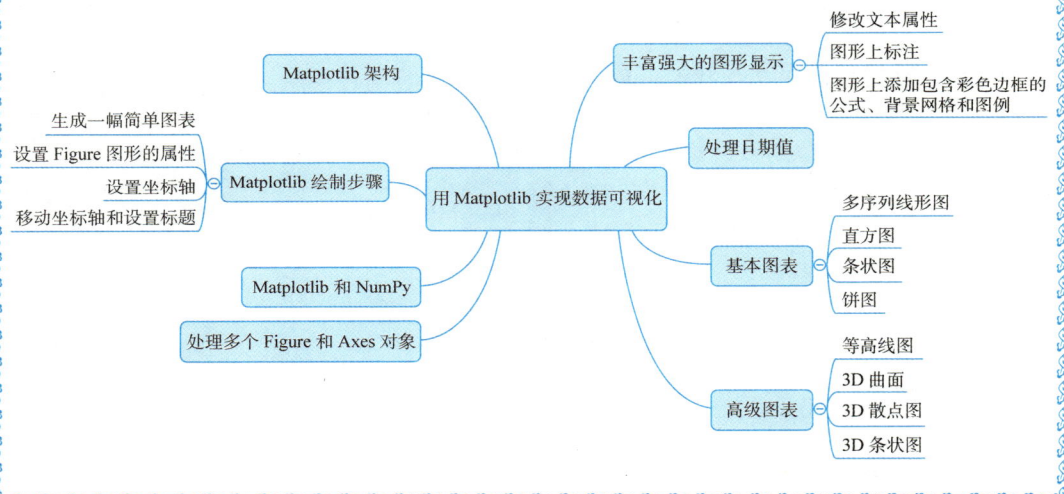

11.1 Matplotlib 架构

Matplotlib 和 NumPy、pandas 并列为数据分析和处理中关键的 3 个库，为数据可视化提供了函数和工具，其整体架构分为以下 3 层。各层之间单向通信，且下层无法与上层通信。

Matplotlib 的整体架构：
- Scripting(脚本)层
- Artist(表现)层

- Backend（后端）层

Matplotlib API 位于 Backend 层，用于在底层实现图形元素的一个个类。

标题、轴标签、刻度等组成图形的所有元素都是 Artist 层对象的实例。在 Artist 层，通常需要处理 Figure、Axes、Axis 等对象。其中 Figure 对象在 Artist 层的最上面，对应整个图形，一般包含多条轴（Axes）；Axes 对象定位图形或图表的作图位置，每个 Axes 对象只属于一个 Figure 对象，由 Axis 对象、标题、x 与 y 标签等组成；Axis 对象表示 Axes 对象的数值范围。

Scripting 层包含 pyplot 接口，用于实现数据分析和可视化方面的计算。本章我们将主要对 Artist 层和 pyplot 模块进行讲解。

11.2 Matplotlib 绘制步骤

通常来讲，Matplotlib 的绘制步骤如下：第 1 步，生成一幅简单的图表；第 2 步，设置 Figure 图形的属性；第 3 步，设置坐标轴；第 4 步，移动坐标轴和设置标题。

11.2.1 生成一幅简单的图表

首先用 import 导入模块，其次将变量 x 的范围定义在 −3~3 之间，个数为 50，再用仿真一维数据组（x，y）表示曲线，最后用 plt.figure() 函数定义图像窗口、plt.plot() 函数画出曲线、plt.show() 函数显示图像。

【示例 11-1】创建一幅简单的交互式图表。

```
import matplotlib.pyplot as plt    # 导入模块并将其简写成plt
import numpy as np                 # 导入模块并将其简写成np
x=np.linspace(-3,3,50)             # 定义x变量的范围（-3,3），数量50
y=x**2
plt.figure()                       # 使用plt.figure()函数定义图像窗口
plt.plot(x,y)                      # 使用plt.plot()函数画（x,y）曲线
plt.show()                         # 使用plt.show()函数显示图像
```

程序运行结果：

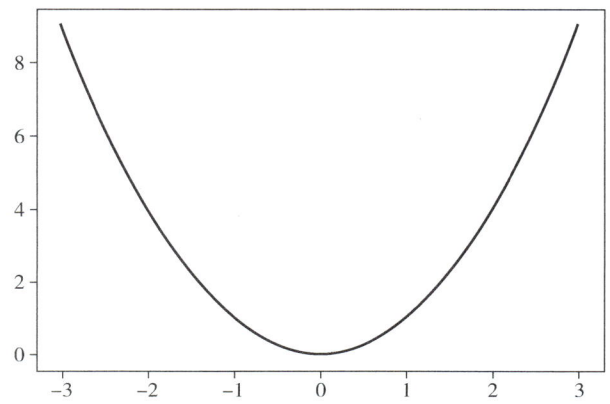

11.2.2 设置 Figure 图形的属性

使用 plt.figure() 函数指定画布编号为 3，画布大小为（6，4）。使用 plt.plot() 函数进一步设定曲线颜色（color）为红色，曲线宽度（linewidth）为 1.0，曲线类型（linestyle）为虚线。

【示例 11-2】设置 Figure 图像。

```
import matplotlib.pyplot as plt
import numpy as np
x=np.linspace(-3,3,50)
y=x**2
plt.figure(num=3,figsize=(6,4))        #指定画布大小为（6,4），编号为3
plt.plot(x,y,color='red',
         linewidth=1.0,linestyle='--')  #设置曲线颜色、粗细和类型
plt.show()
```

程序运行结果：

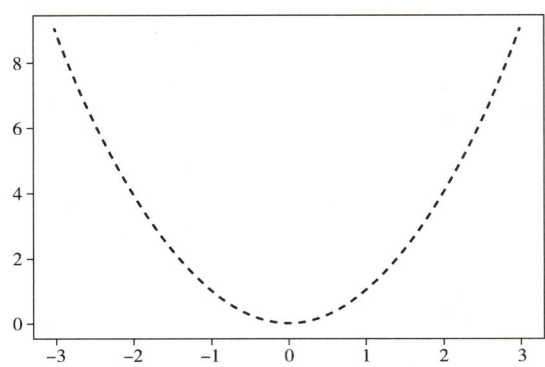

11.2.3 设置坐标轴

使用 plt.xlim() 函数设置 x 坐标轴的范围，使用 plt.xlabel() 函数设置 x 坐标轴的名称。y 轴同样。

【示例 11-3】为上述图像设置坐标轴的范围和名称。

```
import matplotlib.pyplot as plt
import numpy as np
x=np.linspace(-3,3,50)
y=x**2
plt.figure(num=3,figsize=(6,4))
plt.plot(x,y,color='red',linewidth=1.0,linestyle='--')

plt.xlim(-1,2)              # 使用plt.xlim设置x坐标轴的范围
plt.ylim(-2,3)              # 使用plt.ylim设置y坐标轴的范围
plt.xlabel(r'$x$')          # 使用plt.xlabel设置x坐标轴的名称
plt.ylabel(r'$y$')          # 使用plt.ylabel设置y坐标轴的名称
plt.show()                  # 使用plt.show显示图像
```

程序运行结果：

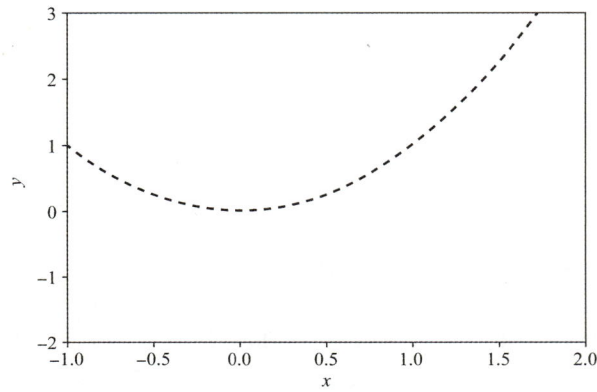

有两种方式可以对 x 轴、y 轴进行刻度标注。第 1 种,以 x 轴为例:使用 np.linspace()
函数定义 x 轴的范围及刻度数,再用 plt.xticks() 函数设置 x 轴刻度。第 2 种,以 y 轴为例:
使用 plt.yticks() 函数设置 y 轴不规则刻度以及对应的名称。

【示例 11-4】设置 x 轴、y 轴的刻度范围及刻度标注。

```
import matplotlib.pyplot as plt
import numpy as np
x=np.linspace(-3,3,50)
y=x**2
plt.figure(num=3,figsize=(6,4))
plt.plot(x,y,color='red',linewidth=1.0,linestyle='--')

plt.xlim(-1,2)                    # 使用plt.xlim设置x坐标轴的范围
plt.ylim(-2,3)                    # 使用plt.ylim设置y坐标轴的范围
plt.xlabel(r'$x$')                # 使用plt.xlabel设置x坐标轴的名称
plt.ylabel(r'$y$')                # 使用plt.ylabel设置y坐标轴的名称

new_ticks=np.linspace(-1,2,5)     # 使用np.linspace定义范围及个数
plt.xticks(new_ticks)             # x轴刻度范围是(-1,2),个数为5
plt.yticks([-2.2,-1.1,1,1.5,2.4],# 使用plt.yticks设置y轴刻度以及名称
          [r'$extremely\ bad$',r'$bad$',r'$normal$',r'$good$',r'$extremely\ good$'])

plt.show()                        # 使用plt.show显示图像
```

程序运行结果:

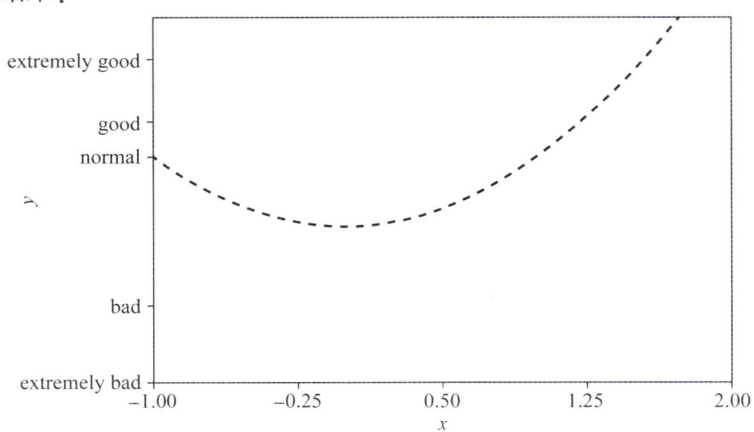

11.2.4 移动坐标轴和设置标题

为了使图看起来更加美观,我们可以对坐标轴的位置及其刻度进行调整,具体步骤
如下。

第 1 步,使用 plt.gca() 函数获取当前坐标轴的信息。

第 2 步,使用 spines() 函数选定边框,right、top、bottom、left 分别表示右边框、上边
框、底边框和左边框,与此同时,使用 set_color() 函数设置边框颜色,默认白色即可隐藏
右边框和上边框。

第 3 步,使用 xaxis.set_ticks_position() 函数设置 x 轴的刻度线位置,top、bottom、
both、default、none 分别代表刻度线在 x 轴的顶侧、下侧、两侧、默认位置和无。使用
yaxis.set_ticks_position() 函数设置 y 轴的刻度线位置,left、right、both、default、none 分
别代表刻度线在 y 轴的左侧、右侧、两侧、默认位置和无。

第 4 步，调整坐标轴至中心，即将左边框调整到 $x=0$ 处，将底边框调整到 $y=0$ 处，需要注意的是，边框位置一共有 3 个属性：outward、axes、data。

第 5 步，使用 set_title() 函数设置标题，声明标题为 $y=x$^2，字体大小为 14，颜色为红色。

【示例 11-5】在上述图形的基础上移动坐标轴和设置标题。

```
import matplotlib.pyplot as plt
import numpy as np
x=np.linspace(-3,3,50)
y=x**2
plt.figure(num=3,figsize=(6,4))
plt.plot(x,y,color='red',linewidth=1.0,linestyle='--')
plt.xlim(-1,2)
plt.ylim(-2,3)
plt.xlabel(r'$x$')
plt.ylabel(r'$y$')
new_ticks=np.linspace(-1,2,5)
plt.xticks(new_ticks)
plt.yticks([-2.2,-1.1,1,1.5,2.4],
           [r'$extremely\ bad$',r'$bad$',r'$normal$',r'$good$',r'$extremely\ good$'])

ax=plt.gca()                                    #使用plt.gca获取当前坐标轴信息
ax.spines['right'].set_color('none')            #使用spines确定边框
ax.spines['top'].set_color('none')              #使用set_color设置边框颜色
ax.xaxis.set_ticks_position('bottom')           #设置x轴的刻度在横线下面
ax.spines['bottom'].set_position(('data',0))    #将x轴（bottom轴）移动到y=0位置
ax.yaxis.set_ticks_position('left')             #设置y轴的刻度在横线下面左侧
ax.spines['left'].set_position(('data',0))      #将y轴（left轴）移动到x=0位置
ax.set_title(r'$y=x^2$',fontsize=14,color='r')  #设置标签
plt.show()
```

程序运行结果：

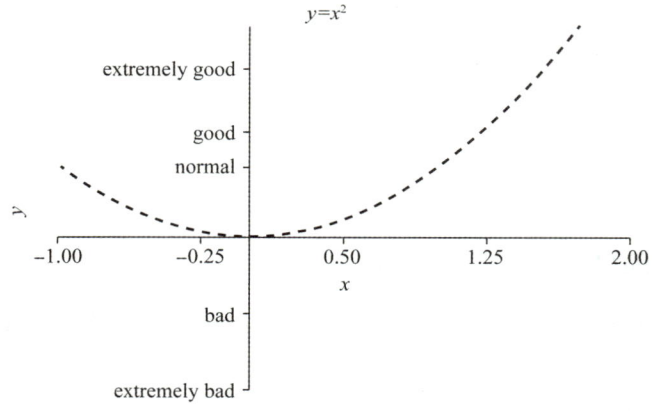

11.3 Matplotlib 和 NumPy

Matplotlib 以 NumPy 库为基础，因此，我们可以直接将 NumPy 数组作为输入数据，数组经 pandas 处理后可直接供 Matplotlib 使用。

【示例 11-6】用不同颜色的符号表示 3 种不同的正弦趋势。

```
import matplotlib.pyplot as plt
import math
import numpy as np
t=np.arange(0,3,0.1)
y1=np.sin(math.pi*t)
y2=np.sin(math.pi*t+math.pi/2)
y3=np.sin(math.pi*t-math.pi/2)
plt.plot(t,y1,'b*',t,y2,'g^',t,y3,'ys')
plt.show()
```

程序运行结果：

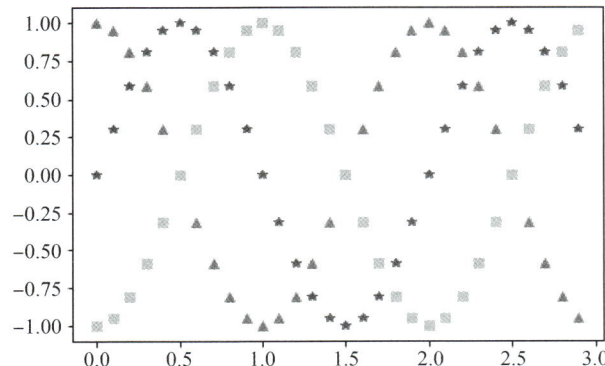

从输出的函数图像可以看出，3 种颜色和 3 种符号表示了 3 种不同的趋势。但是，用线条表示可能比用符号表示的效果更佳。因此，我们可以用点和线（．和-）组成不同的线型。

【示例 11-7】用彩色线条表示 3 种不同的正弦趋势。

```
import matplotlib.pyplot as plt
import math
import numpy as np
t=np.arange(0,3,0.1)
y1=np.sin(math.pi*t)
y2=np.sin(math.pi*t+math.pi/2)
y3=np.sin(math.pi*t-math.pi/2)
plt.plot(t,y1,'b--',t,y2,'g',t,y3,'y-.')
plt.show()
```

程序运行结果：

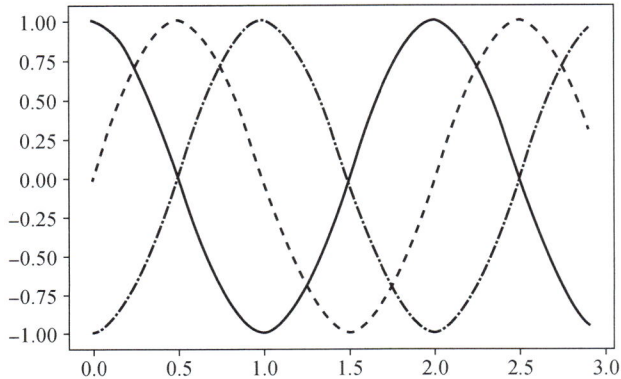

【示例 11-8】使用 plt.legend() 函数为上图添加图例。

```
import matplotlib.pyplot as plt
import math
import numpy as np
plt.rc('font', size=14)                              #设置图中字号大小
plt.rcParams['font.sans-serif'] = 'SimHei'           #设置字体为SimHei显示中文
plt.rcParams['axes.unicode_minus']=False             #坐标轴刻度显示负号
t=np.arange(0,3,0.1)
y1=np.sin(math.pi*t)
y2=np.sin(math.pi*t+math.pi/2)
y3=np.sin(math.pi*t-math.pi/2)
plt.plot(t,y1,'b--',label='y1=sin(a)')
plt.plot(t,y2,'g',label='y2=sin(a+pi/2)')
plt.plot(t,y3,'y-.',label='y3=sin(a-pi/2)')
plt.legend()
plt.show()
```

程序运行结果：

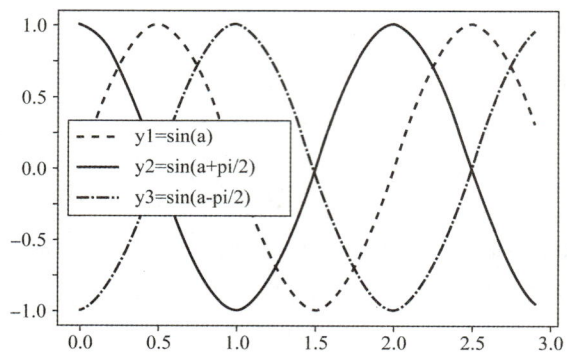

用于描述对象的属性均有默认值，可用关键字参数（keyword args，kwargs）设置。Matplotlib 库中的这些关键字处于各个函数的最后一个参数位置。例如，plot 函数在文档中的定义：Matplotlib.pyplot.plot(*args, **kwargs)。一个更加具体的例子是示例 11-2 中的 linewidth 关键字参数，它可以定义线条的粗细。

11.4 处理多个 Figure 和 Axes 对象

用 pyplot 命令还可以绘制几个不同的子图。

下面是一幅图形中有两个子图的例子。subplot() 函数不仅可以将图形分为不同的绘图区域，还能控制特定子图。subplot() 函数的参数由 3 个整数组成：第 1 个整数决定图形沿垂直方向被分为几部分，第 2 个整数决定图形沿水平方向被分为几部分，第 3 个整数设定当前控制的子图。

【示例 11-9】为函数图像添加图例。

```
import matplotlib.pyplot as plt
import math
import numpy as np
t=np.arange(0,5,0.1)
y1=np.sin(2*math.pi*t)
y2=np.sin(2.5*math.pi*t)
plt.subplot(2,1,1)          #图形沿垂直方向被分为两部分
plt.plot(t,y1,'b-.')        #沿水平方向分为一部分，当前所指第1幅图
plt.subplot(2,1,2)
plt.plot(t,y2,'r--')
plt.show()
```

程序运行结果：

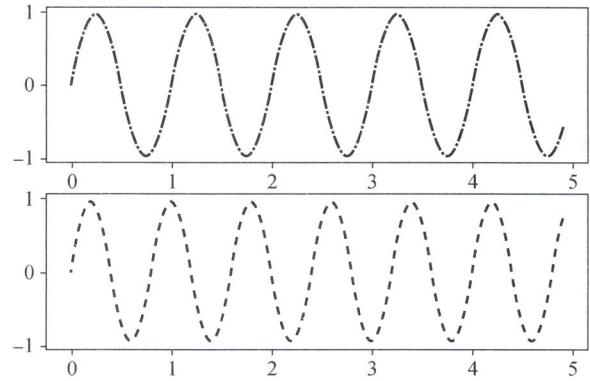

如下所示，创建"总画布(fig)"和"窗口(axes)"，共有 4 个多维窗口：axes[0, 0]、axes[0,1]、axes[1,0]、axes[1,1]。通过Series()函数创建 Series 对象，保存生成的数据和索引标签，最后调用 bar()函数画出条状图。

【示例 11-10】画出 4 个条状子图。

```
import pandas as pd
import numpy as np
import matplotlib.pyplot as plt
fig,axes=plt.subplots(2,2)              #画2×2的子图，每个子图对应一个表
data=pd.Series(np.random.rand(16),      #rand()函数返回[0,1)内的随机数
          index=list('abcdefghijklmnop'))
data.plot.bar(ax=axes[0,0],color='b', alpha = 0.5)   #调用bar()函数生成条状图，透明度0.5
data.plot.barh(ax=axes[0,1],color='k',alpha=0.5)     #调用barh()函数生成一组水平条状图
data=pd.Series(np.random.randn(10),                  #randn()函数从标准正态分布中返回值
          index=list('0123456789'))
data.plot.barh(ax=axes[1,0],color='y',alpha=0.5)
data.plot.bar(ax=axes[1,1],color='g',alpha=0.5)
plt.show()
```

程序运行结果：

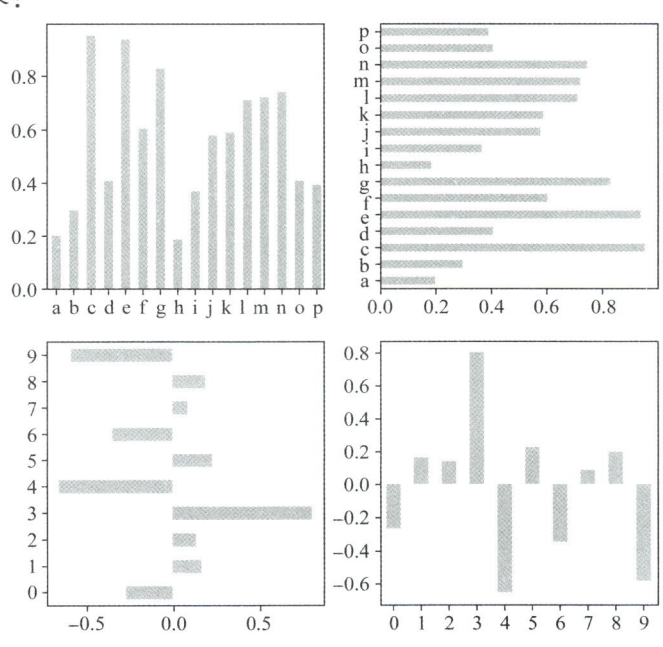

11.5 丰富强大的图形显示

11.5.1 修改文本属性

我们可以用关键字参数修改文本属性，如设置标题的字体及字号、指定轴标签颜色等。

【示例11-11】用关键字参数设置标题的字体及字号。

```
import matplotlib.pyplot as plt
import numpy as np
x=np.linspace(-2,2,60)
y=x**2
plt.figure()
plt.title('画一条曲线',fontsize=20,fontname='SimHei')
plt.plot(x,y)
plt.show()
```

程序运行结果：

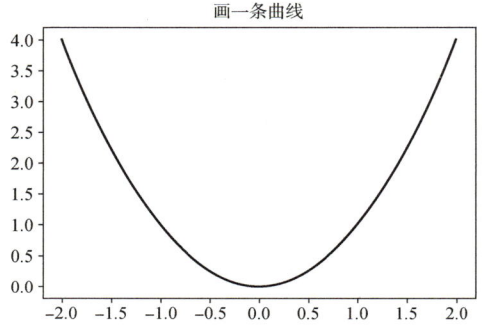

11.5.2 图形上标注

Matplotlib除了上述功能，还可以通过text()函数在图表任意位置添加文本，为图形的各个数据点添加标签的格式如下：

```
text(x, y, s, fontdict=None, **kwargs)
```

其中，x和y为文本在图形中位置的坐标，s为要添加的字符串，fontdict（可选）为文本要使用的字体，最后是关键字参数。

在为各个数据点添加标签时，每个标签的y值较相应数据点的y值有一点偏差，以区别标签和数据点的位置。

【示例11-12】在图形上标注一个点。

```
import matplotlib.pyplot as plt
import numpy as np
plt.rcParams['font.sans-serif'] = 'SimHei'   #设置字体为SimHei显示中文
plt.rcParams['axes.unicode_minus']=False      #坐标轴刻度显示负号
x=np.linspace(-2,2,60)
y=x**2
plt.figure()
plt.title('在图形上标注一个点',
          fontsize=15,fontname='SimHei')
plt.plot(x,y)
plt.plot([-1],[1],marker='.',markersize=20)  #标注一个点，并指定样式和大小
plt.text(-1,1.5,'标注曲线上的点')              #给这个点加上解释标签
plt.rc('font', size=14)                       #设置图中的字号大小
plt.show()
```

程序运行结果：

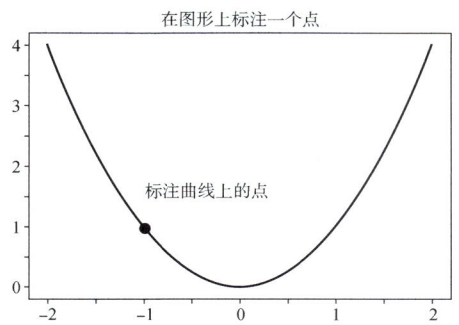

11.5.3　图形上添加包含彩色边框的公式、背景网格和图例

当然，我们也可以在上述图形基础上，为其添加公式，使用一个彩色边框包围公式，并用 grid() 函数添加背景网格，以便更好地理解图表数据点的位置，最后用 legend() 函数添加图例，使图像更清晰完整。

将表达式内容置于两个 $ 符号之间，并在包含 LaTeX 表达式的字符串前添加 r 字符，Matplotlib 会把它们转换为数学表达式、公式、数学符号或希腊字母等，显示在图像中。

【示例 11-13】添加包含彩色边框的公式、背景网格和图例。

```
import matplotlib.pyplot as plt
import numpy as np
plt.rcParams['font.sans-serif']=['SimHei']   # 用于正常显示中文标签
plt.rcParams['axes.unicode_minus']=False     # 用于正常显示符号
x=np.linspace(-2,2,60)
y=x**2
plt.figure()
plt.title('添加包含彩色边框的公式、网格和图例',
          fontsize=15,fontname='SimHei')
plt.plot(x,y)
plt.plot([-1],[1],marker='.',markersize=20)#标注一个点，并指定样式和大小
plt.text(-1,1.5,'标识点')                    #给这个点加上解释标签
plt.rc('font', size=14)                      #设置图中的字号大小
plt.text(-1,2.5,r'$y=x^2$',fontsize=16,      #添加公式，并包围一个彩色边框
         bbox={'facecolor':'r','alpha':0.2})
plt.grid(True)                               #添加背景网格
plt.legend(['平方曲线','一个点'],loc=1)        #添加图例
plt.show()
```

程序运行结果：

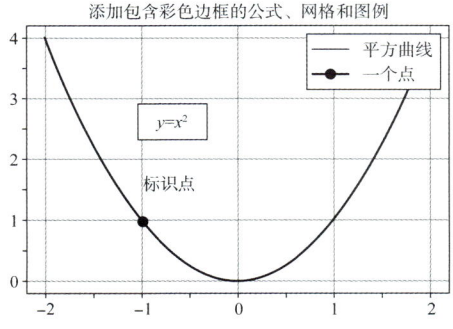

图例用于标明图像中的主要元素。在 legend() 函数中，loc 参数用来设置图例的显示位置。loc 使用参数如表 11-1 所示，其一般为整数，当它为字符串或浮点偶对时，默认为"upper right"。

表 11-1　loc 使用参数

参数	说明	参数	说明	参数	说明
0	'best'	4	'lower right'	8	'lower center'
1	'upper right'	5	'right'	9	'upper center'
2	'upper left'	6	'center left'	10	'center'
3	'lower left'	7	'center right'		

11.6　处理日期值

对日期类型数据的处理是数据分析过程中最常见的问题。当我们需要在坐标轴上显示日期或用日期作标签时，如果不作处理，日期数据的显示通常会有问题。

因此，可以定义时间尺度来管理日期。导入 Matplotlib.dates 模块用于管理日期类型数据，用 MonthLocator() 和 DayLocator() 函数分别表示月和日。下面这个示例中，我们只显示年月，把格式作为参数传递给 DateFormatter() 函数。

定义好分别用于日期和月份的两个时间尺度。我们可以在 xaxis 对象上调用 set_major_locator() 函数和 set_minor_locator() 函数为 x 轴设置两个不同的标签，使用 set_major_formatter() 函数设置月份刻度标签。

【示例 11-14】处理日期类型数据。

```
import datetime
import numpy as np
import matplotlib.pyplot as plt
import matplotlib.dates as mdates
months=mdates.MonthLocator()
days=mdates.DayLocator()
timeFmt=mdates.DateFormatter('%Y-%m')
events=[datetime.date(2022,1,1),datetime.date(2022,1,15),
        datetime.date(2022,2,6),datetime.date(2022,2,22),
        datetime.date(2022,3,20),datetime.date(2022,3,29),
        datetime.date(2022,4,10),datetime.date(2022,4,28)]
y_point=[7,18,26,20,17,11,18,8]
fig,ax=plt.subplots()      #等价于fig,ax=plt.subplots(1,1)或fig,ax=plt.subplots(11)
plt.plot(events,y_point)
ax.xaxis.set_major_locator(months)
ax.xaxis.set_major_formatter(timeFmt)
ax.xaxis.set_minor_locator(days)
```

程序运行结果：

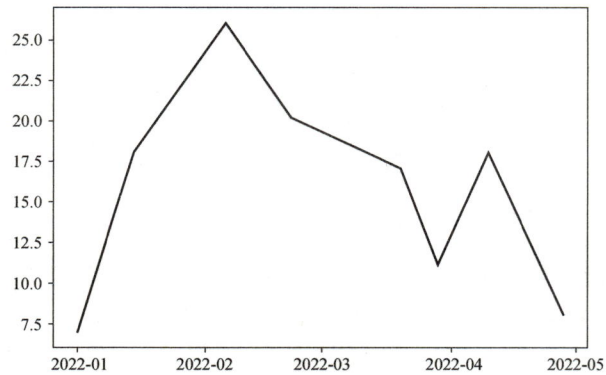

【示例11-15】日期数据的表述。

```python
import matplotlib.pyplot as plt
import matplotlib.dates as mdates
from datetime import datetime
plt.rcParams['font.sans-serif']=['SimHei']      #用于正常显示中文标签
plt.rcParams['axes.unicode_minus']=False        #用于正常显示符号
dates=[20220501,20220502,20220503,20220504]     #销售数据
sales=[119.1,100.6,849,682]
x=[datetime.strptime(str(d), '%Y%m%d').date()
    for d in dates]                             #将dates改成日期格式
fig=plt.figure(figsize=(8,4))                   #Figure布局
ax1=fig.add_subplot(1,1,1)
ax1.plot(x,sales,ls='—',lw=3,color='b',         #绘图
    marker='o',ms=6,mec='r',
    mew=3,mfc='w',label='业绩趋势走向')
plt.gcf().autofmt_xdate()                       #自动旋转日期标记
alldays = mdates.DayLocator()                   #主刻度为每天
ax1.xaxis.set_major_locator(alldays)            #设置x轴主刻度格式
ax1.xaxis.set_major_formatter(mdates.DateFormatter('%Y%m%d'))
hoursLoc = mdates.HourLocator(interval=6)       #以6小时为1副刻度
ax1.xaxis.set_minor_locator(hoursLoc)           #设置副刻度格式
ax1.xaxis.set_minor_formatter(mdates.DateFormatter('%H'))
ax1.tick_params(pad=5)                          #参数pad设置刻度线与标签距离
plt.legend(loc=2)                               #添加图例（左上角）
plt.show()                                      #显示图像
```

程序运行结果：

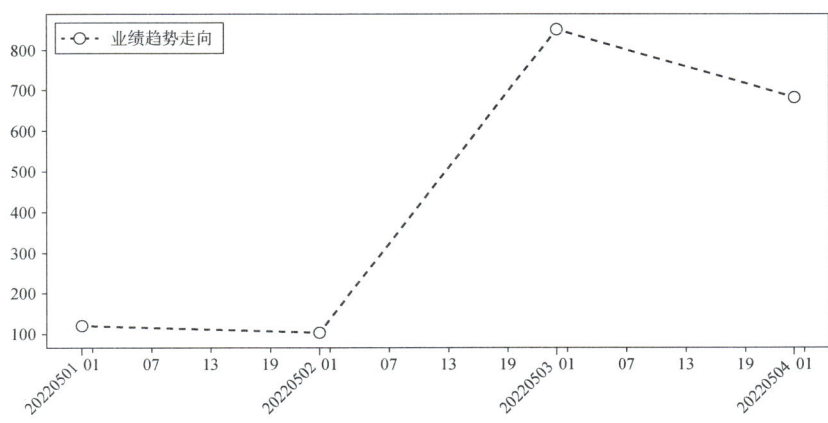

设置一组函数的图像的步骤如下。

第1步，定义变量的取值和需要的函数。需要注意的是，只有使用含有LaTeX表达式的字符串才能正确显示符号π。

第2步，设置坐标轴的刻度显示方式。使用xticks()和yticks()函数，在第1个列表存储刻度的位置，第2个列表存储刻度的标签，令x轴的取值范围为$[-2\pi, 2\pi]$，y轴的取值范围为$[-1, 3]$。

第3步，调整坐标轴的位置。用gca()函数获取axes对象，并根据示例11-5的知识设置x和y轴穿过原点(0,0)。

第4步，通过注释和箭头标明特征点。annotate()函数的第1个参数为含有LaTeX表达式的字符串，xy=a_0, b_0表示需要注释的点的位置，xytext表示注释内容的位置，arrowprops用来设置箭头的格式，connectionstyle用来设置曲线的格式。

【示例 11-16】 不同函数的对比和添加注释。

```
import matplotlib.pyplot as plt
import numpy as np
x=np.arange(-2*np.pi,2*np.pi,0.01)          #定义变量x的取值及范围
y1=np.sin(3*x)/x                             #定义函数
y2=np.sin(2*x)/x
y3=np.sin(x)/x
plt.plot(x,y1,'y-')                          #显示上述函数的图形
plt.plot(x,y2,'m-.')                         #color='m'为洋红色
plt.plot(x,y3,'c')                           #color='c'为蓝绿色
plt.xticks([-2*np.pi,-np.pi,0,np.pi,2*np.pi], #改变坐标轴的刻度显示方式
           [r'$-2\pi$',r'$-\pi$',r'$0$',r'$+\pi$',r'$+2\pi$'])
plt.yticks([-1,0,1,2,3],[r'$-1$',r'$0$',r'$+1$',r'$+2$',r'$+3$'])
ax=plt.gca()                                 #获取Figure上所有元素对象,用ax代表
ax.spines['right'].set_color('none')         #不显示右边框
ax.spines['top'].set_color('none')           #不显示上边框
ax.xaxis.set_ticks_position('bottom')        #设置x坐标轴标签的位置
ax.spines['bottom'].set_position(['data',0]) #设置x坐标轴(下边框)在y=0处的位置
ax.yaxis.set_ticks_position('left')          #设置y坐标轴标签的位置
ax.spines['left'].set_position(['data',0])   #设置y坐标轴(左边框)在x=0处的位置
plt.scatter(0,1,color='c',s=40)              #设置散点的坐标、颜色和大小
plt.annotate(r'$\lim_{x \to θ}\frac{\sin(x)}{x}=1$', #在图上添加注释和箭头
             xy=(0,1),xytext=(1.6,1.3),fontsize=14, #设置标记点和注释的坐标
             arrowprops=dict(arrowstyle='->',       #arrowprops设置箭头的格式
             connectionstyle='arc3,rad=0.3'))       #connectstyle设置成曲线,rad表明弧度
plt.show()
```

程序运行结果:

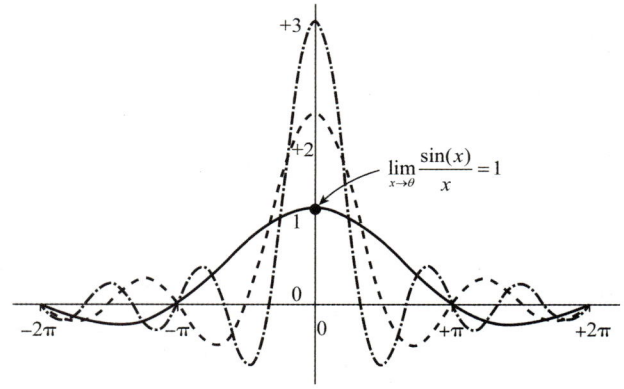

【示例 11-17】 annotate()函数的使用。

```
import matplotlib.pyplot as plt
import numpy as np
x=np.linspace(0,9.5,100)                     #0~9.5等距产生100个值
y=np.sin(x)
plt.plot(x,y,'g^',color='c')
plt.annotate(s='标注点',xy=(6,np.sin(6)),xytext=(4,0.1),
             fontsize=15,weight='bold',color='g',   #设置为粗体,颜色为青色
             arrowprops=dict(arrowstyle='-|>',
                        connectionstyle='arc3',color='red'),
             bbox=dict(boxstyle='round,pad=0.7',fc='purple',ec='k',lw=2,alpha=0.2))
plt.show()
```

程序运行结果:

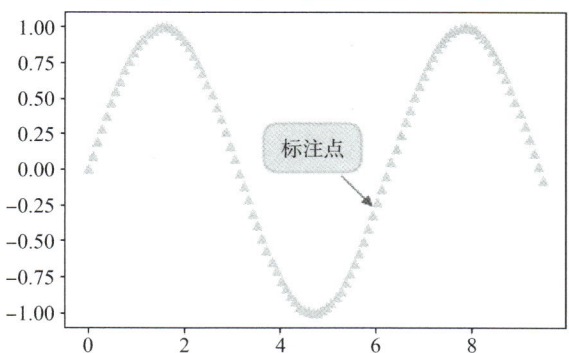

11.7 基本图表

11.7.1 多序列线形图

下面是将字典转换为 pandas 库的 DataFrame 数据结构形式,并通过 Matplotlib 库绘制成多序列线形图的示例。

【示例 11-18】为 pandas 库的数据结构绘制线形图。

```
import matplotlib.pyplot as plt
import numpy as np
import pandas as pd
plt.rcParams['font.sans-serif']=['SimHei']      #用于正常显示中文标签
plt.rcParams['axes.unicode_minus']=False        #用于正常显示符号
birthrate={'杭州':[3,5,6,4,2,7,3],              #birthrate是一个字典
           '北京':[5,3,7,6,3,9,1],
           '上海':[2,4,7,3,8,9,5]}
df=pd.DataFrame(birthrate)                      #将字典转换为pandas库的DataFrame数据结构
month=np.arange(7)                              #创建x坐标的坐标值
new_ticks=np.linspace(0,6,7)                    #使用np.linspace()函数定义x轴坐标范围及个数
plt.xticks(new_ticks,['1月','2月','3月','4月','5月','6月','7月'])
plt.plot(month,df)                              #以month为横坐标,df为纵坐标的图
plt.legend(birthrate,loc=2)                     #为图表添加图例
plt.show()
```

程序运行结果:

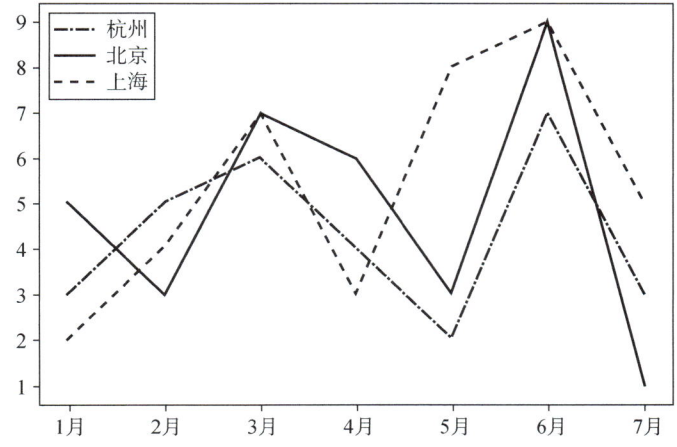

11.7.2 直方图

直方图是被用于研究样本分布的可视化方法。使用 hist() 函数绘制直方图，使 x 轴上相邻的矩形把 x 轴拆分为不重叠的线段，线段两个端点的数据范围称为面元，面元的元素数量与面元的乘积为矩形的面积。

【示例 11-19】 绘制直方图。

```
import matplotlib.pyplot as plt
import numpy as np
pop=np.random.randint(0,100,100)      #在0~100之间随机产生100个整数
plt.hist(pop,bins=20)                 #画出20个区间内的随机数的分布
plt.show()
```

程序运行结果：

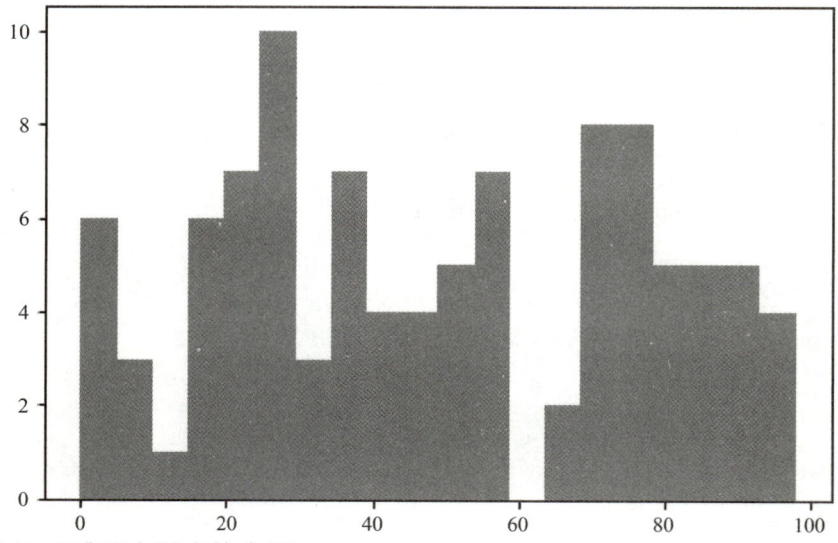

【示例 11-20】 基本图表综合题。

```
import matplotlib.pyplot as plt
import numpy as np
x=np.arange(0,71)                                    #定义x变量的范围(0~70), 71个数字包括0
y1=[]
y2=[]
for i in range(71):
    if i<=58 : y1.append(50.5)                       #第1条函数曲线(绿色)的纵坐标y值的列表
    else:y1.append(50)
for i in range(71):                                  #第2条函数曲线(绿色)的纵坐标y值的列表
    if ((i+5)%5==0 or (i+5)%5==1) and i<=56: y2.append(50)
    elif (i+5)%5==2 and i<=57: y2.append(51.5)
    elif (i+5)%5==3 and i<=58: y2.append(51)
    elif (i+5)%5==4 and i<=59: y2.append(50.5)
    else: y2.append(50)
plt.figure(num=3,figsize=(8,5))                      #Figure(画布)并指定大小
l1=plt.plot(x,y1,color='g',linewidth=0.5)            #l1为第1条函数折线
l2=plt.scatter(x,y1,c='g',s=10,label='N=1')          #l2为第1条函数折线上的绿色散点
l3=plt.plot(x,y2,'purple',linestyle=':',linewidth=1) #l3为第2条函数折线
l4=plt.scatter(x,y2,c='purple',s=20,label='N=5',marker='x')  #l4为第2条函数折线上的紫色散点
plt.xlim(0,70)
plt.ylim(49.5,52)                                    #设置x,y轴的范围以及label标签
plt.xlabel(r'$I_{t}$',fontdict={'family':'Times New Roman','size':20})  #设置标签里的公式和字体、大小
plt.ylabel(r'$p_{t}$',fontdict={'family':'Times New Roman','size':20})
plt.legend(handles=[l2,l4])                          #添加图例, 参数为l2和l4两个散点图
plt.savefig('price.png',dpi=400,bbox_inches='tight') #存储图像到指定文件夹
```

```
plt.annotate(r'$0$',xy=(0,49.95),xytext=(-1.5,49.6),fontsize=14,
             arrowprops=dict(arrowstyle='->',connectionstyle='arc3,rad=-0.3'))
plt.annotate(r'$1$',xy=(1,49.95),xytext=(1,49.6),fontsize=14,
             arrowprops=dict(arrowstyle='->',connectionstyle='arc3,rad=0.3'))
plt.annotate(r'$2$',xy=(2,51.55),xytext=(2,51.8),fontsize=14,
             arrowprops=dict(arrowstyle='->',connectionstyle='arc3,rad=0.3'))
plt.annotate(r'$58$',xy=(58,50.53),xytext=(54,50.7),fontsize=14,color='g',
             arrowprops=dict(arrowstyle='->',color='g'))
plt.annotate(r'$59$',xy=(59.5,50.5),xytext=(60,50.7),fontsize=14,
             arrowprops=dict(arrowstyle='->',connectionstyle='arc3,rad=-0.3'))
plt.annotate(r'$60$',xy=(60,49.95),xytext=(60,49.6),fontsize=14,
             arrowprops=dict(arrowstyle='->',connectionstyle='arc3,rad=0.3'))
plt.show()
```

程序运行结果:

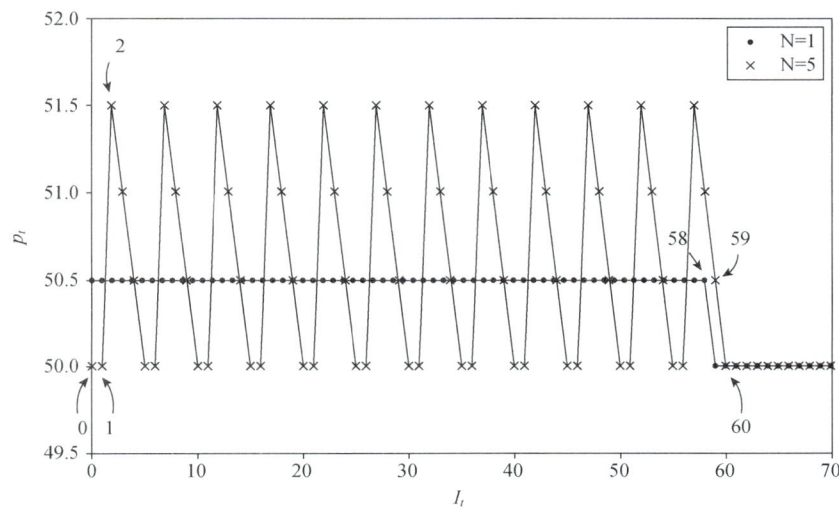

11.7.3 条状图

条状图的形状与直方图类似，不过 x 轴的不同区间表示的是不同的类别，可用 bar() 函数生成条状图，并将类别的刻度标签字符串传递给 xticks() 函数的参数。

水平方向的条状图需要用 barh() 函数实现。在水平条状图中，x 轴表明数值，y 轴分布类别。

【示例11-21】绘制垂直条状图、水平条状图。

```
import matplotlib.pyplot as plt
plt.rcParams['font.sans-serif']=['SimHei']    #用于正常显示中文标签
plt.rcParams['axes.unicode_minus']=False      #用于正常显示符号
plt.figure(figsize=(10,3))                    #使用plt.figure()函数定义窗口
index=np.arange(6)                            #横坐标x轴上的区间
values=[3,9,7,6,2,5]                          #每个区间的值
plt.ylim(1,10)                                #设置y轴的刻度范围
plt.subplot(1,2,1)                            #图1: 垂直条状图
plt.title("图1: 垂直条状图")
plt.bar(index,values,color='y',alpha=0.3)     #用bar()函数画条状图
plt.xticks(index,['东','西','南','北','中','外'])
plt.subplot(1,2,2)                            #图2: 水平条状图
plt.title("图2: 水平条状图")
plt.barh(index,values,color='g',alpha=0.3)    #用barh()函数画条状图
plt.yticks(index,['东','西','南','北','中','外'])
plt.show()
```

程序运行结果：

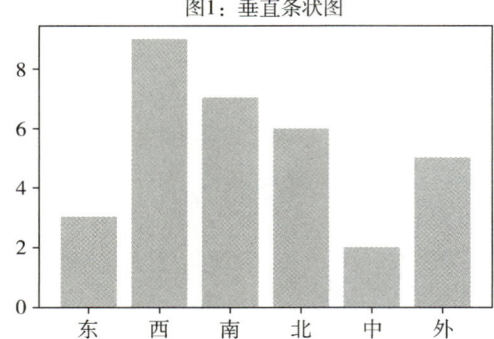
图1：垂直条状图

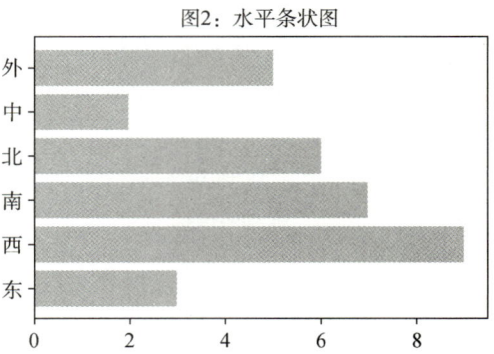
图2：水平条状图

多个序列的数值除了能用线形图表示，也能用条状图表示。例如示例 11-22 中的"图 1：多序列条状图"，将宽度为 1 的类别空间分成 3 个部分，每个部分占据 0.3 的宽度，不同类别之间留有间距。需要注意的是，如果 x 轴的左刻度范围不是-0.2 而是 0，那么最左侧的蓝条只能显示一半的宽度。

如果想知道每一类别的序列总和，则可以用多序列堆积条状图替代多序列条状图。例如示例 11-22 中的"图 2：多序列堆积条状图"，具体操作为，在每个 bar() 函数中添加 bottom 关键字参数，并把每个序列赋给相应的 bottom 关键字参数。除了用颜色区分序列，其实还可以用不同的影线填充条状图，如 | 、/ 、- 、\\ 、* 等字符。例如示例 11-22 中的"图 3：用不同的影线填充条状图"，用 hatch 关键字参数指定影线的类型，同一符号出现的次数越多，则形成阴影的线条越密集。

【示例 11-22】绘制多序列条状图、多序列堆积条状图、用不同的影线填充条状图。

```python
import matplotlib.pyplot as plt
import numpy as np
plt.rcParams['font.sans-serif']=['SimHei']     #用于正常显示中文标签
plt.rcParams['axes.unicode_minus']=False       #用于正常显示符号
index=np.arange(6)                              #横坐标x轴上的区间
values1=np.array([3,9,7,6,2,5])                 #每个条状图区间的值
values2=np.array([4,8,6,3,1,6])
values3=np.array([5,2,5,9,3,3])
plt.figure(figsize=(12,4))
plt.subplot(1,3,1)                              #图1：多序列条状图
plt.title("图1：多序列条状图")
plt.axis([-0.2,6,0,10])                         #设置x轴、y轴的刻度范围
bw=0.3                                          #设置每个条的宽度
l11=plt.bar(index,values1,bw,color='b',alpha=0.6,label='雨衣')
l12=plt.bar(index+bw,values2,bw,color='g',alpha=0.6,label='雨伞')
l13=plt.bar(index+2*bw,values3,bw,color='y',alpha=0.6,label='雨鞋')
plt.xticks(index+bw,['东','西','南','北','中','外'])
plt.legend(handles=[l11,l12,l13],loc=1)         #添加图例
plt.subplot(1,3,2)                              #图2：多序列堆积条状图
plt.title("图2：多序列堆积条状图")
plt.axis([-0.5,5.5,0,20])                       #设置x轴、y轴的刻度范围
l21=plt.bar(index,values1,color='b',alpha=0.6,label='雨衣')
l22=plt.bar(index,values2,color='g',alpha=0.6,bottom=values1,label='雨伞')
l23=plt.bar(index,values3,color='y',alpha=0.6,bottom=(values1+values2),label='雨鞋')
plt.xticks(index,['东','西','南','北','中','外'])
plt.legend(handles=[l21,l22,l23],loc=1)         #添加图例
plt.subplot(1,3,3)                              #图3：用不同的影线填充条状图
plt.title("图3：用不同的影线填充条状图 ")
plt.axis([-0.5,5.5,0,20])                       #设置x轴、y轴的刻度范围
```

第 11 章 用 Matplotlib 实现数据可视化

```
l31=plt.bar(index,values1,color='b',alpha=0.6,hatch='xx',label='雨衣')
l32=plt.bar(index,values2,color='g',alpha=0.6,hatch='//',bottom=values1,label='雨伞')
l33=plt.bar(index,values3,color='y',alpha=0.6,hatch='\\\\',
            bottom=(values1+values2),label='雨鞋')
plt.xticks(index,['东','西','南','北','中','外'])
plt.legend(handles=[l31,l32,l33],loc=1)    #添加图例
plt.show()
```

程序运行结果：

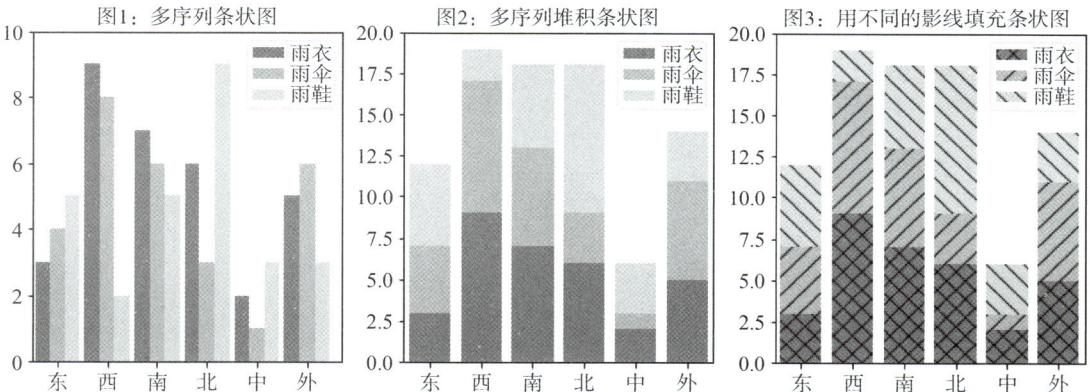

根据上文所示，Matplotlib 库可以将字典转化为 pandas 库的 DataFrame 形式，在下面的示例中，可以学习到为 pandas 数据结构绘制条状图的方法。其具体操作为，在 DataFrame 对象上调用 plot() 函数，指定 kind 关键字参数，把 bar 所定义的图表类型赋给 kind。

【示例 11-23】为 pandas DataFrame 生成多序列条状图。

```
import matplotlib.pyplot as plt
import pandas as pd
commodity={'雨衣':[3,9,7,6,2,5],       #创建一个字典
           '雨伞':[4,8,6,3,1,7],
           '雨鞋':[5,2,5,9,3,3]}
df=pd.DataFrame(commodity)             #将该字典转化为pandas的DataFrame数据结构
df.plot(kind='bar')                    #画出多序列条状图(kind关键字参数)
```

程序运行结果：

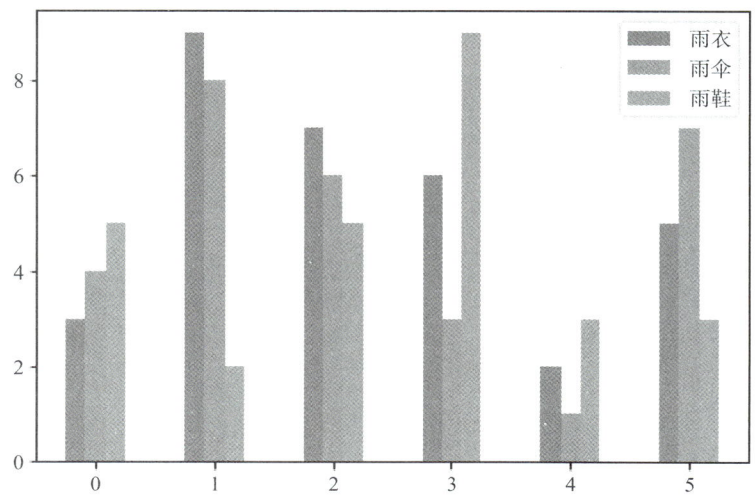

【示例 11-24】为 pandas DataFrame 生成多序列堆积条状图。

213

```
import matplotlib.pyplot as plt
import pandas as pd
commodity={'雨衣':[3,9,7,6,2,5],        #创建一个字典
           '雨伞':[4,8,6,3,1,7],
           '雨鞋':[5,2,5,9,3,3]}
df=pd.DataFrame(commodity)              #将该字典转化为pandas的DataFrame数据结构
df.plot(kind='bar',stacked=True)        #画出多序列堆积条状图
```

程序运行结果：

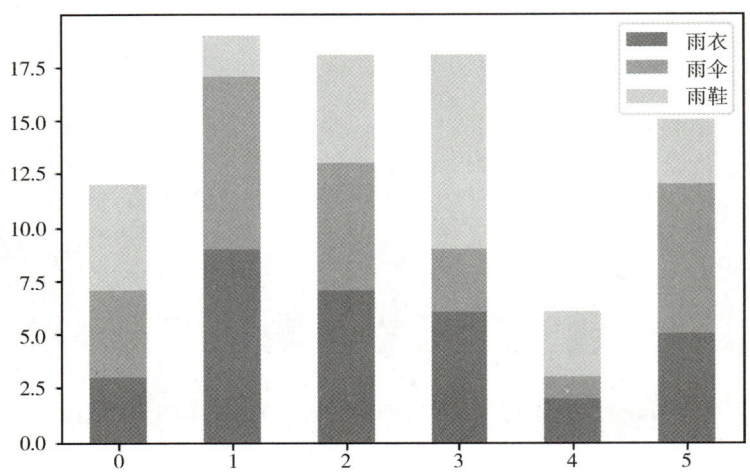

11.7.4 饼图

使用 pie() 函数制作饼图。pie() 函数以数据作为主要参数，可以直接计算每个类别所占的比例。其中，labels 关键字参数用于添加标签，colors 关键字参数为输入的数据序列分配颜色。而 explode 关键字参数的表现形式为某一类别从圆饼中抽取出，它的数据类型为浮点型，取值范围为 0~1，数值越大，表明越脱离圆饼。

此外，shadow 关键字参数设置为 True 即可添加阴影效果。autopct 关键字参数用于在每一块的中间位置添加文本标签来显示百分比。

最后，调用 axis() 函数，用字符串 'equal' 作为参数，可以绘制标准的圆形饼图。

【示例 11-25】绘制饼图。

```
import matplotlib.pyplot as plt
labels=['OPPO','Honor','Vivo','Apple','Xiaomi','其他']
values=[13.7,13.5,13.3,12.4,11.0,10.2]
colors=['yellow','cyan','palegreen','turquoise','paleturquoise','pink']
explode=[0.2,0,0,0,0,0]                              #表示某块标签的突出程度
plt.title('2022年第一季度手机出货量市场份额')
plt.pie(values,labels=labels,colors=colors,explode=explode,
        shadow=True,autopct='%1.1f%%',startangle=180)  #旋转角度180度
plt.axis('equal')
plt.show()
```

程序运行结果：

第 11 章 用 Matplotlib 实现数据可视化

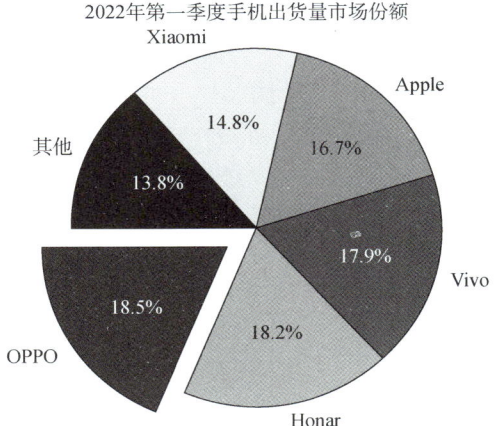

饼图也可以表示 DataFrame 对象中的数据，但一个饼图只能表示一个序列。如下所示，指定序列 df['雨伞']，用 kind 关键字参数定义 pie 所表示的饼图。

【示例 11-26】为 DataFrame 绘制饼图。

```
import matplotlib.pyplot as plt
import pandas as pd
plt.rcParams['font.sans-serif']=['SimHei']    #用于正常显示中文标签
plt.rcParams['axes.unicode_minus']=False      #用于正常显示符号
commodity={'雨衣':[3,9,7,6,2,5],              #创建一个字典
           '雨伞':[4,5,6,3,3,7],
           '雨鞋':[5,2,5,9,3,3]}
labels=['东','西','南','北','中','外']
colors=['yellow','cyan','palegreen','turquoise','paleturquoise','pink']
df=pd.DataFrame(commodity,labels)             #将该字典转化为pandas的DataFrame数据结构
df['雨伞'].plot(kind='pie',                   #将雨伞一行值画出饼图
                colors=colors,figsize=(4,4),fontsize=12,title='雨伞销售量')
```

程序运行结果：

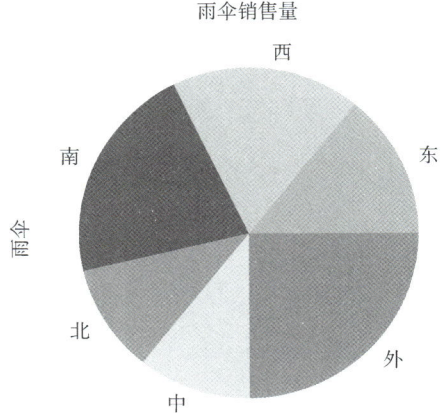

11.8 高级图表

11.8.1 等高线图

等高线(或称等值线)图由一圈圈封闭的曲线组成，用以表示三维结构的表面。其中封

215

闭的曲线表示的是处于同一层级或 z 值相同的数据点。

例如示例 11-27 中的"图 1：等高线无须着色填充"，等高线如果不需要着色填充，并只希望输出 $f(x, y)$= 0.2，0.4，0.6，0.8 四条线，可以直接对 C1 对象进行设定。

例如示例 11-27 中的"图 2：对等高线进行着色填充""图 3：对等高线进行热图模式填充"，标准的渐变色组合需要用 cmap 关键字参数赋值。此外，若使用等高线图，则在代码的最后需增加 colorbar() 函数进行图的颜色说明。

【示例 11-27】绘制等高线图。

```python
import matplotlib.pyplot as plt
import numpy as np
x=np.arange(-2,2,0.01)
y=np.arange(-2,2,0.01)
X,Y=np.meshgrid(x,y)          #meshgrid()函数将x,y向量值变为网格坐标数据
def f(x,y):                   #定义f(x,y)函数，图形为三维图像
    return (1-x**5+y**5)*np.exp(-x**2-y**2)
plt.figure(figsize=(11,4))
plt.subplot(1,3,1)
plt.title("图1：等高线无须着色填充")            #图1：等高线无须着色填充
C1=plt.contour(X,Y,f(X,Y), [0.2,0.4,0.6,0.8],  #获取代表等高线图的对象C1,并设置C1的属性
               colors='black')                 #这里的colors代表线条颜色
plt.clabel(C1,inline=1,fontsize=10)            #显示各等高线的数据标签
plt.subplot(1,3,2)
plt.title("图2：对等高线进行着色填充")          #图2：对等高线进行着色填充
C2=plt.contour(X,Y,f(X,Y),10,colors='black')   #设置等高线图的C2对象的属性,10代表只出现10条线
plt.contourf(X,Y,f(X,Y),10)                    #对图C2进行普通着色,10表示等高线图被分成10块
plt.clabel(C2,inline=1,fontsize=10)            #显示各等高线的数据标签
plt.colorbar()                                 #显示图例
plt.subplot(1,3,3)
plt.title("图3：对等高线进行热图模式填充")       #图3：对等高线进行热图模式填充
C3=plt.contour(X,Y,f(X,Y),10,colors='black')   #设置等高线图的C3对象的属性
plt.contourf(X,Y,f(X,Y),10,alpha=0.6,cmap=plt.cm.hot)  #热图：值由小到大，颜色从黑到红到黄
plt.clabel(C3,inline=1,fontsize=10)            #显示各等高线的数据标签
plt.colorbar()                                 #显示图例
plt.show()
```

程序运行结果：

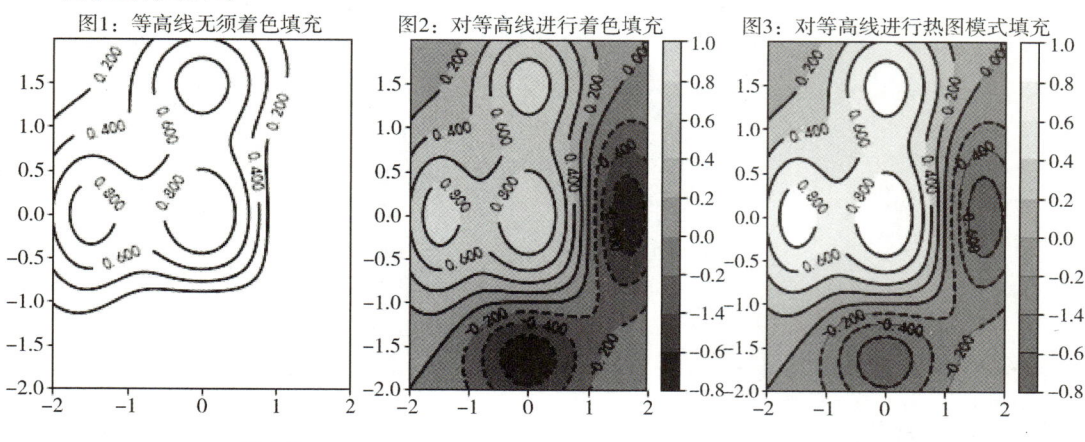

11.8.2　3D 曲面

用 mplot3d 可以绘制 3D 曲面。计算出分割线坐标后，就可以用 plot_surface() 函数绘制曲面。修改颜色表，3D 曲面效果会更加突出，例如，可以以 cmap 关键字参数指定各颜

色。还可以用 view_init() 函数旋转曲面，修改 elev 和 azim 两个关键字参数，从不同的视角查看曲面，其中 elev 关键字参数指定从哪个高度查看曲面，azim 关键字参数指定曲面旋转的角度。

【示例 11-28】绘制 3D 曲面。

```
from mpl_toolkits.mplot3d import Axes3D
import matplotlib.pyplot as plt
import numpy as np
fig=plt.figure(figsize=(10,4))                  #获取图对象
x=np.arange(-2,2,0.01)                          #二元函数定义
y=np.arange(-2,2,0.01)
X,Y=np.meshgrid(x,y)                            #通过meshgrid()函数将x,y向量值变为网格坐标数据
def f(x,y):                                     #定义f(x,y)函数，图形为三维图像
    return (1-x**5+y**5)*np.exp(-x**2-y**2)
ax1=fig.add_subplot(1,2,1,projection='3d')      #构成1×2子图，第一个子图，projection表示3D投影
ax1.set_title('彩虹3D曲面',fontsize=12)
ax1.plot_surface(X,Y,f(X,Y),                    #用plot_surface()函数画出3D曲线
            rstride=1,cstride=1,                #row行步长，colum列步长，rstride参数表示步骤幅度
            cmap='rainbow')                     #选择热图的颜色填充3D模型
ax2=fig.add_subplot(1,2,2,projection='3d')      ##构成1×2子图，第二个子图
ax2.set_title('热力图3D曲面',fontsize=12)
ax2.plot_surface(X,Y,f(X,Y),                    #用plot_surface()函数画出3D曲线
            rstride=1,cstride=2,                #row行步长，colum列步长，rstride参数表示步骤幅度
            cmap=plt.cm.hot)                    #选择热图的颜色填充3D模型
ax2.contourf(X,Y,f(X,Y),zdir='z',               #添加XY平面等高线投影到Z平面
            offset=-2,                          #offset表示比0坐标轴低两个位置
            cmap=plt.cm.hot)                    #选择热图的颜色填充等高线
ax2.set_zlim(-2,2)                              #设置z轴范围
ax2.view_init(elev=30,azim=125)                 #改变视角，asim沿着z轴旋转，elev沿着y轴旋转
plt.show()
```

程序运行结果：

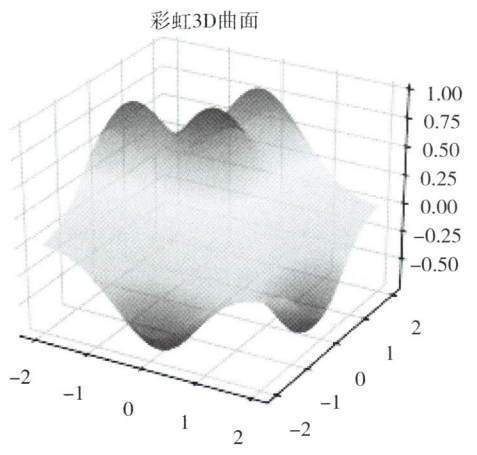

彩虹3D曲面

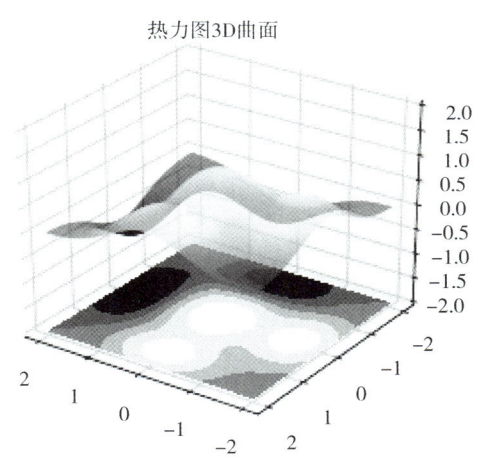

热力图3D曲面

11.8.3 3D 散点图

3D 散点图能够识别数据点的分布规律和聚集趋势。使用 scatter() 函数应用于 Axes3D 对象。这样做，即可在同一个 3D 对象中显示不同的序列。

【示例 11-29】绘制 3D 散点图。

```
import matplotlib.pyplot as plt
import numpy as np
from mpl_toolkits.mplot3d import Axes3D
xs=np.random.randint(30,40,100)         #3个点集中每个点的坐标
ys=np.random.randint(20,30,100)
zs=np.random.randint(10,20,100)
xs2=np.random.randint(50,60,100)
ys2=np.random.randint(30,40,100)
zs2=np.random.randint(50,70,100)
xs3=np.random.randint(10,30,100)
ys3=np.random.randint(40,50,100)
zs3=np.random.randint(40,50,100)
fig=plt.figure()                         #获取图对象fig
ax=fig.add_subplot(1,1,1,projection='3d') #将图对象转换为3d图对象
ax.scatter(xs,ys,zs)                     #画出3个点集的三点
ax.scatter(xs2,ys2,zs2,c='r',marker='^')
ax.scatter(xs3,ys3,zs3,c='g',marker='*')
ax.set_xlabel('x Label')                 #设置3个点集的标签
ax.set_ylabel('y Label')
ax.set_zlabel('z Label')
```

程序运行结果：

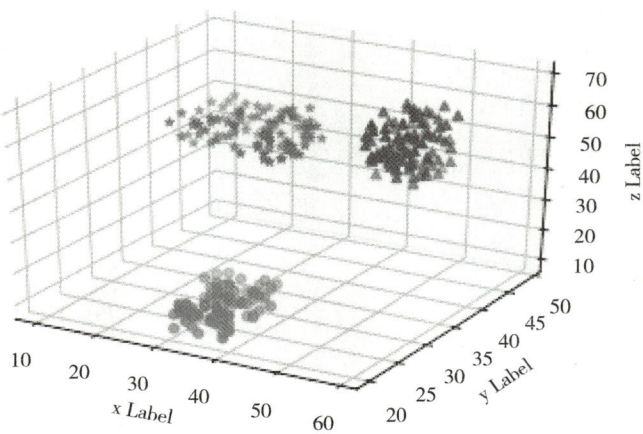

11.8.4　3D 条状图

3D 条状图也是数据可视化常用的方式之一，将 bar() 函数应用于 Axes3D 对象即可完成图像绘制。需要注意的是，定义几个序列，就需要在 3D 对象上调用几次 bar() 函数。

【示例 11-30】绘制 3D 条状图。

```
import matplotlib.pyplot as plt
import numpy as np
from mpl_toolkits.mplot3d import Axes3D
plt.rcParams['font.sans-serif']=['SimHei']  #用于正常显示中文标签
plt.rcParams['axes.unicode_minus']=False    #用于正常显示符号
x=np.arange(8)                              #设置x轴刻度
y1=np.random.randint(1,10,8)                #设置条状图高度(如果ax.bar()参数是zdir='y')
y2=y1+np.random.randint(0,3,8)
y3=y2+np.random.randint(0,3,8)
y4=y3+np.random.randint(0,3,8)
y5=y4+np.random.randint(0,3,8)
clr=['#c5b47f','#EAA228','#579575','#8BB2c5', #设置各列条状图的颜色
     '#839557','#FbB2C1','#954c12','#323409']
fig=plt.figure(figsize=(7,5))
```

```
ax=fig.add_subplot(1,1,1,projection='3d')
ax.bar(x,y1,0,zdir='y',color=clr)            #根据5个系列条状图的每个条的高度画出图形
ax.bar(x,y2,10,zdir='y',color=clr)           #高度用y1,y2,y3,y4,y5界定
ax.bar(x,y3,20,zdir='y',color=clr)           #生成y方向投影,投到xz平面
ax.bar(x,y4,30,zdir='y',color=clr)
ax.bar(x,y5,40,zdir='y',color=clr)
ax.set_xlabel('x轴')
ax.set_ylabel('y轴')
ax.set_zlabel('z轴')
```

程序运行结果:

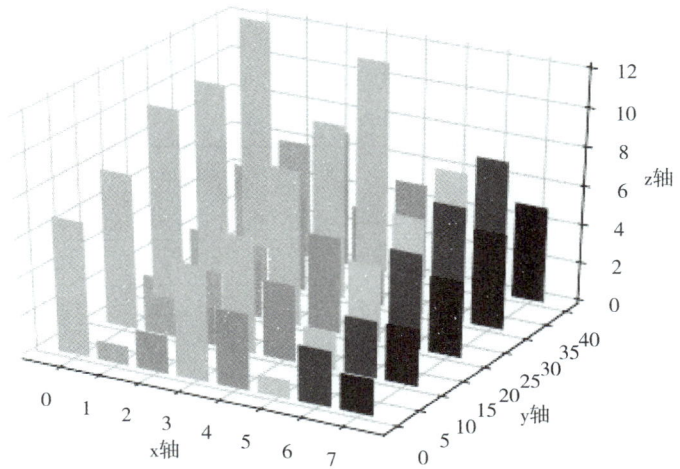

11.9 本章小结

Matplotlib 和 NumPy、pandas 并列作为数据分析和处理中关键的 3 个库。完整的 Matplotlib 绘制步骤为,先生成一张简单图表,再设置 Figure 对象的属性,最后标记坐标轴的范围、名称、刻度。

由于 Matplotlib 以 NumPy 库为基础,因此,我们可以直接将 NumPy 数组作为输入数据,数组经 pandas 处理后可直接供 Matplotlib 使用。图形绘制还可以设定几个不同的子图、修改文本属性、处理日期值,最终可得到线形图、直方图、条状图、饼图、等高线图、3D 图等。

11.10 习题

11-1 根据示例 11-5 绘制形状为 6cos(1/8*x)+2 的图形,令 x 轴的刻度范围在 -30～30 之间,刻度个数为 6, y 轴刻度为 [-9,-6,-4,0,3,5,10],名称为 ['极低','很低','低','中','高','很高','极高'],根据示例调整坐标轴。

11-2 在 0~10 之间产生 100 个均匀分布的数作为 x,令 $y1=x+1$,$y2=\sin(x+\pi/3)$,$y3=x^2$,绘制 1 行 3 列的子图,分别是 3 个函数的曲线图。

11-3 根据表 11-2,绘制饼图。

表 11-2　饼图数据

城市	常住人口/万人
杭州	1 220.4
武汉	1 364.9
成都	2 119.2
广州	1 881.1
深圳	1 768.2

11-4　校园歌手比赛结果出炉，9 位评委对入围的 6 名选手给出了最终的评分，请根据表 11-3 绘制字典，并生成多序列条状图和多序列堆积条状图。

表 11-3　比赛结果

6 名选手	9 位评委打分								
023 号	25	14	98	54	68	61	71	21	64
102 号	82	95	91	65	89	97	25	32	89
037 号	54	90	75	55	67	98	67	57	71
114 号	65	89	97	82	90	51	57	25	45
058 号	61	71	93	93	75	85	67	39	51
069 号	97	25	65	97	35	62	71	84	72

11-5　令 x 在 $(-5,5)$ 之间，y 在 $(0,10)$ 之间，取间隔为 0.01 的数，绘制函数 $f(x,y)=(1+x^3+y^4)(x^2-y^2-1)$，并根据函数绘制等高线图。

二维码 11
第 11 章习题答案

第 12 章
数据质量分析

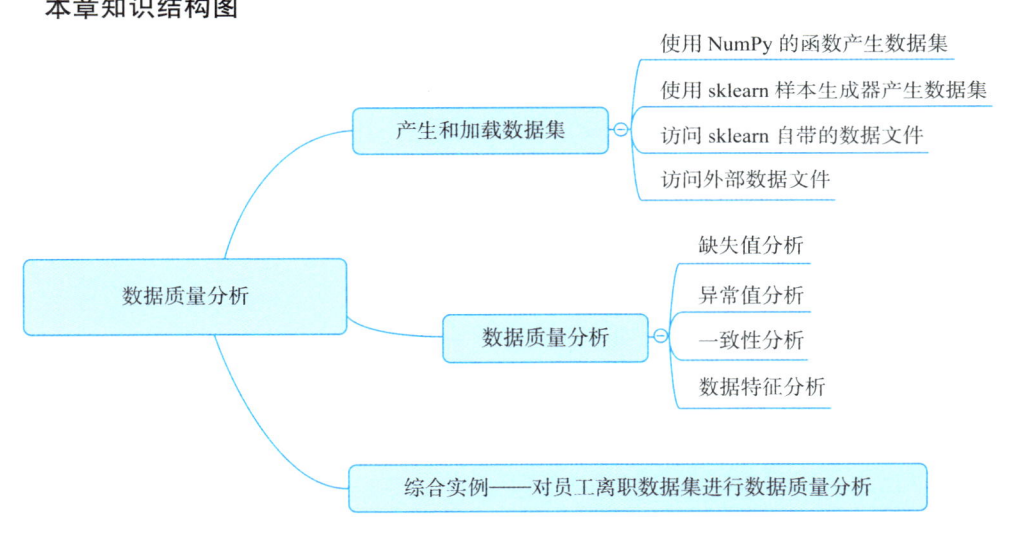

数据是数据分析和数据挖掘的基础,可以通过操作各种机器学习方法运用数据发现其背后有用的知识。在数据获取方面,我们不仅可以通过模拟产生数据集,也可以访问外部数据集,或者收集一定的数据。

数据质量分析是数据分析和数据挖掘的前提,这一环节在数据准备过程中十分重要。高质量的数据不仅是数据分析的基础,更是其可靠性的必要保障。只有使用正确有效的可信数据,才能挖掘出数据背后真正隐藏的信息,提高数据分析的准确性和有效性。

12.1 产生和加载数据集

本节将介绍使用 Python 产生和加载数据集的方法。

221

12.1.1 使用 NumPy 的函数产生数据集

NumPy 具有功能强大的 N 维数组对象和可供数组快速操作的各种函数，以生成需要的数据。例如，使用 random 子库下的随机函数生成正态分布的样本以在回归分析时叠加噪声；使用类标签标记样本；使用拼接函数 hstack()将多个一维数组横向拼接以模拟多个特征；使用拼接函数 vstack()将不同类别的数据集纵向拼接以产生多类别的分类问题数据集。

【示例 12-1】在二维平面内产生以 3 个不同位置为中心的正态分布二维样本点及相应的类标签，共获得 3 个类别样本。

（1）横向拼接，将数据和类标签合并为一个 100×3 的数组，生成观察类 c0。

```
import os  #Python环境下对文件进行操作
import numpy as np
import matplotlib.pyplot as plt
import pandas as pd
path='C:\py2021\data\'   #最后一个\ 表示文件装到最深的文件夹
if not os.path.exists(path):
    os.makedirs(path)
num=100  #100个样本点
#在x, y平面内随机生成两类各num个正态分布的点
#并分别添加类标签，形成数据集X
#生成类c0，类标签为0
c0_x0=0
c0_y0=0
c0_x=c0_x0+np.random.randn(num,1)  #num行1列
c0_y=c0_y0+np.random.randn(num,1)  #num行1列
c0_labels=0*np.ones((num,1))  #该组数据为num行1列, 值全为0
#横向拼接, 将数据和类标签合并为一个num×3的数组
c0=np.hstack((c0_x,c0_y,c0_labels))
print('c0这类数据前5行为: \n ',c0[0:5,:])
```

程序运行结果：

```
c0这类数据前5行为:
 [[ 0.14806114  0.59047375  0.        ]
 [-0.40076128  0.34585297  0.        ]
 [ 1.5567941   0.11075006  0.        ]
 [-0.55196989 -0.84501174  0.        ]
 [-0.15654024  1.16879781  0.        ]]
```

（2）同理，生成观察类 c1。

```
#生成c1数据, 类标签为1
#设置c1数据的样本中心
c1_x0=6
c1_y0=1
c1_x=c1_x0+np.random.randn(num,1)  #num行1列
c1_y=c1_y0+np.random.randn(num,1)  #num行1列
c1_labels=1*np.ones((num,1))  #该组数据为num行1列, 值全为1
c1=np.hstack((c1_x,c1_y,c1_labels))
print('c1这类数据前5行为: \n ',c1[0:5,:])
```

程序运行结果：

c1这类数据前5行为:
　　[[6.77936764 0.71438933 1.   ]
　[6.92151967 0.12781435 1.   ]
　[6.05682889 0.410551   1.   ]
　[5.94255422 1.56249554 1.   ]
　[6.72336025 0.49132457 1.   ]]

(3) 同理, 生成观察类 c2。

```
#生成c2数据, 类标签为2
#设置c2数据的样本中心
c2_x0=1
c2_y0=7
c2_x=c2_x0+np.random.randn(num,1)  #num行, 1列
c2_y=c2_y0+np.random.randn(num,1)  #num行, 1列
c2_labels=2*np.ones((num,1))  #num行,1列,值全为2
c2=np.hstack((c2_x,c2_y,c2_labels))  #横向拼接, 数据和类标签合并为num×3的数组
print('c2这类数据前5行为: \n ',c2[0:5,:])
```

程序运行结果:
c2这类数据前5行为:
　　[[1.77191412 6.78465642 2.   ]
　[0.56036359 7.85959852 2.   ]
　[0.80624886 8.06238491 2.   ]
　[0.86730073 7.17719144 2.   ]
　[0.77667628 5.91417003 2.   ]]

(4) 使用 np.vstack() 函数将 c0、c1、c2 三个 100×3 的数组像积木一样竖着"叠"在一起, 形成一个 300×3 的数据集 X。该数据集有 3 个类别、2 个特征、1 列标签(标签值有 0、1、2)。

```
#3类数据纵向拼接在一起, 成为一个数据集
X=np.vstack((c0,c1,c2))
print('数据集X的形状为: ',X.shape)
print('数据集X的大小为: ',X.size)
```

程序运行结果:
数据集X的形状为: (300, 3)
数据集X的大小为: 900

(5) 使用 matplotlib 包可视化数据集 X, 并使用 os 包和 pandas 包的 DataFrame().to_csv() 函数把数据集 X 存储为 .csv 文件, 使用 pd.read_csv() 函数读取 .csv 文件。

```
#可视化X数据集
p=plt.figure(figsize=(12,8))
plt.rc('font',size=14)  #设置图中字体的大小
plt.rcParams['font.sans-serif']='SimHei'
plt.rcParams['axes.unicode_minus']=False  #坐标轴刻度显示负号
#子图1
ax1=p.add_subplot(1,2,1)
plt.scatter(X[:,0],X[:,1],c=X[:,2])  #使用3类数据的标签作为颜色
plt.axis('tight')  #比较紧凑
plt.title('生成的数据样本')
#子图2
#将DataFrame数据对象X存到硬盘的指定文件夹下
pd.DataFrame(X).to_csv(path+'ponts_3classes.csv',sep=',',index=False)
#从硬盘指定文件夹下读取数据
X1=pd.read_csv(path+'ponts_3classes.csv',sep=',',encoding='utf-8').values
ax2=p.add_subplot(1,2,2)
plt.scatter(X1[:,0],X1[:,1],c=X1[:,2])  #使用3类数据的标签作为颜色
```

```
plt.axis('tight') #比较紧凑
plt.title('从文件夹中读取的数据样本')
plt.show()
```

程序运行结果：

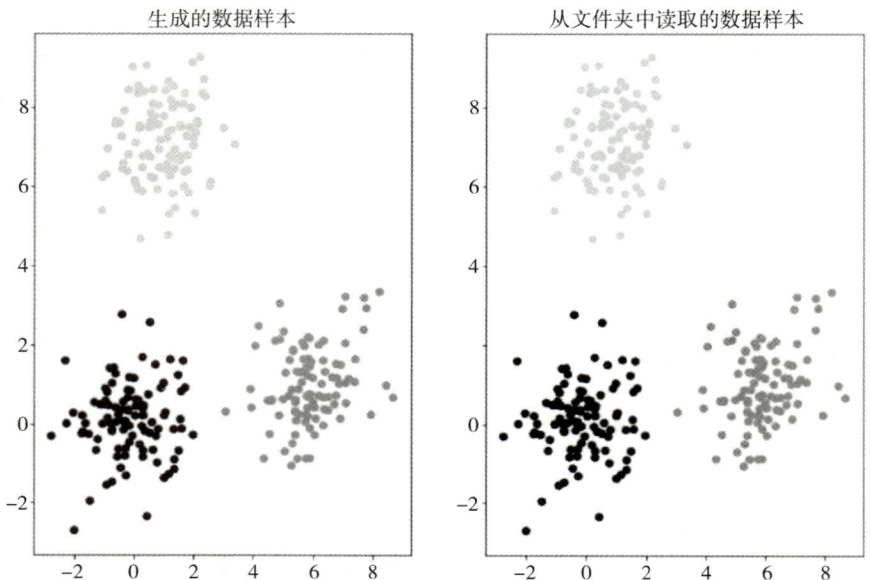

除此之外，NumPy 中的 np.c_[ ] 函数可以将形状相同的一个或多个一维数组，横向拼接在一起，即左右连接，行数不变。

【示例 12-2】使用 np.c_[ ] 函数将指定范围内均匀分布的自变量样本 X 和叠加噪声后的因变量 Y 合并为二维数据集，建立回归数据集。

（1）生成 XY 二维数据集。

```
#使用array.ravel()函数展开数组，使用np.c_[]函数将多个等长数组（属性）对齐
num=100
#uniform从一个均匀分布[low,high)中随机采样，注意是左闭右开，包含low，不包含high
X=np.random.uniform(0,10,num)
noise=np.random.randn(100)
Y=noise+2*X+3
print('X的形状为：',X.shape,'Y的形状为：',Y.shape)
#将X、Y展平，相同位置的值配对为一个二维坐标系的点
XY=np.c_[X.ravel(),Y.ravel()]
print('使用np.c_[]生成的数据XY的形状为：',XY.shape)
```

程序运行结果：

X的形状为： (100,) Y的形状为： (100,)
使用np.c_[]生成的数据XY的形状为： (100, 2)

（2）可视化 XY 二维数据集。

```
#可视化数据集XY
#绘制原始数据散点图
p=plt.figure(figsize=(12,8))
plt.rc('font',size=14) #设置图中字体的大小
plt.rcParams['font.sans-serif']='SimHei'
plt.rcParams['axes.unicode_minus']=False #坐标轴刻度显示负号
#子图1
```

```
ax1=p.add_subplot(2,2,1)
plt.title('生成的数据')
plt.xlabel(r'$x$')   #添加横轴标签
plt.ylabel(r'$y$')   #添加纵轴标签
plt.scatter(XY[:,0],XY[:,1])
plt.show()
```

程序运行结果：

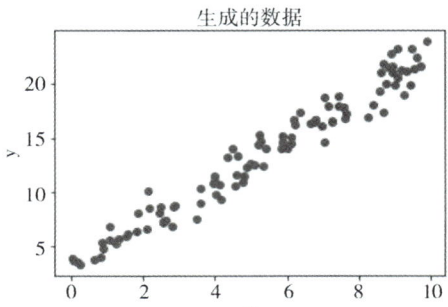

（3）将 XY 二维数据集存储到硬盘中，再读取，最后可视化。

```
#将X转换为DataFrame对象，保存为.csv格式文件
path='C:\py2021\data\ '
pd.DataFrame(XY).to_csv(path+'1x_regression.csv',sep=',',index=False)
#从硬盘指定文件夹下读取数据，并转换为数组
X1=pd.read_csv(path+'1x_regression.csv',sep=',',encoding='utf-8').values
#可视化X1，与X对比
ax1=p.add_subplot(2,2,2)
plt.title('读取的数据')
plt.xlabel(r'$x$')
plt.ylabel(r'$y$')
plt.scatter(X1[:,0],X1[:,1])
plt.show()
```

程序运行结果：

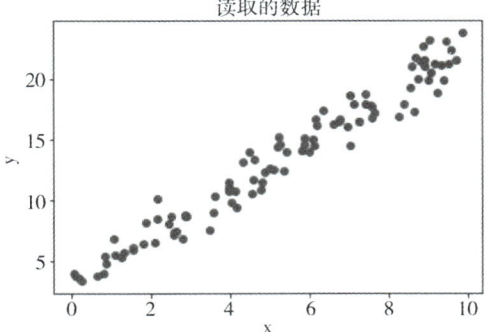

【示例 12-3】使用 np.c_[ ] 函数产生三元线性回归样本集。
（1）生成多元线性回归数据集。

```
#生成多元线性回归数据集
X1=np.random.uniform(0,10,num)   #在0~10之间生成num个均匀分布的数
X2=np.random.uniform(0,10,num)
X3=np.random.uniform(0,10,num)
X4=np.random.uniform(0,10,num)
noise=np.random.randn(num)
a1,a2,a3,b=5,3,6,-8
```

```
Y=noise+a1*X1+a2*X2+a3*X3+X4+b   #线性方程叠加噪声
print('X1, X2, X3, 噪声Y的形状为：', X1.shape, X2.shape, X3.shape, X4.shape)
```

程序运行结果：

X1, X2, X3, 噪声Y的形状为：（100,）（100,）（100,）（100,）

（2）合并生成四维的数据集。

```
#将X1, X2, X3, Y展平，相同位置的值配对为一个四维坐标系的点
Z=np.c_[X1.ravel(), X2.ravel(), X3.ravel(), Y.ravel()]
print('对齐后数据集Z的形状为：', Z.shape)
print('Z的前5行数据为：\n', Z[0:5, :])
```

程序运行结果：

对齐后数据集Z的形状为：（100, 4）
Z的前5行数据为：
[[9.38795748 2.74904355 2.25331479 71.85065398]
 [2.40311417 5.1363408   2.40989965 39.81688721]
 [0.24806319 5.65103737 6.35401245 54.18785335]
 [2.14986268 9.55699403 6.68338472 76.37765322]
 [7.74905652 2.45807575 5.8639486 78.49433497]]

（3）将数据集 Z 转换为 DataFrame 对象，保存为 .csv 格式文件并读取。

```
#将数据集Z转换为DataFrame对象，保存为.csv格式文件
#为每列设置名称，即特征名称
df_Z=pd.DataFrame({'X1':Z[:,0],'X2':Z[:,1],'X3':Z[:,2],'Y':Z[:,3]})
df_Z.to_csv(path+'3x_regression.csv', sep=',', index=False)
#读取数据文件，并转换为数组
X=pd.read_csv(path+'3x_regression.csv', sep=',', encoding='utf-8')
print('读取的数据集X的形状为：', X.shape)
print('读取的数据集X前5行数据为：\n', X.head())  #第一行为列名称
```

程序运行结果：

读取的数据集X的形状为：（100, 4）
读取的数据集X前5行数据为：
        X1   X2   X3   Y
0 9.387957 2.749044 2.253315 71.850654
1 2.403114 5.136341 2.409900 39.816887
2 0.248063 5.651037 6.354012 54.187853
3 2.149863 9.556994 6.683385 76.377653
4 7.749057 2.458076 5.863949 78.494335

12.1.2 使用 sklearn 样本生成器产生数据集

sklearn（scikit-learn）的数据集库 datasets 贴心地为我们准备了 20 个用于分类、聚类、回归、主成分分析等的样本生成函数，方便我们获取模拟数据，并进行相应的练习。

1. 分类、聚类问题样本生成器 make_blobs() 函数

make_blobs() 函数可以生成指定样本数量、特征数量、类别数量、类别中心和类别样本标准差的分类样本集，为中心和各簇的标准偏差提供了很好的控制。其格式如下：

```
sklearn.datasets.make_blobs(n_samples=100, n_features=2, centers=3,
                cluster_std=1.0, center_box=(-10.0, 10.0),
                shuffle=True, random_state=None)
```

make_blobs() 函数的主要参数说明如表 12-1 所示。

表 12-1　make_blobs() 函数的主要参数说明

参数	说明
n_samples	接收整数，表示要生成的样本数量，可选，默认为 100
n_features	接收整数，表示样本特征的数量，可选，默认为 2
centers	接收整数或形状为[n_centers, n_features]的数组。当其为整数时表示样本类别的数量，当其为数组时表示样本各个类的中心，如未指定类中心，则系统自动随机分配。可选，默认为 2
cluster_std	接收浮点数或浮点数序列，表示类样本的标准差
center_box	中心确定之后，需要设定的数据边界，默认为(-10.0, 10.0)
shuffle	洗牌操作，默认是 True，即由该函数返回的所产生的样本不被标签或一些其他准则排序
random_state	随机数种子，不同的种子产出不同的样本集合。给定数值后，每次生成固定的数据集，方便后期复现，默认每次随机生成

示例 12-4 中，返回值 X 为形状数组[n_samples, n_features]生成的样本；返回值 y 为形状数组[n_samples]每个样本的类成员的整数标签。

【示例 12-4】使用 make_blobs() 函数产生二元分类数据集。

(1) 使用样本生成器 make_blobs() 函数生成数据集。

```
#使用make_blobs()生成分类数据
#生成单标签样本
#使用make_blobs()生成centers个类的数据集X，X形状为(n_samples,n_features)
#y返回类标签
from sklearn.datasets import make_blobs  #0.24版本以上
#from sklearn.datasets.samples_generator import make_blobs  0.22版本
centers_data=[(-2,0),(2,5)]
X,y=make_blobs(n_samples=100,centers=centers_data,n_features=2,random_state=0)
print('生成的属性集X的形状为：',X.shape)
print('生成的类标签y的形状为：',y.shape)
print('类标签y的前10个值为',y[0:10])
```

程序运行结果：

```
生成的属性集X的形状为： (100, 2)
生成的类标签y的形状为： (100,)
类标签y的前10个值为 [0 1 0 1 1 0 0 1 0 0]
```

(2) 可视化数据集 X。

```
#可视化
plt.figure(figsize=(6,4))
plt.scatter(X[:,0],X[:,1],c=y)  #同类标签同颜色绘制
plt.title('使用make_blobs()函数生成分类数据集')
plt.show()
```

程序运行结果：

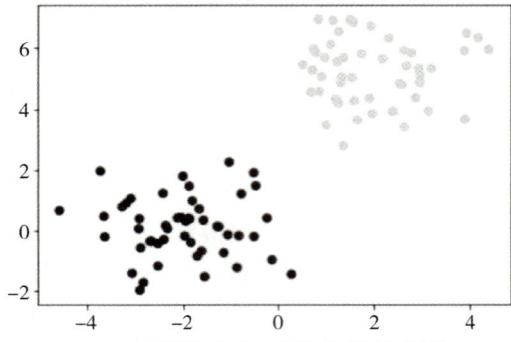

【示例 12-5】使用 make_blobs() 函数产生三元分类数据集。

```
#使用make_blobs()生成centers个类的数据集X, X形状为(n_samples,n_features)
from sklearn.datasets import make_blobs
#设置每个类的中心位置,y返回类标签
centers_data=[(-5,0),(5,2),(0,5)]
X,y=make_blobs(n_samples=300,centers=centers_data,n_features=2,random_state=0)
plt.figure(figsize=(6,4))
plt.scatter(X[:,0],X[:,1],c=y,label="Class")
plt.title('使用make_blobs()函数生成三元分类数据集')
plt.show()
```

程序运行结果:

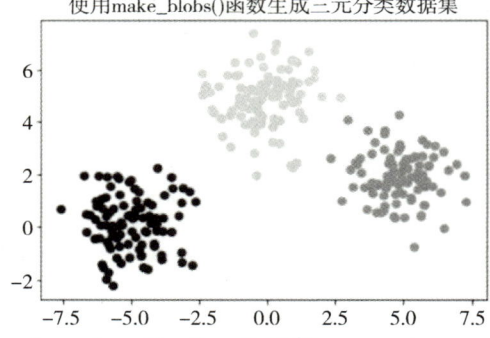

2. 分类样本生成器 make_classification() 函数

make_classification() 函数可以生成多类单标签数据集,为每个类分配一个或多个正态分布的点集,提供了包括维度相关性、有效特征以及冗余特征等在内的为数据添加噪声的方式。其格式如下:

```
sklearn.datasets.make_classification(n_samples=10000,  # 样本个数
                                     n_features=25,     # 特征个数
                                     n_informative=3,   # 有效特征个数
                                     n_redundant=2,     # 冗余特征个数
                                     n_repeated=0,      # 重复特征个数
                                     n_classes=3,       # 样本类别
                                     n_clusters_per_class=1, # 簇的个数
                                     random_state=0)
```

make_classification() 函数的主要参数说明如表 12-2 所示。

表 12-2 make_classification() 函数的主要参数说明

参数	说明
n_samples	接收整数，表示要生成的样本数量，可选，默认为 100
n_features	接收整数，表示样本特征的数量，可选，默认为 20
n_informative	有效特征个数
n_redundant	接收整数，表示冗余特征的数量，可选，默认为 2
n_repeated	重复特征个数，即有效特征与冗余特征的随机组合
n_classes	接收整数，表示类标签，可选，默认为 2

同样地，返回值 X 为形状数组[n_samples，n_features]生成的样本；返回值 y 为形状数组[n_samples]每个样本的类成员的整数标签。

【示例 12-6】使用 make_classification() 函数产生三元分类数据集。

```
#使用make_classification()函数生成冗余、有噪声、10个特征的三元分类样本
from sklearn.datasets import make_classification
#在样本中引入相关、冗余和未知的噪声
X,y=make_classification(n_samples=100,
                        n_features=10,
                         n_informative=6,
                        n_redundant=2,
                        n_classes=3,
                        random_state=42)
print('X的形状为：',X.shape)
print('标签y的形状为：',y.shape)
print('分类特征集X的前5行为：',X[0:5,:])
print('标签y的前5个值为',y[0:5])
```

程序运行结果：

```
X的形状为： (100, 10)
标签y的形状为： (100,)
分类特征集X的前5行为： [[-0.28328851  1.4437646   2.92354649  2.65306393  2.10
748891 -1.086392
  -1.25153942  0.17931475  2.41531065  0.56213344]
 [-1.51319581 -0.38770156  0.94017807  0.67355598  1.24067726 -0.11473861
  -0.61278869 -0.69460862  0.91974318  0.03253993]
 [ 1.5217875  -1.88954073  0.57557862 -2.18949908 -3.96155964  1.22086168
  -0.44618343  0.49667152 -2.32641181 -2.6442781 ]
 [-1.67705392  1.80094043 -0.44898153 -1.04320616  0.9059022  -1.17533653
  -0.6763923   0.06356585 -0.70009994 -0.35773609]
 [ 0.76569273 -1.07008477 -0.93941605 -3.80885417 -1.31690104 -0.06108763
   1.846637   -2.88641867  1.69569813  0.06827289]]
标签y的前5个值为 [0 1 1 1 0]
```

【示例 12-7】使用 make_classification() 函数产生分类数据集，判断该数据集的某个特征(某列数据)或全部数据集是否为正态分布，并画出两个特征(两列数据)下的二分类原数据可视化结果。

```
from sklearn.datasets import make_classification
import numpy as np
import pandas as pd
import matplotlib.pyplot as plt
from scipy import stats
data,target=make_classification(n_features=2,n_classes=3,
```

```
                          n_clusters_per_class=1, n_redundant=0)
#转换为DataFrame对象
df=pd.DataFrame(data)
df['target']=target
#把标签为0和1的数据都单独筛选出来组成两个数据集（对象）
df1=df[df['target']==0]
df2=df[df['target']==1]
df1.index=range(len(df1))
df2.index=range(len(df2))
#画出数据集的数据分布
plt.figure(figsize=(3,3))
plt.scatter(df1[0],df1[1],color='red')
plt.scatter(df2[0],df2[1],color='green')
#画出一个特征的条形图
plt.figure(figsize=(6,2))
df1[0].hist()
df1[0].plot(kind='kde',secondary_y=True)
#用scipy库的kstest()函数科学检验数据分布
mean_=df1[0].mean()
std_=df1[0].std()
stats.kstest(df1[0],'norm',(mean_,std_))
```

程序运行结果：

```
KstestResult(statistic=0.13165054663425352, pvalue=0.5533114162865957)
```

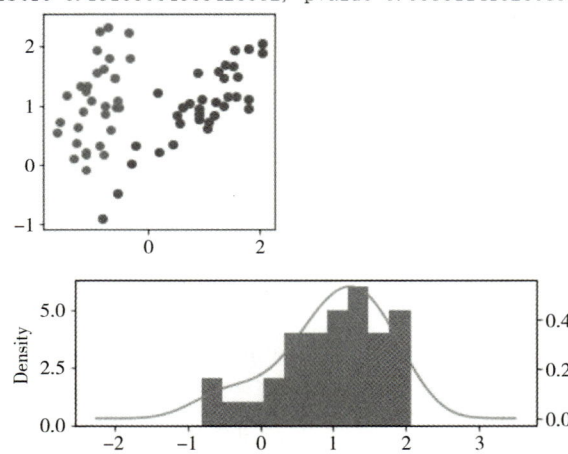

scipy 库中的 kstest() 函数可以用来检测数据是否符合正态分布，pvalue>0.05 代表符合正态分布。

3. 回归问题样本生成器 make_regression() 函数

make_regression() 函数用于生成随机回归问题，其格式如下：

```
sklearn.datasets.make_regression(
        n_samples=100,            #样本数
        n_features=100,           #特征数（自变量个数）
        n_informative=10,         #参与建模特征数
        n_targets=1,              #因变量个数
        bias=0.0,                 #偏差（截距）
        effective_rank=None,      #整数或无
        tail_strength=0.5,        #在0.0~1.0之间的浮点数
        noise=0.0,                #噪声
        shuffle=True,             #布尔值
        coef=False,               #是否输出coef标识
        random_state=None)        #随机状态若为固定值则每次产生的数据都一样
```

make_regression()函数的主要参数说明如表12-3所示。

表12-3　make_regression()函数的主要参数说明

参数	说明
n_samples	接收整数，表示要生成的样本数量，可选，默认为100
n_features	接收整数，表示样本特征的数量，可选，默认为100
n_targets	接收整数，表示输出y的维数，可选，默认为1
noise	接收浮点数，表示叠加到输出y的高斯噪声标准差，可选，默认为0.0

此外，返回值X为形状为[n_samples, n_features]的数组，即输入样本；返回值y为形状为[n_samples]或[n_samples, n_targets]的数组，即输出；返回值coef为形状为[n_features]或[n_features, n_targets]的数组，即线性模型的自变量系数，可选，仅当coef参数设置为True时返回。

【示例12-8】使用make_regression()函数产生多特征回归数据集。

```
#生成回归样本
from sklearn.datasets import make_regression
X,y=make_regression(n_samples=100,
                    n_features=4,
                    random_state=0,
                    noise=4.0,
                    bias=100)
print('特征集X的形状为：',X.shape)
print('标签y的形状为：',y.shape)
print('分类特征集X的前5行为：',X[0:5,:])
print('标签y的前5个值为',y[0:5])
```

程序运行结果：

特征集X的形状为：（100, 4）
标签y的形状为：（100,）
分类特征集X的前5行为： [[0.42625873 0.67690804 -2.06998503 1.49448454]
 [-1.33425847 -1.34671751 -0.46071979 0.66638308]
 [-0.91282223 1.11701629 0.94447949 2.38314477]
 [0.74718833 -1.18894496 0.94326072 -0.70470028]
 [-0.1359497   1.13689136 -1.06001582 2.3039167]]
标签y的前5个值为 [148.96141773 -107.63762746 216.01108785   69.8352514   198.22843878]

4. 其他样本生成器

sklearn还提供了一些其他的样本生成器，如双圆形数据集生成器、交错半月形数据集生成器，它们使用的函数分别为make_circles()和make_moons()，格式如下：

```
sklearn.datasets.make_circles(n_samples=100,shuffle=True,noise=None,
                              random_state=None,factor=0.8)
sklearn.datasets.make_moons(n_samples=100,shuffle=True,noise=None,
                            random_state=None)
```

【示例12-9】使用make_circles()函数产生双圆形数据集。

```
#生成双圆形数据集
from sklearn.datasets import make_circles
X,y=make_circles(n_samples=500,factor=0.5,noise=0.05)
print('特征集X的形状为：',X.shape)
print('标签y的形状为：',y.shape)
print('分类特征集X的前5行为：',X[0:5,:])
print('标签y的前5个值为',y[0:5])
#可视化样本集
plt.figure(figsize=(6,4))
plt.scatter(X[:,0],X[:,1],c=y,label="Class")
plt.title('使用make_circles()函数生成分类数据集')
plt.show()
```

程序运行结果：

特征集X的形状为： (500, 2)
标签y的形状为： (500,)
分类特征集X的前5行为： [[-0.41623429 0.93166191]
 [-0.46385296 -0.99524959]
 [0.9826109   0.07336368]
 [-0.38857092 0.34827691]
 [0.9880845   0.13443347]]
标签y的前5个值为 [0 0 0 1 0]

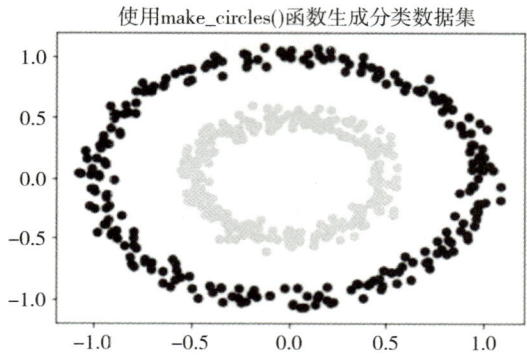

【示例 12-10】使用 make_moons() 函数生成交错半月形数据集。

```
from sklearn.datasets import make_moons
X,y=make_moons(n_samples=500,noise=0.05)
print('特征集X的形状为：',X.shape)
print('标签y的形状为：',y.shape)
print('分类特征集X的前5行为：',X[0:5,:])
print('标签y的前5个值为',y[0:5])
#可视化样本集
plt.figure(figsize=(6,4))
plt.scatter(X[:,0],X[:,1],c=y)
plt.title('使用make_moons()函数生成分类数据集')
plt.show()
```

程序运行结果：

特征集X的形状为： (500, 2)
标签y的形状为： (500,)
分类特征集X的前5行为： [[0.07142132 0.07868302]
 [1.06691602 -0.41015937]
 [-0.84909624 0.52976303]
 [-0.51606804 0.7666279]
 [-0.01203761 0.38531843]]
标签y的前5个值为 [1 1 0 0 1]

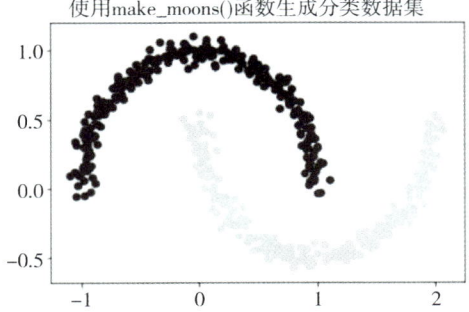

12.1.3　访问 sklearn 自带的数据文件

sklearn 自带了大量的数据集，包括鸢尾花、波士顿房价、糖尿病、手写识别、体能训练、红酒和乳腺癌数据集等，可供我们练习各种机器学习算法。我们可以通过使用 load_dataset_name() 的命令来加载这些数据集，并通过打印的方法来观察数据集的内容和属性。

本小节将对上述几个数据集进行简单的介绍，加载数据集并查看其内容和属性。

【示例 12-11】加载 sklearn 自带的数据集 iris（鸢尾花），并查看其内容和属性。

鸢尾花数据集一共包含 150 个样本，分为 3 类，即 Iris Setosa（山鸢尾）、Iris Versicolor（杂色鸢尾）与 Iris Virginica（维吉尼亚鸢尾）。每类包含 50 个数据，每个数据包含 4 个特征，即 SepalLength（花萼长度）、SepalWidth（花萼宽度）、PetalLength（花瓣长度）、PetalWidth（花瓣宽度）。鸢尾花数据集适用于多分类任务。

```
#获得sklearn自带的数据集
from sklearn import datasets
iris=datasets.load_iris()
#print('iris的内容为: \n ', iris)
#print('iris.data的内容为: ', iris.data)
print('iris.data的形状为: ', iris.data.shape)
print('iris.target的内容为: ', iris.target)
print('iris.target的形状为: ', iris.target.shape)
print('iris.target的鸢尾花的名称为: \n ', iris.target_names)
```

程序运行结果：

iris.data的形状为: (150, 4)
iris.target的内容为: [0 0 0 0 0 0 0 0 0 0 0 0 0 0 0 0 0 0 0 0 0 0 0 0 0 0 0 0 0 0 0 0 0 0 0 0 0 0 0 0 0 0 0 0 0 0 0 0 0 0 1 1 1 1 1 1 1 1 1 1 1 1 1 1 1 1 1 1 1 1 1 1 1 1 1 1 1 1 1 1 1 1 1 1 1 1 1 1 1 1 1 1 1 1 1 1 1 1 1 1 2 2 2 2 2 2 2 2 2 2 2 2 2 2 2 2 2 2 2 2 2 2 2 2 2 2 2 2 2 2 2 2 2 2 2 2 2 2 2 2 2 2 2 2 2 2 2 2 2 2]
iris.target的形状为: (150,)
iris.target的鸢尾花的名称为:
　['setosa' 'versicolor' 'virginica']

【示例 12-12】加载 sklearn 自带的数据集 boston（波士顿房价），并查看其内容和属性。

波士顿房价数据集一共包含 506 个数据，每个数据包含房屋以及房屋周围的详细信息，如城镇犯罪率、一氧化氮浓度、住宅平均房间数、到中心区域的加权距离以及自住房平均房价等，能够应用于回归任务。

```
boston=datasets.load_boston()
#print('boston的内容为: \n', boston)
#print('boston.data的内容为: \n', boston.data)
print('boston.data的形状为: ', boston.data.shape)
```

```
print('boston.target的形状为：',boston.target.shape)
#print('boston.target的内容为：\n',boston.target)
print('boston的特征名称为：\n ',boston.feature_names)
print('boston.target的特征名称为：\n ',boston.target[0:5])
```

程序运行结果：

boston.data的形状为：（506, 13）
boston.target的形状为：（506,）
boston的特征名称为：
['CRIM' 'ZN' 'INDUS' 'CHAS' 'NOX' 'RM' 'AGE' 'DIS' 'RAD' 'TAX' 'PTRATIO'
 'B' 'LSTAT']
boston.target的特征名称为：
[24. 21.6 34.7 33.4 36.2]

【示例12-13】加载sklearn自带的数据集diabetes（糖尿病），并查看其内容和属性。

糖尿病数据集包含了442个患者的生理数据及一年以后的病情发展情况，每个样本有10个生理特征，即年龄、性别、体质指数、平均血压、S1~S6一年后疾病级数指标。该数据集适用于回归任务。

```
diabetes=datasets.load_diabetes()
#print('diabetes的内容为：\n',diabetes)
#print('diabetes.data的内容为：\n',diabetes.data)
print('diabetes.data的形状为：',diabetes.data.shape)
#print('diabetes.target的内容为：\n',diabetes.target)
print('diabetes.target的形状为：',diabetes.target.shape)
print('diabetes.target的特征名称为：\n',diabetes.feature_names)
```

程序运行结果：

diabetes.data的形状为：（442, 10）
diabetes.target的形状为：（442,）
diabetes.target的特征名称为：
['age', 'sex', 'bmi', 'bp', 's1', 's2', 's3', 's4', 's5', 's6']

【示例12-14】加载sklearn自带的数据集digits（手写识别），并查看其内容和属性。

手写识别数据集包含1 797张8×8像素的图像，每张图像都是一个灰色的0~9手写数字，包含64个特征，用于分类任务。

```
digits=datasets.load_digits()
#print('digits的内容为：\n',digits)
#print('digits.data的内容为：\n',digits.data)
print('digits.data的形状为：',digits.data.shape)
#print('digits.target的内容为：\n',digits.target)
print('digits.target的形状为：',digits.target.shape)
print('digits.target的目标名称为：\n',digits.target_names)
#print('digits.images的内容为：\n',digits.images)
print('digits.images的形状为：\n',digits.images.shape)
```

程序运行结果：

digits.data的形状为：（1797, 64）
digits.target的形状为：（1797,）
digits.target的目标名称为：
[0 1 2 3 4 5 6 7 8 9]
digits.images的形状为：
(1797, 8, 8)

【示例12-15】加载sklearn自带的数据集linnerud（体能训练），并查看其内容和属性。

linnerud数据集样本值默认为(20, 3)大小的矩阵，即3种特征，系数矩阵为(3, 3)，用于多元回归任务。

```
linnerud=datasets.load_linnerud()
#print('linnerud的内容为: \n', linnerud)
#print('linnerud.data的内容为: \n', linnerud.data)
print('linnerud.data的形状为: ', linnerud.data.shape)
print('linnerud.data的特征名称为: \n', linnerud.feature_names)
#print('linnerud.target的内容为: \n', linnerud.target)
print('linnerud.target的形状为: ', linnerud.target.shape)
print('linnerud.target的特征名称为: \n', linnerud.target_names)
```

程序运行结果：
linnerud.data的形状为：(20, 3)
linnerud.data的特征名称为：
['Chins', 'Situps', 'Jumps']
linnerud.target的形状为：(20, 3)
linnerud.target的特征名称为：
['Weight', 'Waist', 'Pulse']

【示例12-16】加载 sklearn 自带的数据集 wine(红酒)，并查看其内容和属性。

红酒数据集包含了 178 个样本，代表了红酒的 3 个档次(分别有 59、71、48 个样本)，以及与之对应的 13 维的属性数据，用于分类任务。

```
wine=datasets.load_wine()
#print('wine的内容为: \n', wine)
#print('wine.data的内容为: \n', wine.data)
print('wine.data的形状为: ', wine.data.shape)
#print('wine.target的内容为: \n', wine.target)
print('wine.target的形状为: ', wine.target.shape)
print('wine.target的目标名称为: \n', wine.target_names)
```

程序运行结果：
wine.data的形状为：(178, 13)
wine.target的形状为：(178,)
wine.target的目标名称为：
['class_0' 'class_1' 'class_2']

【示例12-17】加载 sklearn 自带的数据集 breast_cancer(乳腺癌)，并查看其内容和属性。

乳腺癌数据集包含了威斯康星州记录的 569 个病人的乳腺癌恶性/良性类别型数据，以及与之对应的 30 个维度的生理指标数据，适用于二分类任务。

```
breast_cancer=datasets.load_breast_cancer()
print('breast_cancer.data的形状为: ', breast_cancer.data.shape)
print('breast_cancer的特征名称为: \n', breast_cancer.feature_names)
print('breast_cancer.target的形状为: ', breast_cancer.target.shape)
print('breast_cancer.target的目标名称为: ', breast_cancer.target_names)
```

程序运行结果：
breast_cancer.data的形状为：(569, 30)
breast_cancer的特征名称为：
['mean radius' 'mean texture' 'mean perimeter' 'mean area'
 'mean smoothness' 'mean compactness' 'mean concavity'
 'mean concave points' 'mean symmetry' 'mean fractal dimension'
 'radius error' 'texture error' 'perimeter error' 'area error'
 'smoothness error' 'compactness error' 'concavity error'
 'concave points error' 'symmetry error' 'fractal dimension error'
 'worst radius' 'worst texture' 'worst perimeter' 'worst area'
 'worst smoothness' 'worst compactness' 'worst concavity'
 'worst concave points' 'worst symmetry' 'worst fractal dimension']
breast_cancer.target的形状为：(569,)
breast_cancer.target的目标名称为：['malignant' 'benign']

12.1.4 访问外部数据文件

外部数据文件以.csv和.txt两种格式为主，我们可以根据数据集的类型选择合适的读取方法。

【示例12-18】加载牛奶质量数据集，并查看其内容和属性。

```
#加载并读取外部数据
path='C:\\py2021\\data\\'
X = pd.read_csv(path+'milknew.csv', sep = ',', encoding = 'utf-8')
print('X的各特征属性名称为：\n', X.columns)
print('X的形状为：', X.shape)
print('X的前5行为：\n', X.head())
```

程序运行结果：

```
X的各特征属性名称为：
 Index(['pH', 'Temprature', 'Taste', 'Odor', 'Fat ', 'Turbidity', 'Colour',
       'Grade'],
      dtype='object')
X的形状为： (1059, 8)
X的前5行为：
    pH  Temprature  Taste  Odor  Fat   Turbidity  Colour   Grade
0  6.6          35      1     0    1           0     254    high
1  6.6          36      0     1    0           1     253    high
2  8.5          70      1     1    1           1     246     low
3  9.5          34      1     1    0           1     255     low
4  6.6          37      0     0    0           0     255  medium
```

12.2 数据质量分析

数据质量分析要求我们检查数据集中是否存在"脏数据"，即那些不能直接进行相应分析的数据，包括缺失值、异常值、不一致的值、重复数据及含有特殊符号的数据。本节将主要对数据进行缺失值分析、异常值分析、一致性分析和数据特征分析。

12.2.1 缺失值分析

缺失值主要包括记录或字段信息的缺失，其存在不仅会丢失大量的有用信息，导致分析结果不准确，还会使我们难以把握模型中蕴含的规律。缺失值产生的原因有很多，如信息无法获取或获取代价太大；对某些对象来说属性值不存在；信息由于忘记填写、理解错误等人为因素而遗漏，或者由于数据采集相关设备故障等非人为因素而遗漏。

通过缺失值分析可以得到含有缺失值的属性个数，以及每个属性的未缺失值个数、缺失值数、缺失率等。

【示例12-19】对数据进行缺失值分析。

（1）建立DataFrame对象，并查看其内容。

```
import numpy as np
import pandas as pd
data={'名字':['A','B','C','D','E','F','G','H','I'],
     '成绩':[98,97,np.nan,89,88,92,np.nan,95,np.nan]}
df=pd.DataFrame(data)
df
```

程序运行结果：

	名字	成绩
0	A	98.0
1	B	97.0
2	C	NaN
3	D	89.0
4	E	88.0
5	F	92.0
6	G	NaN
7	H	95.0
8	I	NaN

（2）统计缺失值情况。

```
df.isnull().sum()   #统计缺失值情况，可以看出有3行存在缺失值
```

程序运行结果：
```
名字      0
成绩      3
dtype: int64
```

（3）查找存在缺失值的列。

```
df.isnull().any()   #查找存在缺失值的列，可以看出'成绩'列中存在缺失值
```

程序运行结果：
```
名字      False
成绩      True
dtype: bool
```

（4）查找存在缺失值的行，并统计有多少行存在缺失值。

```
nan_lines=df.isnull().any(1)    #查找存在缺失值的行
nan_lines.sum()                 #统计有多少行存在缺失值
```

程序运行结果：
```
3
```

（5）查看存在缺失值的行信息。

```
df[nan_lines]   #查看存在缺失值的行信息
```

程序运行结果：

	名字	成绩
2	C	NaN
6	G	NaN
8	I	NaN

12.2.2 异常值分析

异常值通常是指非正常的、不合常理的数据，其数值明显偏离其他观测值，因此也称为离群点。个别时候异常值是分析案例的核心，如银行欺诈案例，但大多数情况下异常值会对分析结果产生不良影响，因此要分析其产生的原因，进而对其进行改进。

下面将介绍异常值分析的几种主要分析方法。

1. 简单统计量分析

简单统计量分析即对数据做一个描述性统计,其中最常用的统计量是最大值和最小值,用来判断某变量的取值是否超出合理范围。例如,客户年龄的最大值为 200 岁,则该值为异常值。此外,还有非空数据记录的个数、平均值、标准差、最小值、最大值、1/4、1/2、3/4 分位数。

在 Python 的 pandas 库中,读入数据后使用 describe() 函数即可查看数据的基本情况。

【示例 12-20】对牛奶质量数据集进行简单统计量分析。

```
import pandas as pd
X = pd.read_csv(path+'milknew.csv',sep = ',',encoding = 'utf-8')    #读入牛奶质量数据
X
```

程序运行结果:

	pH	Temprature	Taste	Odor	Fat	Turbidity	Colour	Grade
0	6.6	35	1	0	1	0	254	high
1	6.6	36	0	1	0	1	253	high
2	8.5	70	1	1	1	1	246	low
3	9.5	34	1	1	0	1	255	low
4	6.6	37	0	0	0	0	255	medium
...	...	...	...	...	...	...	...	...
1054	6.7	45	1	1	0	0	247	medium
1055	6.7	38	1	0	1	0	255	high
1056	3.0	40	1	1	1	1	255	low
1057	6.8	43	1	0	1	0	250	high
1058	8.6	55	0	1	1	1	255	low

1059 rows × 8 columns

```
print(X.describe())
```

程序运行结果:

```
              pH    Temprature        Taste         Odor          Fat    \
count  1059.000000  1059.000000  1059.000000  1059.000000  1059.000000
mean      6.630123    44.226629     0.546742     0.432483     0.671388
std       1.399679    10.098364     0.498046     0.495655     0.469930
min       3.000000    34.000000     0.000000     0.000000     0.000000
25%       6.500000    38.000000     0.000000     0.000000     0.000000
50%       6.700000    41.000000     1.000000     0.000000     1.000000
75%       6.800000    45.000000     1.000000     1.000000     1.000000
max       9.500000    90.000000     1.000000     1.000000     1.000000

         Turbidity       Colour
count  1059.000000  1059.000000
mean      0.491029   251.840415
std       0.500156     4.307424
min       0.000000   240.000000
25%       0.000000   250.000000
50%       0.000000   255.000000
75%       1.000000   255.000000
max       1.000000   255.000000
```

2. 3σ 原则

3σ 原则适用于基于偏差的方法。当数据服从正态分布时，依据 3σ 原则，数值分布在 ($\mu-3\sigma$，$\mu+3\sigma$) 中的概率为 0.997 3。与平均值的偏差超过 3 倍标准差的值称为异常值，而出现这种情况的概率小于 0.003，是极个别小概率事件。如果数据不服从正态分布，则可以使用远离平均值的标准差倍数来描述。

在 Python 中，首先需要保证数据列大致服从正态分布，然后计算数据列的平均值和标准差，并比较数据列的值与平均值的偏差是否超过 3 倍标准差，如果超过，则为异常值。

【示例 12-21】应用 3σ 原则识别异常值。

```
import numpy as np
import pandas as pd
from scipy import stats
data=[1000,88,77,90,68,80,78,83,80,87,75,92,86,876,84,83,76,77,74,85,80,69,
      76,86,974,78,79,90,73,89,75,134,5,1555,1133]
df=pd.DataFrame(data,columns=['value'])
u=df['value'].mean()
std=df['value'].std()
print('均值为:%.3f,标准差为:%.3f'%(u,std))
error=df[np.abs(df['value']-u)>3*std]
error
```

程序运行结果：

均值为：226.714，标准差为：376.516

```
     value
33   1555
```

3. 箱形图分析

顾名思义，箱形图的形状如箱子，又称盒式图或箱线图，它由一组数据的中位数、上四分位数、下四分位数、上限、下限绘制而成，可以描述数据的离散分布情况，如图 12-1 所示。

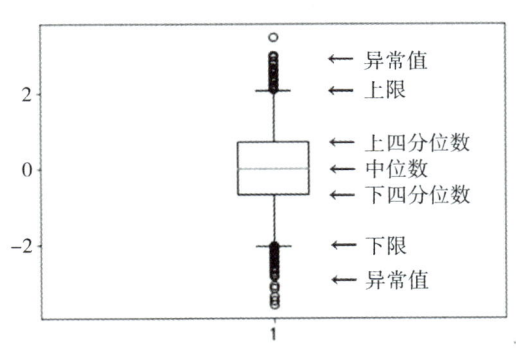

图 12-1 箱形图示意

箱形图将小于 QL-1.5IQR 或大于 QU+1.5IQR 的值作为异常值，其中，QL 为下四分位数，QU 为上四分位数，IQR 为四分位数间距，QL-1.5IQR 和 QU+1.5IQR 分别为非异常范围内的最小值和最大值。

【示例 12-22】生成一组正态分布的随机数据并画出其箱形图。

```
import numpy as np
import matplotlib.pyplot as plt
plt.rc('font',size=14) #设置图中字体的大小
plt.rcParams['font.sans-serif']='SimHei'
plt.rcParams['axes.unicode_minus']=False #坐标轴刻度显示负号
#生成500个正态分布的随机数,loc为概率分布的均值,scale为概率分布的标准差
data=np.random.normal(size=(2000,),loc=0,scale=1)
#sym设置异常点的形状;whis设置异常点的数量,默认为1.5,数值越小显示异常点的数量越多
plt.boxplot(data,sym="o",whis=1)
plt.title('随机数据的箱形图')
plt.show() #展示箱形图
```

程序运行结果：

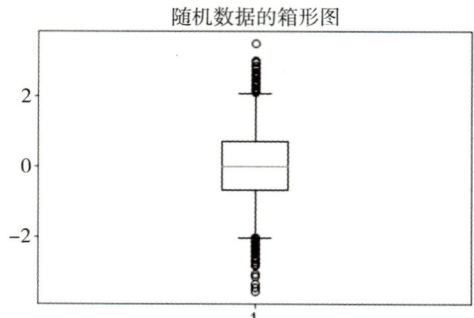

12.2.3 一致性分析

数据不一致性通常指数据的矛盾性、不相容性，通常发生于数据来自不同的数据源或数据重复存放而未能进行一致更新的情况。例如，两张表中同时存储了客户的电话号码，但在客户的电话号码发生改变之后只更新了其中一张表中的电话号码，那么这两张表中就存在不一致的数据。

12.2.4 数据特征分析

在对数据进行质量分析后，可以通过绘制图表、计算特征值等方式进行数据特征分析。

1. 分布分析

分布分析能够显示数据的分布特征和类型。如果我们想了解一些定量数据的分布形式是否对称、是否存在一些极值，则可以通过绘制频率分布直方图、频率分布表、茎叶图等进行直观分析。对于定性数据来说，可以通过绘制扇形图（饼形图）和条状图来直观地显示数据的分布情况。

2. 统计量分析

数据的集中趋势主要通过平均值、中位数和众数反映出来，而其离散趋势主要通过极差、四分位数、平均差、方差、标准差和变异系数反映出来。其中变异系数也称标准差率，描述标准差与平均值之间的比值，反映变量之间的相对离散程度。

3. 周期性分析

周期性分析用来发现某变量是否随着时间变化而呈现出某种规律性变化。例如，冰激凌类商品，一般夏季是旺季，冬季是淡季。这个时间尺度可长可短，长的有季节周期性趋势，短的有周度周期性趋势等。例如举办一个活动，通常活动刚上线时参与人数较多，之后越来越少，其周期性趋势图如图12-2所示。

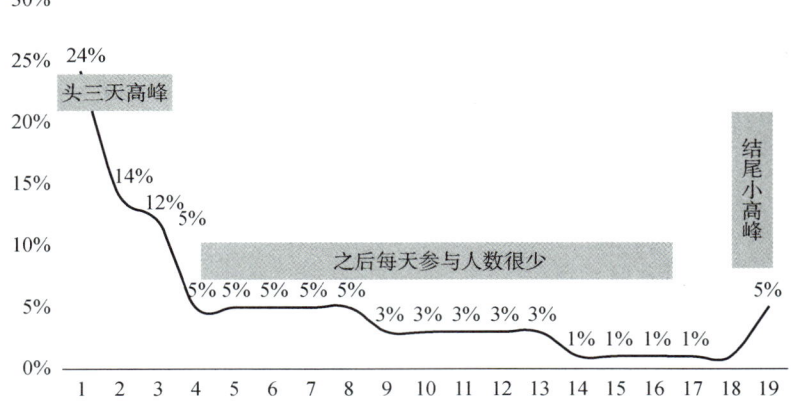

图 12-2　活动每日参与人数占比趋势图

4. 贡献度分析

贡献度分析也称为帕累托分析，原理是帕累托法则，也称为 80/20 定律，可以理解为对于一个公司来说，80% 的利润来自 20% 畅销的产品，而其他 80% 的产品只产生了 20% 的利润，表示把相同的投入成本投给不同的对象就会产生不同的效益。例如，世界上大约 80% 的资源是由世界上 20% 的人口耗尽的。

【示例 12-23】产品与销售额贡献度分析。

```
import numpy as np
import pandas as pd
import matplotlib.pyplot as plt
%matplotlib inline
plt.rcParams['font.sans-serif']=['SimHei']  #显示中文标签
plt.rcParams['axes.unicode_minus']=False  #用来正常显示负号
# 创建10个品类产品的销售额数据
data = pd.Series(np.random.randn(10)*1200+3000,
                 index = list('ABCDEFGHIJ'))
print(data)
```

程序运行结果：

```
A    2856.826657
B    1828.972880
C    5849.359885
D    1467.179071
E    3444.243807
F    4423.200829
G    1354.849698
H    2372.941914
I    3662.936842
J    4146.187171
dtype: float64
```

```
data.sort_values(ascending = False,inplace = True)#由大到小排列
plt.figure(figsize = (12,4))
data.plot.bar(color = 'g',alpha = 0.8,width = 0.6,rot = 0)#创建营收条状图
#计算累计占比
p = data.cumsum()/data.sum()
key = p[p>0.8].index[0]
key_num = data.index.tolist().index(key)
```

```
print('超过80%累计占比的索引为:{}'.format(key[0]))
print('超过累计占比80%节点值的索引为:{}'.format(key_num))
#画累计占比曲线(secondary_y = True创建第二坐标轴)
p.plot(kind = 'line',style = '--o',color = 'k',secondary_y = True)
#标注
plt.axvline(key_num, linestyle = '--',color = 'r')
plt.text(key_num,p[key_num],'累计占比:{:.2f}%'.format(p[key_num]*100),
         color = 'r',fontdict = {'size':15})
```

程序运行结果：

超过80%累计占比的索引为:H
超过累计占比80%节点值的索引为:6
  Text(6，0.8519105212114456，累计占比：'85.19%')

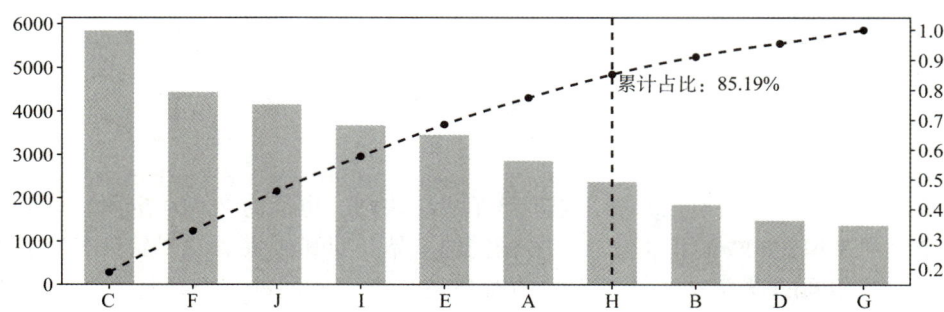

根据帕累托原则，应减少对产品 B、D、G 的投入，以获得更高的销售额。

5. 相关性分析

相关性分析用来研究两个或两个以上变量间的相关关系。例如，体重与腰围之间的相关关系，学习时间和考试分数之间的相关关系。

我们通过直接绘制散点图或散点图矩阵可以直观看出数据点的分布，进而判断变量间是否存在线性相关关系。也可以通过计算相关系数 r 来判定变量间的相关性，r 的取值范围为 $[-1,1]$，其计算公式如下：

$$r = \frac{\mathrm{cov}(X,Y)}{\sqrt{\mathrm{var}(X)\mathrm{var}(Y)}} = \frac{E\{[X-E(X)][Y-E(Y)]\}}{\sigma_x \sigma_y}$$

其中，$\mathrm{cov}(X,Y)$ 为 X 与 Y 的协方差；$\mathrm{var}(X)$ 和 $\mathrm{var}(Y)$ 分别为 X 和 Y 的方差。

【示例12-24】学习时间和考试分数之间的相关性分析。

```
import pandas as pd
import matplotlib.pyplot as plt
plt.rc('font',size=14) #设置图中字体的大小
plt.rcParams['font.sans-serif']='SimHei'
plt.rcParams['axes.unicode_minus']=False #坐标轴刻度显示负号
data = {'学习时间':[0.50,0.75,1.00,1.25,1.50,1.75,1.75,2.00,2.25,
                   2.50,2.75,3.00,3.25,3.50,4.00,4.25,4.50,4.75,5.00,5.50],
        '考试分数':[10,22,13,43,20,22,33,50,62,48,55,75,62,73,81,76,64,82,90,93]}
df=pd.DataFrame(data)
print(df.corr())
```

程序运行结果：

```
           学习时间    考试分数
学习时间    1.000000  0.923985
考试分数    0.923985  1.000000
```

```
df.plot(kind='scatter',x='学习时间',y='考试分数',figsize=(5,5),title='相关性分析')
plt.show()
```

程序运行结果:

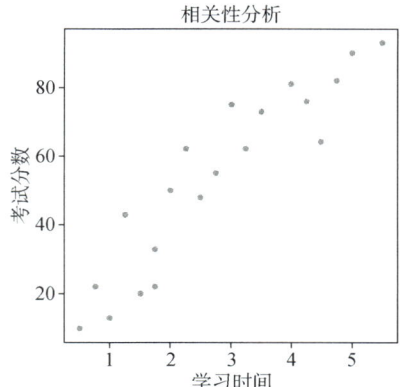

从运行结果可以看出,学习时间与考试分数之间的相关系数为 0.923 985,说明两者之间有较高的线性正相关关系。

12.3 综合实例——对员工离职数据集进行数据质量分析

面对公司留不住人、人员流动大等问题,本示例的员工离职数据选自 Kaggle 公开数据集:https://www.kaggle.com/datasets/jiangzuo/hr-comma-sep。对其进行数据质量分析,挖掘出哪些数据对离职率有贡献。

【示例 12-25】对员工离职数据集进行数据质量分析。

```
import pandas as pd
import numpy as np
import matplotlib.pyplot as plt
import matplotlib as matplot
# 读入数据到pandas DataFrame "df"
df = pd.read_csv('C:\py2021\data\HR_comma_sep.csv',sep = ',',encoding = 'utf-8')
df.head()
```

程序运行结果:

	satisfaction_level	last_evaluation	number_project	average_montly_hours	time_spend_company	Work_accident	left	promotion_last_5years	sales	salary
0	0.38	0.53	2	157	3	0	1	0	sales	low
1	0.80	0.86	5	262	6	0	1	0	sales	medium
2	0.11	0.88	7	272	4	0	1	0	sales	medium
3	0.72	0.87	5	223	5	0	1	0	sales	low
4	0.37	0.52	2	159	3	0	1	0	sales	low

```
# 检测是否有缺失数据
df.isnull().any()
```

程序运行结果:

```
satisfaction_level      False
last_evaluation         False
number_project          False
average_montly_hours    False
time_spend_company      False
Work_accident           False
left                    False
promotion_last_5years   False
sales                   False
salary                  False
dtype: bool
```

```python
# 重命名
df = df.rename(columns={'satisfaction_level': 'satisfaction',
                        'last_evaluation': 'evaluation',
                        'number_project': 'projectCount',
                        'average_montly_hours': 'averageMonthlyHours',
                        'time_spend_company': 'yearsAtCompany',
                        'Work_accident': 'workAccident',
                        'promotion_last_5years': 'promotion',
                        'sales' : 'department',
                        'left' : 'turnover'})
# 将预测标签 '是否离职' 放在第1列
front = df['turnover']
df.drop(labels=['turnover'], axis=1, inplace = True)
df.insert(0, 'turnover', front)
df.head()
```

程序运行结果：

	turnover	satisfaction	evaluation	projectCount	averageMonthlyHours	yearsAtCompany	workAccident	promotion	department	salary
0	1	0.38	0.53	2	157	3	0	0	sales	low
1	1	0.80	0.86	5	262	6	0	0	sales	medium
2	1	0.11	0.88	7	272	4	0	0	sales	medium
3	1	0.72	0.87	5	223	5	0	0	sales	low
4	1	0.37	0.52	2	159	3	0	0	sales	low

```python
# 共14 999个样本，每一个样本中包含10个特征
df.shape
```

程序运行结果：

(14999, 10)

```python
# 特征数据类型
df.dtypes
```

程序运行结果：

```
turnover                int64
satisfaction            float64
evaluation              float64
projectCount            int64
averageMonthlyHours     int64
yearsAtCompany          int64
workAccident            int64
promotion               int64
department              object
salary                  object
dtype: object
```

```python
# 离职率
turnover_rate = df.turnover.value_counts() / len(df)
turnover_rate
```

程序运行结果：

```
0    0.761917
1    0.238083
Name: turnover, dtype: float64
```

```python
# 简单统计量分析
df.describe()
```

程序运行结果：

第 12 章 数据质量分析

	turnover	satisfaction	evaluation	projectCount	averageMonthlyHours	yearsAtCompany	workAccident	promotion
count	14999.000000	14999.000000	14999.000000	14999.000000	14999.000000	14999.000000	14999.000000	14999.000000
mean	0.238083	0.612834	0.716102	3.803054	201.050337	3.498233	0.144610	0.021268
std	0.425924	0.248631	0.171169	1.232592	49.943099	1.460136	0.351719	0.144281
min	0.000000	0.090000	0.360000	2.000000	96.000000	2.000000	0.000000	0.000000
25%	0.000000	0.440000	0.560000	3.000000	156.000000	3.000000	0.000000	0.000000
50%	0.000000	0.640000	0.720000	4.000000	200.000000	3.000000	0.000000	0.000000
75%	0.000000	0.820000	0.870000	5.000000	245.000000	4.000000	0.000000	0.000000
max	1.000000	1.000000	1.000000	7.000000	310.000000	10.000000	1.000000	1.000000

```
# 以"是否离职"分组的平均数据统计
turnover_Summary = df.groupby('turnover')
turnover_Summary.mean()
```

程序运行结果：

	satisfaction	evaluation	projectCount	averageMonthlyHours	yearsAtCompany	workAccident	promotion
turnover							
0	0.666810	0.715473	3.786664	199.060203	3.380032	0.175009	0.026251
1	0.440098	0.718113	3.855503	207.419210	3.876505	0.047326	0.005321

```
# 相关性分析
corr = df.corr()
corr
```

程序运行结果：

	turnover	satisfaction	evaluation	projectCount	averageMonthlyHours	yearsAtCompany	workAccident	promotion
turnover	1.000000	-0.388375	0.006567	0.023787	0.071287	0.144822	-0.154622	-0.061788
satisfaction	-0.388375	1.000000	0.105021	-0.142970	-0.020048	-0.100866	0.058697	0.025605
evaluation	0.006567	0.105021	1.000000	0.349333	0.339742	0.131591	-0.007104	-0.008684
projectCount	0.023787	-0.142970	0.349333	1.000000	0.417211	0.196786	-0.004741	-0.006064
averageMonthlyHours	0.071287	-0.020048	0.339742	0.417211	1.000000	0.127755	-0.010143	-0.003544
yearsAtCompany	0.144822	-0.100866	0.131591	0.196786	0.127755	1.000000	0.002120	0.067433
workAccident	-0.154622	0.058697	-0.007104	-0.004741	-0.010143	0.002120	1.000000	0.039245
promotion	-0.061788	0.025605	-0.008684	-0.006064	-0.003544	0.067433	0.039245	1.000000

从运行结果可以看出，projectCount 和 evaluation 的相关度为 0.349 333；projectCount 和 averageMonthlyHours 的相关度为 0.417 211；averageMonthlyHours 和 evaluation 的相关度为 0.339 742；satisfaction 和 turnover 呈负相关，相关度为-0.388 375。

```
# 比较未离职员工和离职员工的满意度
emp_population = df['satisfaction'][df['turnover'] == 0].mean()
emp_turnover_satisfaction = df[df['turnover']==1]['satisfaction'].mean()
print('未离职员工满意度：',emp_population)
print('离职员工满意度：',emp_turnover_satisfaction)
```

程序运行结果：

未离职员工满意度： 0.666809590479516
离职员工满意度： 0.44009801176140917

12.4 本章小结

在数据获取方面，我们不仅可以通过模拟产生数据集，也可以访问外部数据集，或者收集一定的数据。我们可以使用 NumPy 中可供数组快速操作的各种函数以生成需要的数据，例如通过横向拼接和纵向拼接将不同特征和类别的样本组合成一个多特征、多类别的样本数据集；也可以使用 sklearn 的数据集库 datasets，其包含 20 个用于分类、聚类、回归、主成分分析等的样本生成函数；还可以使用 sklearn 自带的数据集，如鸢尾花、波士顿房价、糖尿病、手写识别、体能训练和乳腺癌数据集等，以练习各种机器学习算法；此外，可以访问外部真实的数据文件。数据质量分析是数据分析和数据挖掘的前提，在数据准备过程中十分重要。我们可以对数据进行缺失值分析、异常值分析、一致性分析和数据特征分析来检验数据中是否包含"脏数据"。

12.5 习题

12-1 请使用 make_blobs() 函数生成一个具有 1 000 个样本、5 个特征的分类数据集。

12-2 请使用 make_classification() 函数生成一个具有 1 000 个样本、7 个特征(其中有 2 个冗余特征)、2 个类别的分类数据集。

12-3 请使用 make_regression() 函数生成一个具有 1 000 个样本、1 个特征的回归数据集。

12-4 请对 DataCastle 网站中的牛奶质量数据集进行数据质量分析。该数据集共有 1 059 个数据，由 7 个独立变量(pH、温度、味道、气味、脂肪、浊度和颜色)组成，其中 1 代表味道、气味、脂肪和浊度满足最佳条件，反之为 0。数据来源为 https://www.datacastle.cn/dataset_description.html?type=dataset&id=2101。

二维码 12
第 12 章习题答案

第 13 章 数据预处理

本章学习目标
- 了解数据预处理的基础知识
- 掌握去除唯一属性的基本方法
- 掌握特征二值化的基本代码
- 熟练掌握特征编码的编码规则
- 掌握标准化和正则化的基本表达式和适用条件
- 熟练掌握特征选择和特征降维的示例与用法

本章知识结构图

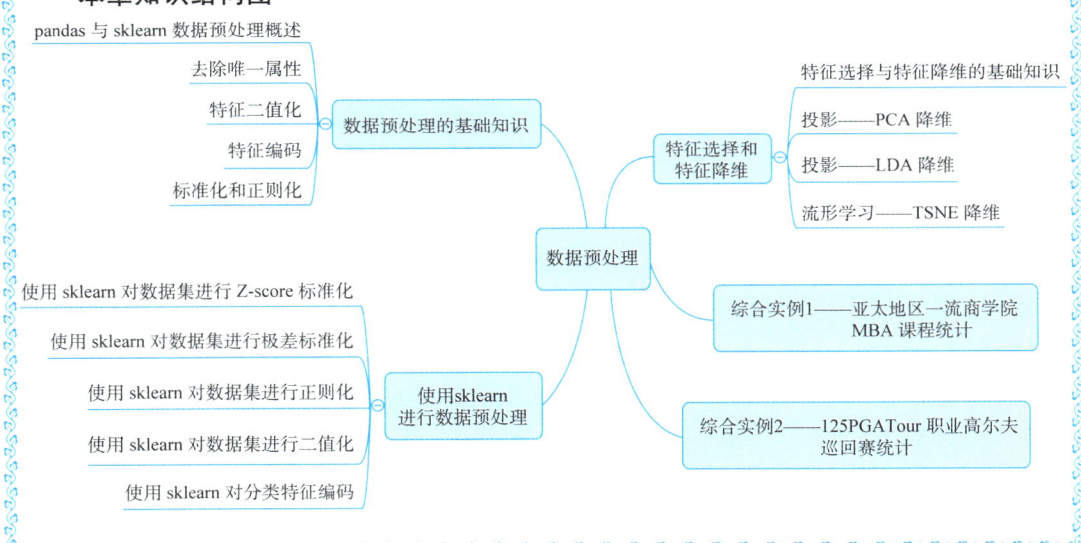

13.1 数据预处理的基础知识

13.1.1 pandas 与 sklearn 数据预处理概述

pandas 提供了数据预处理的基本方法，包括数据合并、去重、缺失值插补、异常值处理、数据标准化、哑变量处理、离散化连续数据等。

sklearn 提供了数据预处理模块 sklearn.preprocessing。其功能包括数据标准化、非线性变换、正则化、二值化、分类特征编码、缺失值插补、生成多项式特征、用户自定义转换器等，还提供了数据降维模块 sklearn.decomposition 用于特征选择。pandas 与 sklearn 数据预处理对比如表 13-1 所示。

表 13-1　pandas 与 sklearn 数据预处理对比

pandas 数据预处理	数据合并	数据横向、纵向堆叠的 pandas.concat() 函数
		纵向合并数据表的 pandas.append() 函数
		通过一个或多个键将两个数据集的行连接起来的 pandas.merge() 函数和 pandas.DataFrame.join() 函数
		重叠合并数据的 pandas.DataFrame.combine_first() 函数
	去除重复数据	pandas.DataFrame(Series).drop_duplicates() 函数
sklearn 数据预处理	数据预处理	数据预处理模块 sklearn.preprocessing，功能包括数据标准化、非线性变换、正则化、二值化、分类特征编码、缺失值插补、生成多项式特征、用户自定义转换器等，使用这个模块的导入命令为 　　　　from sklearn import preprocessing
	数据降维	数据降维模块 sklearn.decomposition 用于特征选择，使用这个模块的导入命令为 　　　　from sklearn import decomposition

13.1.2　去除唯一属性

我们把身份证号、学号、税号等 ID 属性称为唯一属性，由于其无法反映样本自身的分布规律和数字特征，因此可从数据表中删除。

【示例 13-1】用 NumPy 删除数据表中的属性。

```
import numpy as np
a=np.array([[10,20],[30,40],[50,60]])
print("方法一：行数只剩指定行：\n",a[0])                #方法一
a_new1=np.delete(a,1,axis=0)
print("方法二：删除a的第二行：\n",a_new1)                #方法二
a_new2=np.delete(a,(1,2),axis=0)
print("方法二：删除a的第二、三行：\n",a_new2)
a_new3=np.delete(a,1,axis=1)
print("方法二：删除a的第二列：\n",a_new3)
a_new4=np.hsplit(a,2)
print("方法三：水平分割\n",a_new4)                       #方法三
a_new6=np.vsplit(a,3)                                    #同np.split(a,2,axis=1)
print("方法三：垂直分割\n",a_new6)                       #同np.split(a,3,axis=0)
```

程序运行结果：

方法一：行数只剩指定行：
[10 20]
方法二：删除a的第二行：
[[10 20]
 [50 60]]
方法二：删除a的第二、三行：
[[10 20]]
方法二：删除a的第二列：
[[10]
 [30]
 [50]]
方法三：水平分割
[array([[10],
       [30],
       [50]]), array([[20],
       [40],
       [60]])]
方法三：垂直分割
[array([[10, 20]]), array([[30, 40]]), array([[50, 60]])]

下面是包含 2011 年 100 部电影相关信息的数据表，主要有电影名称、首映票房、总票房、上映影院、上映周数 5 类数据，以下两个示例将用 pandas 中的 drop() 函数对数据表进行属性删除。

【示例 13-2】用 pandas 删除数据表中的列属性。

```
import numpy as np
import pandas as pd
df1=pd.read_csv('2011Movies.csv',sep = ',')
df2=df1.drop('Opening Gross Sales ($millions)',axis=1)
df2.head(5)
```

程序运行结果：

	Motion Picture	Total Gross Sales ($millions)	Number of Theaters	Weeks in Release
0	Harry Potter and the Deathly Hallows Part 2	381.01	4,375	19
1	Transformers: Dark of the Moon	352.39	4,088	15
2	The Twilight Saga: Breaking Dawn Part 1	281.29	4,066	14
3	The Hangover Part II	254.46	3,675	16
4	Pirates of the Caribbean: On Stranger Tides	241.07	4,164	19

【示例 13-3】用 pandas 删除数据表中的行属性。

```
df3=df1.drop(df1.index[0])
df3.head(5)
```

程序运行结果：

	Motion Picture	Opening Gross Sales ($millions)	Total Gross Sales ($millions)	Number of Theaters	Weeks in Release
1	Transformers: Dark of the Moon	97.85	352.39	4,088	15
2	The Twilight Saga: Breaking Dawn Part 1	138.12	281.29	4,066	14

3	The Hangover Part II	85.95	254.46	3,675	16
4	Pirates of the Caribbean: On Stranger Tides	90.15	241.07	4,164	19
5	Fast Five	86.20	209.84	3,793	15

13.1.3 特征二值化

将数值型的属性按照阈值过滤为布尔值属性的过程，称为特征二值化。在实践过程中，需要根据具体问题设定一个阈值作为分割点，将混乱的数据属性值划分为 0 和 1 两种。例如，在进行问卷调查时，我们将杭州市市区最低月工资标准 1 470 元设定为阈值，低于最低月工资的收入划分为 0 属性，剩余的划分为 1 属性。

13.1.4 特征编码

很多机器学习任务中，特征并不总是连续值，有可能是分类值。最常见的是将"男性"设置成"0"，将"女性"设置成"1"。同样，在进行调查问卷时，对国籍进行分类，例如将"来自亚洲"设置成"0"，"来自欧洲"设置成"1"，"其他"设置为"2"；对使用浏览器进行分类，可将"使用 Firefox"设置为"0"，"使用 Chrome"设置成"1"，"使用 Safari"设置成"2"，"使用 Internet Explorer"设置成"3"。

如果将上述特征用数字编码表示，则效率会高很多。例如，将["男性"，"来自欧洲"，"使用 Safari"]表示为[0, 1, 2]。

但是，转化为数字后，上述数据不能直接用在我们的分类器中。因为分类器往往默认数据是连续的，并且是有序的，但上述表示的数字并不是有序的，而是随机分配的。

独热编码，又称一位有效编码，通过 N 位状态寄存器来对 N 个状态进行编码，每个状态都有独立的寄存器位，无论何时其中只有一位有效。自然状态码与独热编码如表 13-2 所示。

表 13-2 自然状态码与独热编码

自然状态码	000, 001, 010, 100, 011, 101, 110, 111
独热编码	001, 010, 100

可以这样理解，对于每一个特征，如果它有 M 个可能值，那么经过独热编码后，就变成了 M 个二元特征。并且，这些特征互斥，每次只有一个被激活。因此，数据会变成稀疏的。独热编码解决了分类器不好处理属性数据的问题，在一定程度上也起到了扩充特征的作用。

13.1.5 标准化和正则化

在进行问卷调查的过程中，不同的特征属性，如性别、年龄、职业、教育水平、爱好数目、税收金额等，其性质、量纲、数量级也都不相同，在数值上的表现也会有成倍的差距，这就造成了各个属性之间比较的难度。

数值较大的指标，在评价模型中会显现出较为重要的绝对作用，而数值较小的指标，其指标波动更容易被忽略。

因此，要在原始数据的基础上进行恰当的处理，保证机器学习模型的参数、精度、准确率不会受到影响，即对数据进行标准化和正则化，保证其具有相同的量纲和数量级。标准化和正则化如表 13-3 所示。

表 13-3 标准化和正则化

标准化	极差标准化	将数据集的特征变换到指定区间，通常为[0，1]区间
	Z-score 标准化	将数据集的特征变换为均值为 0，标准差为 1
正则化		变换数据集各个样本的范数为单位范数

1. 极差标准化

极差标准化使原始数据的各个观察值的数值变化范围都满足 $0 \leqslant x' \leqslant 1$。

$$x' = \frac{x - x_{min}}{x_{max} - x_{min}}$$

2. Z-score 标准化

并不是对所有的数据我们都能知晓其最大值和最小值，极差标准化不适用于有超出取值范围的离群数值的情况。在无法使用极差标准化时，可以采用 Z-score 标准化，或称标准差标准化。

$$x' = \frac{x - \bar{x}}{\sigma}$$

Z-score 标准化的本质是去中心化，令数据的均值变为 0，标准差缩放为 1。

13.2 使用 sklearn 进行数据预处理

13.2.1 使用 sklearn 对数据集进行 Z-score 标准化

标准化的主要目的就是去均值和方差，将原始数据按比例缩放。使用 sklearn 对数据进行 Z-score 标准化的具体操作如下。

首先使用 make_blobs() 函数生成有 2 个特征、750 个样本的分类数据，设定样本中心值，random_state 表示随机数种子，保证程序的每次运行都能分割成相同训练集和测试集。

【示例 13-4】使用样本生成器生成训练集。

```
import numpy as np
from sklearn.datasets import make_blobs                #使用样本生成器生成训练集
centers_data=[(3,4.5)]                                  #指定样本中心
X_train,y_train=make_blobs(centers=centers_data,       #生成形状为(n_samples,n_features)的数据集X
                          n_features=2,n_samples=750,  #生成有2个特征、750个样本的数据集X
                          random_state=0)              #random_state表示随机数种子
np.set_printoptions(precision=2)                        #设置精度，小数点后的位数为2
print('X的形状为：',X_train.shape)
print('标签y的形状为',y_train.shape)
print('标签y的前10个值',y_train[0:10])
print('训练集各个特征的样本均值为：',X_train.mean(axis=0))
print('训练集各个特征的样本标准差为：',X_train.std(axis=0))
```

程序运行结果：

X的形状为：(750, 2)
标签y的形状为 (750,)
标签y的前10个值 [0 0 0 0 0 0 0 0 0 0]
训练集各个特征的样本均值为：[2.98 4.47]
训练集各个特征的样本标准差为：[0.98 0.98]

其次，使用 scale() 函数进行 Z-score 标准化，scale() 函数的格式如下：

```
sklearn.preprocessing.scale(X,axis=0,with_mean=True,with_std=True,copy=True)
```

其中，X 表示接收的数组，即需要标准化的数据集；axis 可为 0 或 1，表示要标准化的数

据范围，默认 axis=0，此时函数对各个特征独立地进行标准化，当 axis=1 时，函数对整个数据集整体进行标准化。

sklearn.preprocessing 模块的缩放类为 StandardScaler，可以计算训练集上的平均值和标准差，以便以后能够在测试集上重新应用相同的变换。

需要注意的是，该类使用 fit() 函数对训练集进行训练，生成实例(如 Weeks in Release)，若想要在新的数据上实现和训练集相同的缩放操作，对训练的缩放类对象 Weeks in Release 使用 transform() 函数即可。

【示例 13-5】使用 scale() 函数进行 Z-score 标准化。

```python
from sklearn import preprocessing
import matplotlib.pyplot as plt
#可视化训练集原始样本和标准化后的样本
plt.rc('font', size=14)                              #设置图中字号大小
plt.rcParams['font.sans-serif']='SimHei'             #设置字体为SimHei显示中文
plt.rcParams['axes.unicode_minus']=False             #坐标轴刻度显示负号
p1=plt.figure(figsize=(13.5,4.5))
ax1=p1.add_subplot(1,2,1)                            #创建一个1行2列的子图，第1幅图
plt.xlim(-4,7)                                       #划定子图1的x轴与y轴的范围
plt.ylim(0,9)
plt.scatter(X_train[:,0],X_train[:,1],c=y_train)     #以y_train的颜色绘制原始数据集散点图
plt.title('原始样本散点图')                           #添加子图1的标题
ax2=p1.add_subplot(1,2,2)                            #第2幅图
X_scaled=preprocessing.scale(X_train)                #将训练集原始样本Z-score标准化
plt.xlim(-4,7)                                       #划定子图2的x轴与y轴的范围
plt.ylim(0,9)
plt.scatter(X_scaled[:,0],X_scaled[:,1],c=y_train)
plt.title('训练集Z-score标准化后的样本')              #添加子图2的标题
plt.show()
print('特征标准化后的样本均值为:',X_scaled.mean(axis=0))
print('特征标准化后的样本标准差为:',X_scaled.std(axis=0))
scaler=preprocessing.StandardScaler().fit(X_train)
print("缩放器的均值是：",scaler.mean_)
print("缩放器的缩放比例是：",scaler.scale_)
print("缩放后的数据集：",scaler.transform(X_train[0:5,:]))
```

程序运行结果：

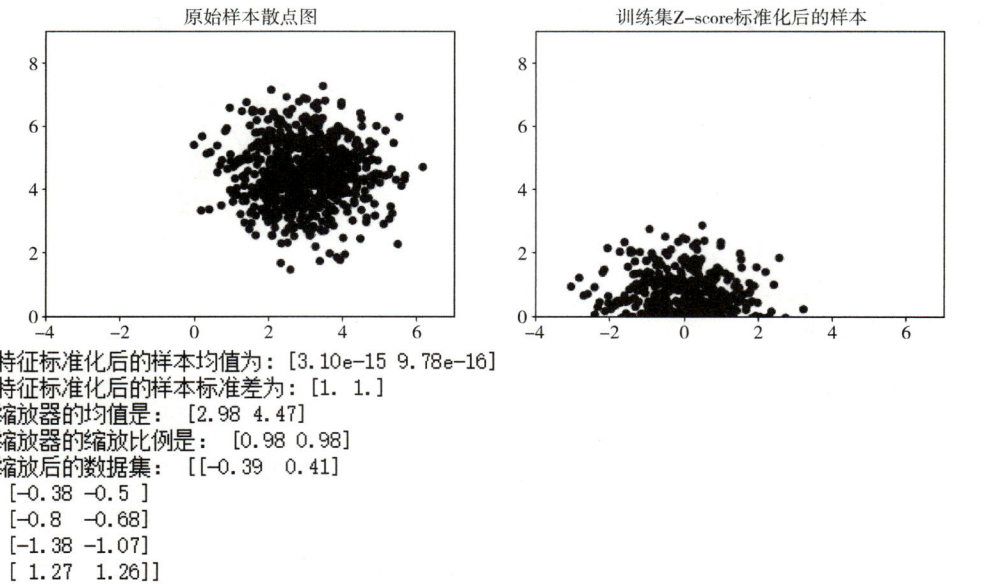

```
特征标准化后的样本均值为: [3.10e-15 9.78e-16]
特征标准化后的样本标准差为: [1. 1.]
缩放器的均值是： [2.98 4.47]
缩放器的缩放比例是： [0.98 0.98]
缩放后的数据集： [[-0.39  0.41]
 [-0.38 -0.5 ]
 [-0.8  -0.68]
 [-1.38 -1.07]
 [ 1.27  1.26]]
```

【示例 13-6】将训练集的缩放标准应用到测试集样本，对测试集进行标准化。

```
import numpy as np
from sklearn.datasets import make_blobs
from sklearn import preprocessing
import matplotlib.pyplot as plt
X_test,y_test=make_blobs(centers=centers_data,    #生成具有相同特征的测试集
                         n_features=2,n_samples=150,
                         random_state=0)
print('测试集各个特征的样本均值为：',X_test.mean(axis=0))
print('测试集各个特征的样本标准差为：',X_test.std(axis=0))
p1=plt.figure(figsize=(13.5,4.5))                 #可视化测试集原始样本和标准化后的样本
ax1=p1.add_subplot(1,2,1)                         #创建一个1行2列的子图，第1幅图
plt.xlim(-4,7)                                    #划定子图1的x轴与y轴的范围
plt.ylim(0,9)
plt.scatter(X_test[:,0],X_test[:,1],c=y_test)     #以y_train的颜色绘制原始数据集散点图
plt.title('测试样本散点图')                        #添加子图1的标题
ax2=p1.add_subplot(1,2,2)                         #第2幅图
plt.xlim(-4,7)                                    #划定子图2的x轴与y轴的范围
plt.ylim(0,9)
plt.scatter(scaler.transform(X_test)[:,0],        #将训练集缩放标准应用于测试集
            scaler.transform(X_test)[:,1],        #并对测试集进行缩放
            c=y_test)
plt.title('测试集样本缩放标准化后的散点图')
plt.show()
print('特征标准化后的样本均值为:',scaler.transform(X_test).mean(axis=0))
print('特征标准化后的样本标准差为:',scaler.transform(X_test).std(axis=0))
```

程序运行结果：

测试集各个特征的样本均值为： [2.97 4.59]
测试集各个特征的样本标准差为： [1.01 0.99]

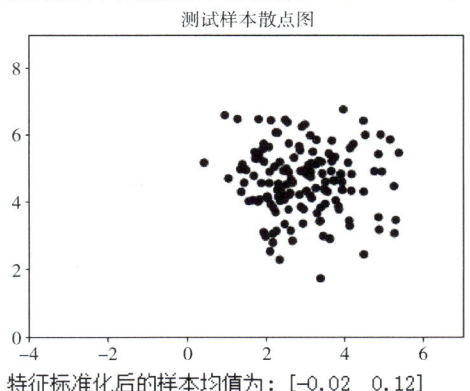
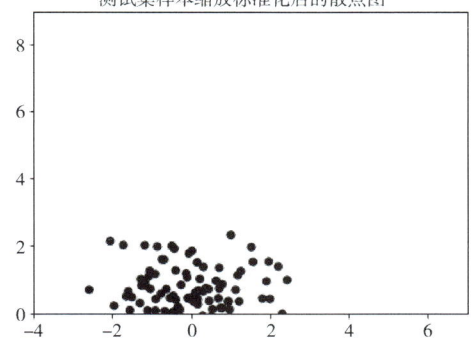

特征标准化后的样本均值为：[-0.02 0.12]
特征标准化后的样本标准差为：[1.02 1.01]

注意，sklearn 中的 StandardScaler 和 scale 的异同如表 13-4 所示。StandardScaler 和 scale 是 Z-score 标准化的两种不同方法，StandardScaler 首先生成训练集的均值与标准差，将其定义为规则，然后利用训练集的均值和标准差去分别标准化训练集和测试集。相较而言，scale 方法更偏向于实际应用场合。

表 13-4 sklearn 中的 StandardScaler 和 scale 的异同

项目	StandardScaler	scale
使用范围	均为 Z-score 标准化，即减去均值 μ 除以标准差 σ	
进行数据标准化的方法	将训练集和测试集统一进行标准化处理，此时均值和方差为整个数据的均值和方差	得到训练集的均值和标准差，用测试集的数据减去训练集的均值除以训练集的标准差

13.2.2 使用 sklearn 对数据集进行极差标准化

sklearn.preprocessing 模块的 MinMaxScaler()类可将特征缩放到 0~1 之间，以对数据集进行极差标准化，其格式如下：

```
class sklearn.preprocessing.MinMaxScaler(feature_range=(0,1),copy=True)
```

使用时，首先生成 MinMaxScaler()类的实例，然后该实例使用 fit()、transform()、fit_transform()等函数对数据集进行训练，缩放至指定区间。（注：fit()函数求得训练集 X 的均值、方差、最大值、最小值等固有属性，transform()函数在其基础上进行标准化、降维、归一化等操作；fit_transform()函数是以上两者的组合，完成拟合和转化工作。）

【示例 13-7】使用 MinMaxScaler()函数对数据集进行极差标准化。

```
from sklearn import preprocessing
import matplotlib.pyplot as plt
min_max_scaler=preprocessing.MinMaxScaler()          #极差标准化，将原始数据缩放至[0 1]区间
X_train_minmax=min_max_scaler.fit_transform(X_train)
p1=plt.figure(figsize=(13.5,4.5))
ax1=p1.add_subplot(1,2,1)                            #创建一个1行2列的子图，第1幅图
plt.xlim(-4,7)                                       #划定子图1的x轴与y轴的范围
plt.ylim(0,9)
plt.scatter(X_train[:,0],X_train[:,1],c=y_train)     #以y_train的颜色绘制原始数据集散点图
plt.title('原始样本散点图')                            #添加子图1的标题
ax2=p1.add_subplot(1,2,2)                            #第2幅图
plt.xlim(-4,7)                                       #划定子图2的x轴与y轴的范围
plt.ylim(0,9)
plt.scatter(X_train_minmax[:,0],X_train_minmax[:,1],c=y_train)
plt.title('极差标准化后的样本散点图')
plt.show()
```

程序运行结果：

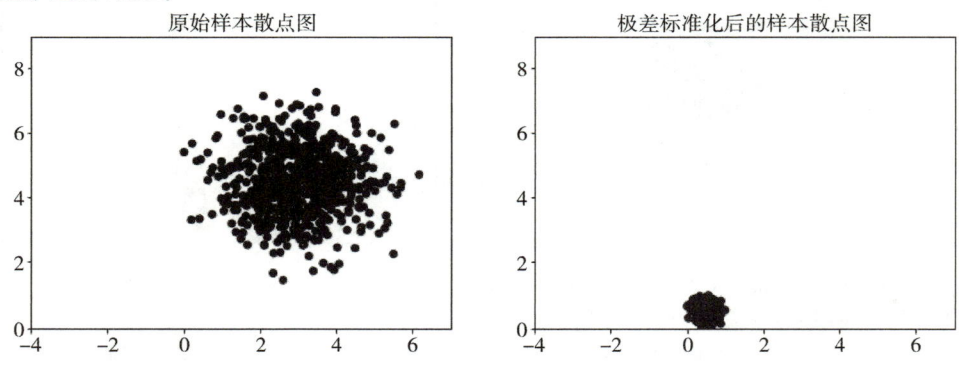

13.2.3 使用 sklearn 对数据集进行正则化

sklearn.preprocessing 模块将正则化（或称归一化）过程定义为缩放单个样本，使单个样本拥有单位范数的过程。

若一个数据集具有 M 个特征，则数据集中的每个样本都是 M 维向量。比较容易的理解方式为，把范数看作向量的长度，那么单位范数即向量的长度为 1。正则化函数格式如下：

```
sklearn.preprocessing.normalize(X,norm='l2',axis=1,copy=True,return_norm=False)
```

其中，X 表示接收的数组，即需要正则化的数据集；norm 表示使用的范数，其值可以为 l1、l2 或 max，默认为 l2，其中 l1 表示曼哈顿距离，l2 表示欧氏距离；axis 可为 0 或 1，

表示要正则化的数据范围，当 axis = 0 时，每个特征进行正则化，当 axis = 1 时，每个样本进行正则化。

需要注意的是，针对样本 $x = [x_1, x_2, \cdots, x_n]$：

若 norm = l1，则通过样本各个特征值除以各个特征值的绝对值之和的正则化为

$$x_i' = \frac{x_i}{\|x\|_1} = \frac{x_i}{\sum_{i=1}^{n} |x_i|}$$

若 norm = l2，则通过样本各个特征值除以各个特征值的平方和的开方正则化为

$$x_i' = \frac{x_i}{\|x\|_2} = \frac{x_i}{\sqrt{\sum_{i=1}^{n} x_i^2}}$$

若 norm = max，则通过样本各个特征值除以样本中特征值最大的值正则化为

$$x_i' = \frac{x_i}{\max(x_1, x_2, \cdots, x_n)}$$

【示例 13-8】使用 normalize() 函数对数据集样本进行正则化。

```
from sklearn import preprocessing
X_train,y_train=make_blobs(centers=[(0,0)],       #生成训练集数据
                    n_features=2,n_samples=700,
                    random_state=0)
p1=plt.figure(figsize=(10,8))                     #创建一个1行2列的子图
ax1=p1.add_subplot(2,2,1)                         #第1幅图，画出训练数据集散点图
plt.scatter(X_train[:,0],X_train[:,1],c=y_train)  #画图展示训练数据集
plt.title('原始样本散点图')                        #添加子图1的标题
figNums=[2,3,4]                                   #第2/3/4幅图的编号列表
normKinds=['l1','l2','max']                       #正则化方法类别列表
for num,kind in zip(figNums,normKinds):           #用循环画出后3幅正则化后的数据图
    ax1=p1.add_subplot(2,2,num)
    X_normalized=preprocessing.normalize(X_train,norm=kind)
    plt.scatter(X_normalized[:,0],X_normalized[:,1],c=y_train)
    plt.title('训练集正则化后的样本,此时norm='+kind)
plt.show()
```

程序运行结果：

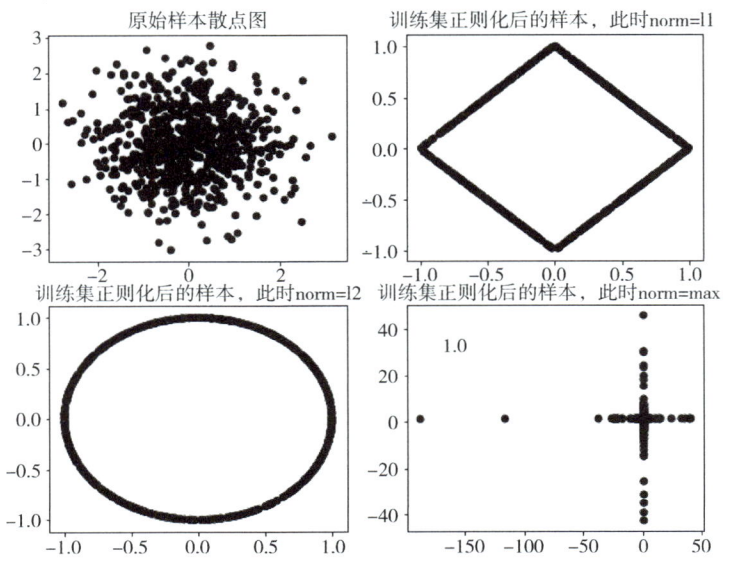

在 normalize()函数中，对于上示二维特征样本，当 norm=l1 时，(0, 1)(1, 0)(0, −1)(−1, 0)4 个端点构成的矩形边缘为正则化变换结果；当 norm=l2 时，圆心为(0, 0)、半径为 1 的圆为正则化变换结果；当 norm=max 时，变换后的样本位于 $x=0$ 和 $y=0$ 两条直线上。

13.2.4 使用 sklearn 对数据集进行二值化

sklearn 中特征二值化的过程表示为，数值特征经阈值过滤得到布尔值。sklearn 中的 sklearn.preprocessing 模块提供了 Binarizer 二值化类：

```
class sklearn.preprocessing.Binarizer(threshold=0.0,copy=True)
```

其中，threshold 为二值化的阈值，默认为 0 且接收浮点数。用户可以生成 Binarizer()类的实例，将该实例使用 fit()、fit_transform()、transform()等函数对数据集进行训练。

如下示例，使用 make_blobs()函数生成有 2 个特征、750 个样本的分类数据，设定样本中心值，random_state 表示随机数种子，保证程序的每次运行都能分割成相同训练集和测试集。最后，用 2.4、3.6、4.8、6.0、7.2 五个阈值对原始数据集进行过滤。

在使用 Binarizer()函数进行二值化分类的过程中，binarizer 对象将 X_train_binary 对象中的数据进行 0 和 1 可视化分类，并将数据中的每个点的横坐标显示出来。值得注意的是，使用 fit()函数时，不对数据集进行任何操作，而对数据进行二值化则需要使用 transform()函数。

【示例 13-9】 使用 sklearn 中的 Binarizer()函数对数据集进行二值化。

```python
import matplotlib.pyplot as plt
from sklearn.datasets import make_blobs          #使用make_blobs()函数生成分类数据
from sklearn.preprocessing import Binarizer       #将一个数据集二值化
centers_data=[(3,4.5)]                            #指定样本中心
X_train,y_train=make_blobs(centers=centers_data,
            n_features=2,n_samples=750,           #生成有2个特征、750个样本的数据
            random_state=0)                       #random_state表示随机数种子
print('X的形状为：',X_train.shape)
print('标签y的形状为',y_train.shape)
print('标签y的前10个值为',y_train[0:10])
plt.rcParams['font.sans-serif']='SimHei'
plt.rcParams['axes.unicode_minus']=False          #坐标轴刻度显示负号
p1=plt.figure(figsize=(13.5,7.5))
ax1=p1.add_subplot(2,3,1)                         #创建一个2行3列的子图
plt.xlim(-4,7)                                    #划定x轴与y轴的范围
plt.ylim(0,9)
plt.scatter(X_train[:,0],X_train[:,1],c=y_train)  #以y_train的颜色绘制原始数据集散点图
plt.title('原始样本散点图')
for threshold in [2,3,4,5,6]:                     #阈值分别为[2,3,4,5,6]的1.2倍
    ax1=p1.add_subplot(2,3,threshold)             #第threshold幅图的绘制
    binarizer=Binarizer(threshold=1.2*threshold).fit(X_train)
    X_train_binary=binarizer.transform(X_train)   #binarizer对象对数据集X_train_binary进行二值化
    plt.xlim(0,X_train_binary[:,0].size)          #横坐标从0~749
    plt.ylim(-0.2,1.2)                            #纵坐标从-0.2~1.2
    plt.scatter(range(X_train_binary[:,0].size),X_train_binary[:,0],c=y_train)
    plt.title("threshold=%.1f"%(1.2*threshold)+"时，二值化后的样本")
    print("当threshold=%.1f"%(1.2*threshold),"时，训练集二值化后的前两行的样本为：\n ",
            X_train_binary[0:2,:])
plt.show()
```

程序运行结果：

```
X的形状为：（750, 2）
标签y的形状为 （750,）
标签y的前10个值为 [0 0 0 0 0 0 0 0 0 0]
当threshold=2.4时，训练集二值化后的前两行的样本为：
 [[1. 1.]
 [1. 1.]]
当threshold=3.6时，训练集二值化后的前两行的样本为：
 [[0. 1.]
 [0. 1.]]
当threshold=4.8时，训练集二值化后的前两行的样本为：
 [[0. 1.]
 [0. 0.]]
当threshold=6.0时，训练集二值化后的前两行的样本为：
 [[0. 0.]
 [0. 0.]]
当threshold=7.2时，训练集二值化后的前两行的样本为：
 [[0. 0.]
 [0. 0.]]
```

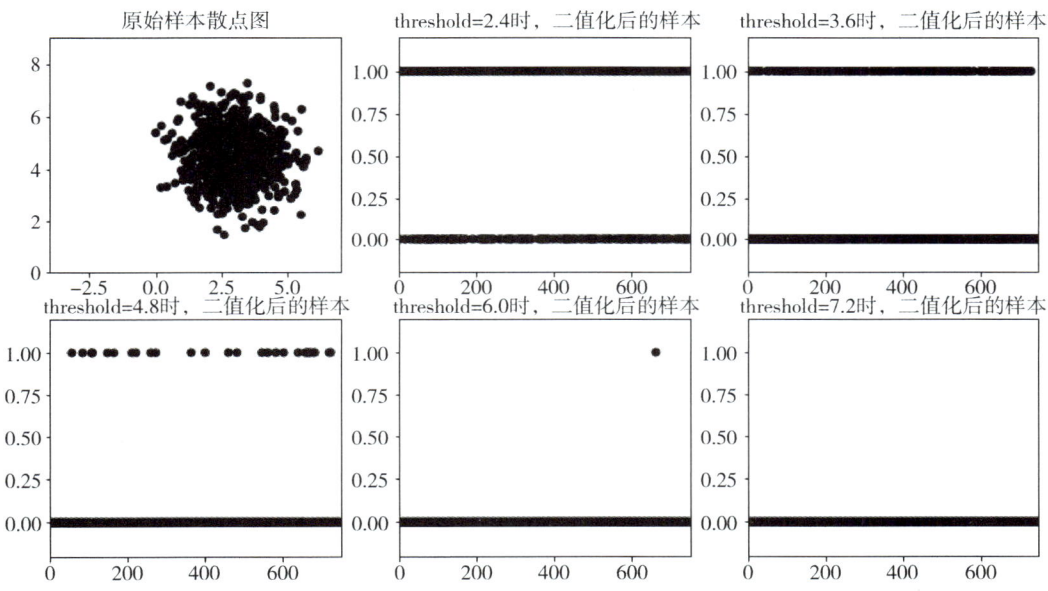

13.2.5 使用 sklearn 对分类特征编码

以上文中列举的 3 个原始特征为例，建立性别、国家、浏览器 3 个属性的各自取值范围，通过 OneHotEncoder() 类建立能转换成独热编码的对象，对数据进行编码。

需要注意的是，categories 表示特征的取值，该参数取值为 list 或默认的 auto。当 categories 取值为 auto，编码时特征的取值取决于输入编码数据的特征取值，两者的取值范围是一致的。当 categories 取值为 list，编码时特征的取值为输入的 list（如 feature_list）的取值。sparse 默认为 True，当其为 True 时，返回稀疏矩阵，否则返回数组。

【示例 13-10】使用 sklearn 对数据集进行特征编码——对性别、国家、浏览器 3 个属性进行独热编码。

```
from sklearn.preprocessing import OneHotEncoder    #装载OneHotEncoder
X=[[0,1,3],                                         #人工建立属性值的码
   [1,2,1]]
feature1_list=[0,1]                                 #建立3个属性的各自取值范围
feature2_list=[0,1,2]
```

```
feature3_list=[0,1,2,3]
encoder=OneHotEncoder(sparse=False,           #建立能转化成独热码的对象
                     categories=[feature1_list,feature2_list,feature3_list])
encoder.fit(X)                                #将数据X传入对象encoder
one_hot_encoder=encoder.transform(X)          #对象encoder对数据X编码
print('one_hot_encoder=\n',one_hot_encoder)
```

程序运行结果：

```
one_hot_encoder=
[[1. 0. 0. 1. 0. 0. 0. 0. 1.]
 [0. 1. 0. 0. 1. 0. 1. 0. 0.]]
```

创建一个 4×4 的矩阵，从各个属性中随机取值，对数据进行独热编码，例如示例 13-11 中，[0，3，6，3]包含 3 个数字，因此设置[0，3，6]的编码为[100，010，001]；[1，3，3，3]包含两个数字，因此设置[1，3]的编码为[10，01]；[7，3，2，4]包含 4 个数字，因此设置[2，3，4，7]的编码为[1000，0100，0010，0001]；[11，9，45，6]包含 4 个数字，同样设置[6，9，11，45]的编码为[1000，0100，0010，0001]。

【示例 13-11】对一个 4×4 的矩阵进行独热编码。

```
encoder=OneHotEncoder(categories='auto')
encoder.fit([[0,1,7,11],
             [3,3,3,9],
             [6,3,2,45],
             [3,3,4,6]])
encoder_vector=encoder.transform([[3,3,7,9]]).toarray()
print('one_hot_vector=',encoder_vector)
```

程序运行结果：

```
one_hot_vector= [[0. 1. 0. 0. 1. 0. 0. 0. 1. 0. 1. 0. 0.]]
```

以示例 13-2 中 2011 年前 4 部电影的票房成绩为数据集，其中电影名称为字符型，首映票房和上映周数为数值型。

需要注意的是，由于 OneHotEncoder 的编码必须是二维数组，而 data['Total Gross Sales ($millions)']返回的是一维数组，因此下述代码需要加上双中括号。hstack()函数加上了双括号，目的是让首映票房和上映周数的编码在列上合并。

【示例 13-12】定义一个简单的数据集，并通过 OneHotEncoder()类对数值型变量进行二值化。

```
import pandas as pd
import numpy as np
from sklearn.preprocessing import OneHotEncoder
columns=['MotionPicture',                                    #定义未来要建的数据结构的列名称
         'Total Gross Sales ($millions)',
         'Weeks in Release']
data=pd.DataFrame([['The Hangover',                          #建DataFrame结构的数据对象
                    'The Twilight Saga',
                    'Transformers',
                    'Harry Potter'],
                   [254.46,281.29,352.39,381.01],
                   [16,14,15,19]])
print('2011电影：\n',data)
data=data.T                                                  #数组转置
data.columns=columns
print('2011电影（转置后添加列名称）：\n',data)
                                                             #对数值型变量进行二值化：OneHotEncoder独热编码
onehot_TotalGrossSales=OneHotEncoder(categories='auto',sparse=False).fit(data[['Total Gross Sales ($millions)']])
onehot_TotalGrossSales_code=onehot_TotalGrossSales.transform(data[['Total Gross Sales ($millions)']])
print(data['Total Gross Sales ($millions)'].shape)           #(4,)
print(data[['Total Gross Sales ($millions)']].shape)         #(4, 1)
print(onehot_TotalGrossSales)
onehot_WeeksinRelease_code=OneHotEncoder(categories='auto',sparse=False).fit_transform(data[['Weeks in Release']])
output=np.hstack((onehot_TotalGrossSales_code,onehot_WeeksinRelease_code))
print(output)                                                #两个输出是一样的
test=OneHotEncoder(categories='auto',sparse=False).fit_transform(data[['Total Gross Sales ($millions)','Weeks in Release']])
print(test)                                                  #可以同时输入两个特征值，可以接收多列输入
```

程序运行结果：

```
2011电影：
              0              1            2            3
0  The Hangover  The Twilight Saga  Transformers  Harry Potter
1         254.46           281.29       352.39       381.01
2             16              14           15           19
2011电影（转置后添加列名称）：
   MotionPicture  Total Gross Sales ($millions)  Weeks in Release
0    The Hangover                         254.46                16
1 The Twilight Saga                       281.29                14
2    Transformers                         352.39                15
3    Harry Potter                         381.01                19
(4,)
(4, 1)
OneHotEncoder(sparse=False)
[[1. 0. 0. 0. 0. 1. 0.]
 [0. 1. 0. 1. 0. 0. 0.]
 [0. 0. 1. 0. 1. 0. 0.]
 [0. 0. 0. 1. 0. 0. 1.]]
[[1. 0. 0. 0. 0. 1. 0.]
 [0. 1. 0. 1. 0. 0. 0.]
 [0. 0. 1. 0. 1. 0. 0.]
 [0. 0. 0. 1. 0. 0. 1.]]
```

由于 OneHotEncoder() 函数无法直接对字符型变量编码，因此在对字符型变量编码时，需要使用 sklearn 中的 LabelEncoder() 和 LabelBinarizer() 函数，但两者的设计初衷都是为了解决标签 y 的离散化，而非输入 X，所以它们的输入被限定为一维数组，因此无法满足 OneHotEncoder() 需要输入二维数组的要求。

如下所示，方法 1 先用 LabelEncoder() 函数转换成连续的数值型变量，再用 OneHotEncoder() 函数进行二值化。方法 2 直接用 LabelBinarizer() 函数进行二值化。

【示例 13-13】对字符型变量进行二值化的两种方法。

```python
from sklearn.preprocessing import OneHotEncoder      #对字符型变量进行二值化
from sklearn.preprocessing import LabelEncoder       #方法1:LabelEncoder() + OneHotEncoder()
from sklearn.preprocessing import LabelBinarizer     #方法2:直接使用LabelBinariser()
from sklearn.preprocessing import MultiLabelBinarizer
le_MotionPicture= LabelEncoder().fit_transform(data.MotionPicture)
print(le_MotionPicture)
print(le_MotionPicture.shape)                        #(4,)是一维数组
print(le_MotionPicture.reshape(-1,1).shape)          #(4, 1)将其转换成4行1列
le_MotionPicture = OneHotEncoder(categories='auto',sparse=False).fit_transform(le_MotionPicture.reshape(-1,1))
print(le_MotionPicture)
le_MotionPicture = LabelBinarizer().fit_transform(data.MotionPicture) #直接使用LabelBinariser()函数
print(le_MotionPicture)                              #可以得到同样的输出,只是dtype不相同
print('——')
mb = MultiLabelBinarizer().fit_transform(data[['Total Gross Sales ($millions)','Weeks in Release']].values)
print(mb)
```

程序运行结果：

```
[1 2 3 0]
(4,)
(4, 1)
[[0. 1. 0. 0.]
 [0. 0. 1. 0.]
 [0. 0. 0. 1.]
 [1. 0. 0. 0.]]
[[0 1 0 0]
 [0 0 1 0]
 [0 0 0 1]
 [1 0 0 0]]
——
[[0 0 1 0 1 0 0 0]
 [1 0 0 0 0 1 0 0]
 [0 1 0 0 0 0 1 0]
 [0 0 0 1 0 0 0 1]]
```

get_dummies()是 pandas 中的一个功能。它可以在现有的数据集上添加虚拟变量，让数据集变成可用的格式，实现独热编码。

【示例 13-14】使用 pandas 自带的 get_dummies() 函数。

```
gd=pd.get_dummies(data,columns=columns)   #使用pandas自带的get_dummies()函数
print(gd)
```

程序运行结果：

```
   MotionPicture_Harry Potter  MotionPicture_The Hangover  \
0                           0                            1
1                           0                            0
2                           0                            0
3                           1                            0

   MotionPicture_The Twilight Saga  MotionPicture_Transformers  \
0                                0                           0
1                                1                           0
2                                0                           1
3                                0                           0

   Total Gross Sales ($millions)_254.46  Total Gross Sales ($millions)_281.29  \
0                                     1                                     0
1                                     0                                     1
2                                     0                                     0
3                                     0                                     0

   Total Gross Sales ($millions)_352.39  Total Gross Sales ($millions)_381.01  \
0                                     0                                     0
1                                     0                                     0
2                                     1                                     0
3                                     0                                     1

   Weeks in Release_14  Weeks in Release_15  Weeks in Release_16  \
0                    0                    0                    1
1                    1                    0                    0
2                    0                    1                    0
3                    0                    0                    0

   Weeks in Release_19
0                    0
1                    0
2                    0
3                    1
```

13.3 特征选择和特征降维

13.3.1 特征选择与特征降维的基础知识

1. 特征选择

特征选择是指从给定的特征集合中选出适用且需要的特征子集的过程。

特征维度并不是越多越好，特征维度的增加使训练时间成本增加，且不一定能完全提高模型精度，同时当特征维度超过一定界限后，分类器的性能会逐渐下降。下降的结果基本来源于高维度特征中无关特征和冗余特征的影响。

因此，去除特征中的无关特征和冗余特征就是特征选择的主要目的。

2. 特征降维

特征降维是指将原高维空间中的数据点映射到低维空间中的过程。其简单的数学含义

为，用一组个数为 a 的向量来代表个数为 A 的向量所包含的有用信息，其中 $a<A$。

如图 13-1(a) 所示，一幅 600×400 的图或许只有中心 300×400 的区域内有非零值，剩下的区域信息没有意义；又或者如图 13-1(b) 所示，一幅图中心对称，对称的部分信息重复。通过特征降维后的数据能保留原始数据的大部分重要信息，减少计算量的同时进行代替作业。

图 13-1　特征降维示意
(a)北京冬奥图标；(b)窗花

当然，特征降维也可能带来信息的丢失，因此在降维的同时减少信息损失也是降维的主要指标。

生活中常见的例子为电影数据，如表 13-5 所示。

表 13-5　2011 年电影成绩表(其中 5 行)

电影名称	首映票房 /百万美元	总票房 /百万美元	上映影院/家	上映周数
Transformers	97.85	352.39	4 088	15
The Twilight Saga	138.12	281.29	4 066	14
The Adjustment Bureau	21.16	62.5	2 847	12
…	…	…	…	…
New Year's Eve	13.02	54.54	3 505	11
The Debt	9.91	31.18	1 874	9

由经验可知，总票房和上映影院往往具有较强的相关关系，首映票房和上映周数往往也具有较强的相关关系。我们可以直观理解为"某部电影的上映影院数越多，首映票房越高，某部电影的上映周数越长，其总票房也可能越高"。

由此可知，特征降维有助于消除冗余特征和噪声误差因素，增强数据处理后的可视化程度。在提高模型性能的同时，也可以提高计算效率及模型的准确性，一定程度上降低了模型复杂性和出现过拟合的风险。

3. 降维的主要方法

降维主要有两种方法：投影和流形学习。

投影包括主成分分析(Principal Component Analysis，PCA)降维和线性判别分析(Linear Discriminant Analysis，LDA)降维，其训练样本不是在所有维度中均匀分布，特征或固定、或相关，基于此特性，训练样本实际上可以投影在高维空间中的低维子空间。

如图 13-2 所示，特征量 x_1 与 x_2 本质相同，但两者单位不同，因此可以对数据进行可视化，用新的直线来准确描述这两个特征量，实现二维到一维的转换。

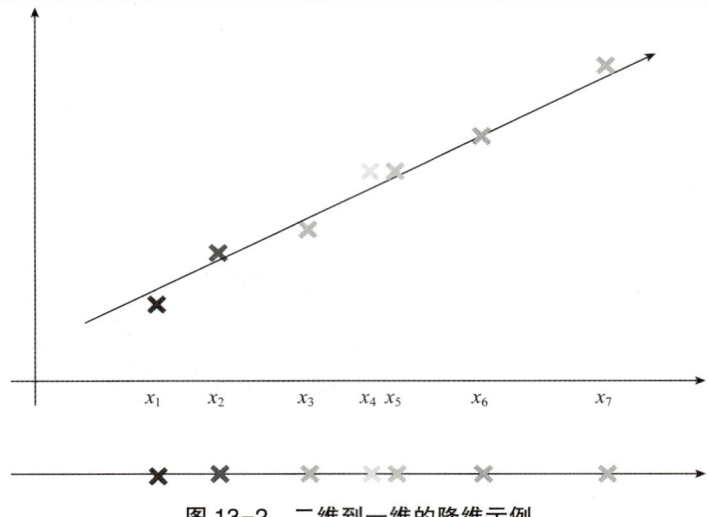

图 13-2 二维到一维的降维示例

选择超平面(直线/平面的高维推广)进行样本点的投影需要遵循两种原则:最近重构性和最大可分性。最近重构性是指样本点到这个超平面的距离都足够近。最大可分性是指样本点在这个超平面上的投影能尽可能分开。

图 13-3 给出了三维降至二维的示意图,右图是降维后的结果,可以发现,原始样本中的蓝点均投影在绿色平面中。

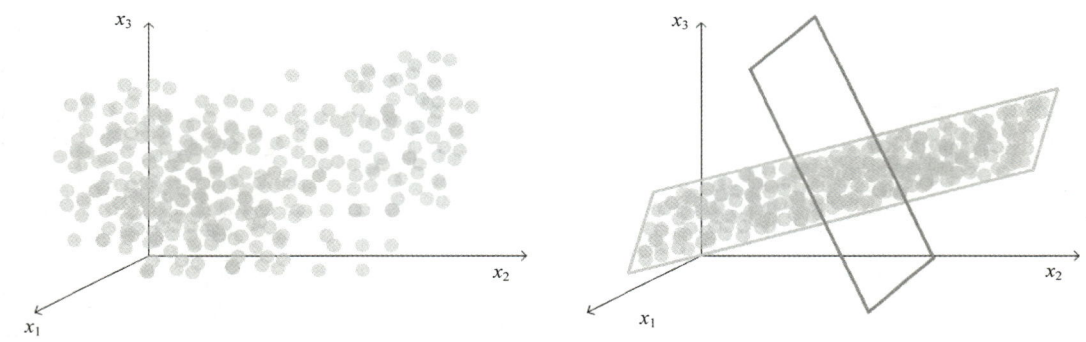

图 13-3 三维到二维的降维示例

由于在绿色平面中,样本离平面的距离较棕色平面更近,因此其最近重构性更好,且在二维投影中,绿色平面样本点更分散,因此原始样本将在绿色平面进行投影。

当然,实际情况下,也存在不同的超平面投影结果类似的情况,因此需要进一步判断降维数目。表 13-6 所示为主要的 3 种降维方式对比,PCA 降维与 LDA 降维属于投影降维,TSNE 降维属于流形学习降维。

表 13-6　3 种降维方式对比

降维方式	是否线性	有无监督	目标
PCA 降维	线性	无监督	降维后的低维样本之间每一维方差尽可能大
LDA 降维	线性	有监督	降维后的同一类样本之间协方差尽可能大,不同类中心距离尽可能大
TSNE 降维	非线性	无监督	降至二维到三维实现可视化

13.3.2 投影——PCA 降维

PCA 是常用的投影算法之一。其主要原理为提取数据集的主要特征成分，忽略次要特征成分，以达到降维目的。

PCA 降维过程中，作为主要成分被保留的基本是相关性较弱的特征，如果两个特征之间具有较高的相关性，则只需保留其中一个特征。其次，遵循投影的第二原则，即最大可分性，样本投影到低维空间后应尽可能分散，从数学层面来说要求方差尽可能大。

对 M 条 N 维特征数据，PCA 算法步骤可以描述如下：

(1) 将原始数据按列组成 N 行 M 列矩阵 X；

$$X = \begin{bmatrix} x_{11} & x_{12} & \cdots & x_{1M} \\ x_{21} & x_{22} & \cdots & x_{2M} \\ \vdots & \vdots & & \vdots \\ x_{N1} & x_{N2} & \cdots & x_{NM} \end{bmatrix}$$

(2) 将 X 的每一行(代表一个特征)进行零均值化，即减去这一行的均值；

(3) 求出协方差矩阵 $C = \dfrac{1}{M}AA^{\mathrm{T}}$；

$$C = \begin{bmatrix} \dfrac{1}{M}a_1 a_1 & \dfrac{1}{M}a_1 a_2 & \cdots & \dfrac{1}{M}a_1 a_N \\ \dfrac{1}{M}a_2 a_1 & \dfrac{1}{M}a_2 a_2 & \cdots & \dfrac{1}{M}a_2 a_N \\ \vdots & \vdots & & \vdots \\ \dfrac{1}{M}a_N a_1 & \dfrac{1}{M}a_N a_2 & \cdots & \dfrac{1}{M}a_N a_N \end{bmatrix}$$

(4) 求出协方差矩阵的特征值及对应的特征向量；

(5) 将特征向量按对应特征值大小从上到下按行排列成矩阵，取前 R 行组成矩阵 P；

(6) $Y = PX$ 即为降维到 R 维后的数据。

因此，只需要得出协方差矩阵的特征值，就能取排序后的前 d 个特征值对应的特征向量，就能求得主成分分析的解。而 d 值一般由保留阈值法确定，即找到使下式成立的最小 d 值。

$$\frac{\sum_{i=1}^{d} \lambda_i}{\sum_{i=1}^{m} \lambda_i} \geqslant a$$

sklearn 模块提供了 PCA 降维的 PCA() 类，其格式如下。

```
class sklearn.decomposition.PCA(n_components=None,copy=True,whiten=False,
                svd_solver='auto',tol=0.0,iterated_power='auto',
                random_state=None)
```

当参数 n_components 表示指定的 PCA 降维后的维数时，n_components 为大于或等于 1 的整数。当选择由 PCA() 类根据样本特征方差来决定降维数，即指定主成分的方差和所占的最小比例阈值时，n_components 是一个介于 0~1 之间的数。当参数 n_components 设置为'mle'时，PCA()类会根据最大似然估计（Maximum Likelihood Estimation，MLE）算法得到的特征方差分布情况选择定量的主成分特征实现降维。当不输入 n_components 时，n_components 则为默认值，即样本数与特征数的最小值。

copy 参数执行对原始训练数据的复制。当该参数为 True 时，运行 PCA 算法不会对原始训练值做出改变；当该参数为 False 时，计算将在原始数据上进行。PCA()类的函数应用如表 13-7 所示。

表 13-7　PCA()类的函数应用

函数	说明
fit(X[, y])	拟合数据集 X
fit_transform(X[, y])	拟合数据集 X 并将结果用于 X 的降维
get_covariance()	用生成的模型计算数据的协方差
get_params([deep])	获取估计器的参数
get_precision()	用生成的模型计算数据精度矩阵
inverse_transform(X)	将数据反变换到原始空间
score(X[, y])	返回所有样本的平均对数似然值
score_samples(X)	返回每个样本的对数似然值
set_params(**params)	设置估计器参数
transform(X)	将模型拟合降维结果应用于数据集 X

使用样本生成器 make_classification()在样本中引入相关的、有冗余和未知噪声的分类样本。如下所示，样本数量为 7 500，特征总数为 15，有效特征数为 7，冗余特征数为 6，标签数为 3，随机种子为 50。

【示例 13-15】使用样本生成器 make_classification()生成 PCA 原始样本。

```
from sklearn import datasets
import matplotlib.pyplot as plt
import seaborn as sns
import pandas as pd
plt.rcParams['font.sans-serif']='SimHei'
plt.rcParams['axes.unicode_minus']=False    #坐标轴刻度显示负号
plt.rc('font',size=14)                       #设置图中字体的大小
X,y=datasets.make_classification(n_samples=7500,n_features=15,
                                 n_informative=7,n_redundant=6,
                                 n_classes=3,random_state=50)
print('分类特征集X的形状为：',X.shape)
print('类标签的形状为：',y.shape)
p1=plt.figure(figsize=(13.5,4.5))
ax1=p1.add_subplot(1,2,1)                    #第1幅图
ax1=sns.stripplot(data=pd.DataFrame(X))      #分特征绘制分类散点图——strip图
plt.title('原始数据集的特征可视化散点图')
ax2=p1.add_subplot(1,2,2)                    #第2幅图
ax2=sns.violinplot(data=pd.DataFrame(X))     #分特征绘制小提琴图
plt.title('原始数据集的特征可视化小提琴图')
plt.show()
```

程序运行结果：

分类特征集X的形状为：（7500，15）
类标签的形状为：（7500，）

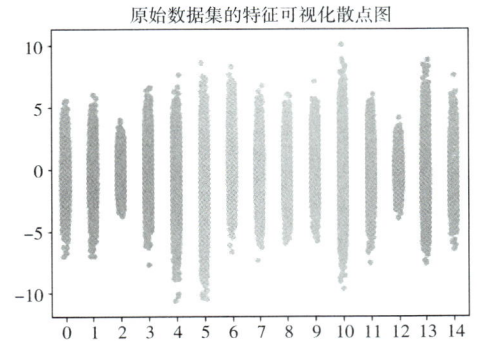
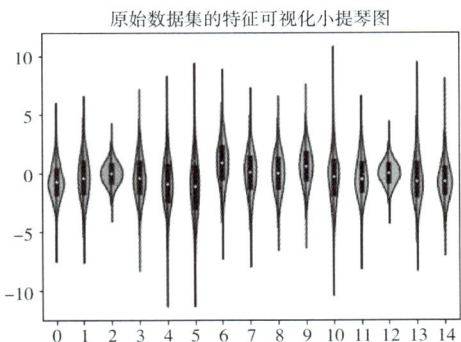

【示例13-16】降至9维后的可视化图。

```
from sklearn import decomposition
pca=decomposition.PCA(n_components=9)    #生成PCA类的示例（对象）
pca.fit(X)
pca_X=pca.transform(X)                   #使用训练的模型pca变换数据集
print('原始数据集经过PCA降维后的形状为：',pca_X.shape)
p1=plt.figure(figsize=(13.5,4.5))
ax1=p1.add_subplot(1,2,1)                #第一幅图
ax1=sns.stripplot(data=pd.DataFrame(pca_X))
plt.title('降至9维后的可视化散点图')
ax2=p1.add_subplot(1,2,2)                #第二幅图
ax2=sns.violinplot(data=pd.DataFrame(pca_X))
plt.title('降至9维后的可视化小提琴图')
plt.show()
```

程序运行结果：

原始数据集经过PCA降维后的形状为：（7500，9）

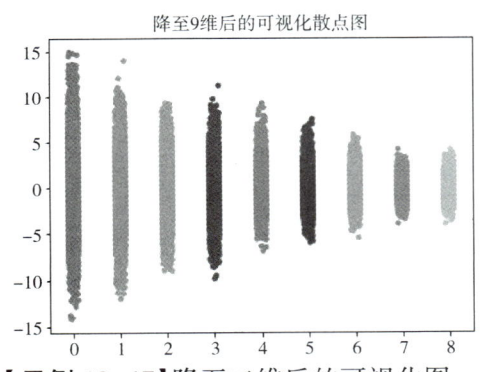
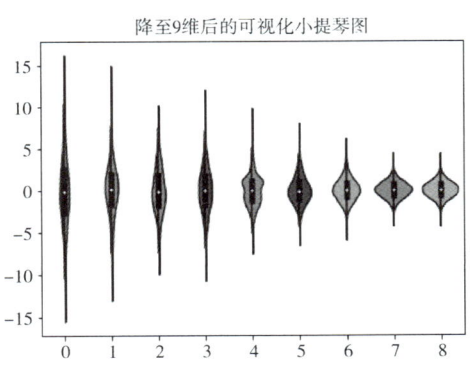

【示例13-17】降至二维后的可视化图。

```
import numpy as np
pca=decomposition.PCA(n_components=2)    #将数据集降至二维
pca.fit(X)
pca_X=pca.transform(X)                   #生成降维后的数据对象
print('原始数据集经过PCA降维后的形状为：',pca_X.shape)
plt.figure(figsize=(6.5,4.5))
plt.scatter(pca_X[np.where(y==0),0],pca_X[np.where(y==0),1],
            marker='^',c='r')
plt.scatter(pca_X[np.where(y==1),0],pca_X[np.where(y==1),1],
            marker='*',c='g')
```

```
plt.scatter(pca_X[np.where(y==2),0],pca_X[np.where(y==2),1],
            marker='.',c='b')
plt.legend(['p0','p1','p2'])
plt.show()
```

程序运行结果：

原始数据集经过PCA降维后的形状为：(7500, 2)

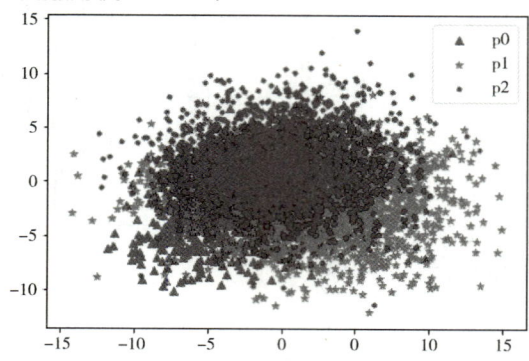

13.3.3 投影——LDA 降维

LDA 属于有监督的降维技术，其主要原理是，根据已知分类标签的"训练样本"信息来建立判别准则，选择分类性能最好的方向，通过预测变量进行数据分类。其基本思想是将高维数据投影到最佳鉴别矢量空间，实现分类信息的提炼和特征空间的降维。从数学层面来说要求投影后类内方差最小，类间方差最大，即同类别数据投影点尽可能接近，而不同类别数据投影点尽可能远。

sklearn 的 discriminant_analysis 模块提供了 LDA 降维的 LinearDiscriminantAnalysis() 类，其格式如下：

```
class sklearn.discriminant_analysis.LinearDiscriminantAnalysis(solver='svd',
            shrinkage=None,priors=None,n_components=None,
            store_covariance=False,tol=0.0001)
```

其中，参数 n_components 表示要降至的维数，要求其小于类别的数量。

LDA() 类的函数应用如表 13-8 所示。

表 13-8 LDA() 类的函数应用

函数	应用
decision_function(X)	预测样本的置信度得分
fit(X, y)	根据给定训练数据拟合 LDA 模型
fit_transform(X[, y])	拟合模型，并将结果应用于原始数据集
get_params([deep])	获取估计器的参数
predict(X)	预测数据集 X 中样本的类标签
predict_log_proba(X)	估计对数概率
predict_proba(X)	估计概率
score(X, y[, sample_weight])	返回在给定测试集和类标签上的平均准确率
set_params(**params)	设置估计器参数
transform(X)	投影数据集 X 最大化类间隔

使用样本生成器 make_classification() 在样本中引入相关的、有冗余和未知噪声的分类样本。如下所示，样本数量为 7 500，特征总数为 15，有效特征数为 7，冗余特征数为 6，标签数为 7，随机种子为 50。

【示例 13-18】使用样本生成器 make_classification() 生成 LDA 原始样本，设置 LDA 降维维数，对比观察降维前后特征分布情况。

```
from sklearn import datasets
from sklearn.discriminant_analysis import LinearDiscriminantAnalysis as LDA
import matplotlib.pyplot as plt
import seaborn as sns
import pandas as pd
plt.rcParams['font.sans-serif']='SimHei'
plt.rcParams['axes.unicode_minus']=False   #坐标轴刻度显示负号
plt.rc('font',size=14)                      #设置图中字体的大小
X,y=datasets.make_classification(n_samples=7500,n_features=15,
                    n_informative=7,n_redundant=6,
                    n_classes=7,random_state=50)
print('分类特征集X的形状为：',X.shape)
print('类标签的形状为：',y.shape)
p1=plt.figure(figsize=(13.5,4.5))
ax1=p1.add_subplot(1,2,1)                   #第1幅图
ax1=sns.violinplot(data=pd.DataFrame(X))    #分特征绘制分类散点图——strip图
plt.title('原始数据集的特征可视化散点图')
ax2=p1.add_subplot(1,2,2)                   #第2幅图
clf_lda=LDA(n_components=5)                 #n_components要求小于总特征数
clf_lda.fit(X,y)
lda_X=clf_lda.fit_transform(X,y)
ax2=sns.violinplot(data=pd.DataFrame(lda_X))  #分特征绘制小提琴图
plt.title('LDA降维后特征可视化小提琴图')
print('lda_X的形状：',lda_X.shape)
```

程序运行结果：

分类特征集X的形状为： (7500, 15)
类标签的形状为： (7500,)
lda_X的形状： (7500, 5)

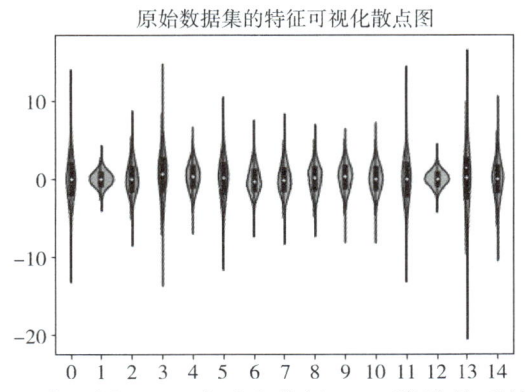
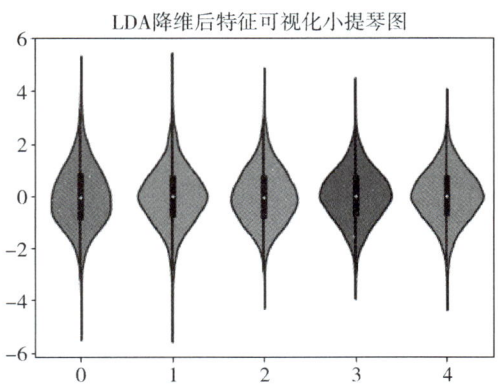

【示例 13-19】对比分析 LDA 降维前后特征之间的两两相关性。

```
p1=plt.figure(figsize=(13.5,4.5))
ax1=sns.pairplot(pd.DataFrame(X))
print('上图：原始样本的特征之间的两两相关性')
ax2=sns.pairplot(pd.DataFrame(lda_X))
print('下图：降维后特征之间的两两相关性')
```

程序运行结果：

上图：原始样本的特征之间的两两相关性
下图：降维后特征之间的两两相关性

`<Figure size 972x324 with 0 Axes>`

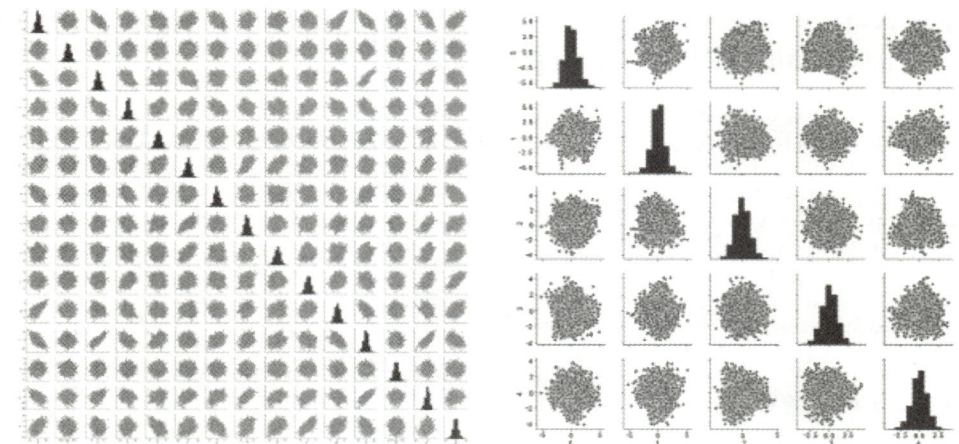

对角线部分表示第 i 个特征的分布，x 轴为该特征的值，y 轴为该特征的值出现的次数，即对角线部分表示第 i 个特征的密度估计。第 i 行 j 列的非对角线部分，表示第 i 个特征与第 j 个特征的散点图，用于描述这两个特征的相关性。若散点图趋于直线，则表明两个特征之间具有强相关性，反之则表明特征之间不相关。

根据运行结果"上图：原始样本的特征之间的两两相关性"中非对角线部分存在细长狭窄的散点图可以看出，原始样本的部分特征之间存在相关性，而"下图：降维后特征之间的两两相关性"中非对角线部分均为分散圆形图。由此可知，降维后特征之间的相关性已被剔除。

13.3.4 流形学习——TSNE 降维

流形学习是一种非线性降维算法，其主要思想是从高维采样数据找到低维流形结构，根据相应的嵌入映射实现降维。可以理解为一个 d 维流形在 N 维空间弯曲（其中 $d<N$）。
在高维空间中弯曲的瑞士卷便是二维流形的例子，此时 $d=2$ 和 $N=3$，如图 13-4 所示。

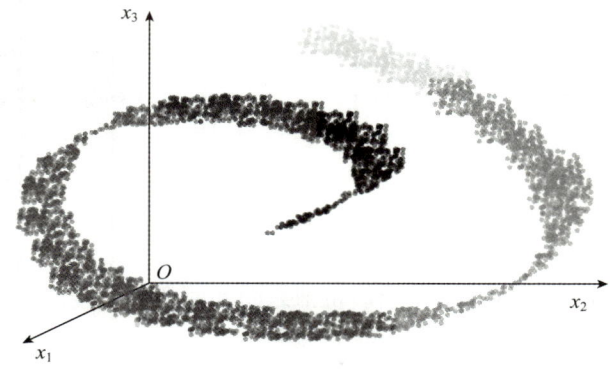

图 13-4 瑞士卷

由于 T 分布和随机近邻嵌入（T-distributed Stochastic Neighbor Embedding，TSNE）不能将高维数据转换为 4 维以上的数据，因此嵌入空间的维数 n_components 需小于 4，默认值为 2。

【示例13-20】可视化 TSNE 降维前后特征，对比分析特征分布情况。

```python
import seaborn as sns
import pandas as pd
from sklearn import datasets
import matplotlib.pyplot as plt
import numpy as np
from sklearn.manifold import TSNE              #导入TSNE模块
plt.rcParams['font.sans-serif']='SimHei'
plt.rcParams['axes.unicode_minus']=False       #坐标轴刻度显示负号
plt.rc('font',size=14)                         #设置图中字体的大小
X,y=datasets.make_classification(n_samples=7500,n_features=15,
                                 n_informative=7,n_redundant=6,
                                 n_classes=7,random_state=50)
print('分类特征集X的形状为',X.shape)
print('类标签y的形状为',y.shape)
p1=plt.figure(figsize=(13.5,4.5))
ax1=p1.add_subplot(1,3,1)                      #第1幅图
ax1=sns.violinplot(data=pd.DataFrame(X))
plt.title('原始数据集的特征可视化散点图')
ax2=p1.add_subplot(1,3,2)                      #第2幅图
tsne=TSNE(n_components=2)                      #n_components表示嵌入空间的维数
tsne_X=tsne.fit_transform(X)
print('tsne_X的形状为：',tsne_X.shape)
ax2=sns.violinplot(data=pd.DataFrame(tsne_X))
plt.title('TSNE降维后特征可视化小提琴图')
ax3=p1.add_subplot(1,3,3)                      #第3幅图
plt.scatter(tsne_X[np.where(y==0),0],tsne_X[np.where(y==0),1],marker='.',c='r')
plt.scatter(tsne_X[np.where(y==1),0],tsne_X[np.where(y==1),1],marker='*',c='g')
plt.title('TSNE降至二维后的特征分类样本')
plt.legend(['c0','c1'])
plt.show()
```

程序运行结果：
分类特征集X的形状为 (7500, 15)
类标签y的形状为 (7500,)
tsne_X的形状为： (7500, 2)

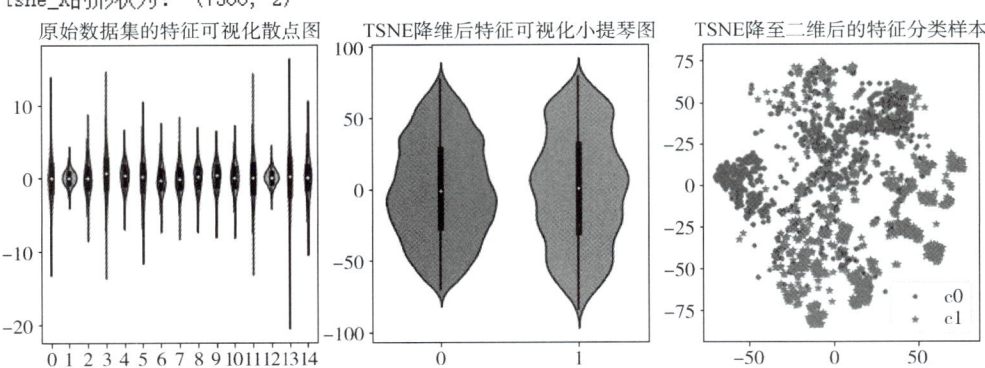

13.4　综合实例 1——亚太地区一流商学院 MBA 课程统计

当前工商管理专业学生追求较高的学历已是一种国际性潮流。有调查表明，越来越多的亚洲人选择攻读工商管理硕士（Master of Business Administration，MBA）学位，把它作为成功通向企业的一种途径。因此，亚太地区商学院 MBA 课程的申请者人数持续增加。在整个亚太地区，有成千上万的亚洲人暂时搁置自己的事业，花两年的时间来系统学习工商

管理课程。工商管理课程是十分繁重的，包括经济学、金融学、市场营销、行为科学、劳动关系、决策论、战略思想、经济法等。Asian.CSV 数据集列出了亚太地区一流商学院的一些情况。

【示例 13-21】 导入 Asian.CSV 数据集。

```python
import pandas as pd
import numpy as np
import matplotlib.pyplot as plt
import matplotlib
matplotlib.rcParams['font.sans-serif']=['SimHei']      #用黑体显示中文
matplotlib.rcParams['axes.unicode_minus']=False        #正常显示负号
Asian= pd.read_csv('Asian.csv',sep=',',                #数据读入与预览
            encoding = 'utf-8',engine='python')        #题目有中文
Asian.head()
```

程序运行结果：

	Business School	Full-Time Enrollment	Students per Faculty	Local Tuition ($)	Foreign Tuitiion ($)	Age	%Foreign	GMAT	English Test	Work Experience	Starting Salary ($)
0	Melbourne Business School	200	5	24420	29600	28	47.0	Yes	No	Yes	71400
1	University of New South Wales (Sydney)	228	4	19993	32582	29	28.0	Yes	No	Yes	65200
2	Indian Institute of Management (Ahmedabad)	392	5	4300	4300	22	0.0	No	No	No	7100
3	Chinese University of Hong Kong	90	5	11140	11140	29	10.0	Yes	No	No	31000
4	International University of Japan (Niigata)	126	4	33060	33060	28	60.0	Yes	Yes	No	87000

【示例 13-22】 对 GMAT、English Test、Work Experience 字符型变量进行二值化。

```python
from sklearn.preprocessing import OneHotEncoder            #对字符型变量进行二值化
from sklearn.preprocessing import LabelEncoder             #LabelEncoder() + OneHotEncoder()
from sklearn.preprocessing import MultiLabelBinarizer
le_GMAT= LabelEncoder().fit_transform(Asian[['GMAT']].values.ravel())
le_EnglishTest= LabelEncoder().fit_transform(Asian[['English Test']].values.ravel())
le_WorkExperience= LabelEncoder().fit_transform(Asian[['Work Experience']].values.ravel())
le_GMAT = OneHotEncoder(categories='auto',sparse=False).fit_transform(le_GMAT.reshape(-1,1))
le_EnglishTest = OneHotEncoder(categories='auto',sparse=False).fit_transform(le_EnglishTest.reshape(-1,1))
le_WorkExperience = OneHotEncoder(categories='auto',sparse=False).fit_transform(le_WorkExperience.reshape(-1,1))
output=np.hstack((le_GMAT,le_EnglishTest,le_WorkExperience))
print(output)
```

程序运行结果：

```
[[0. 1. 1. 0. 0. 1.]
 [0. 1. 1. 0. 0. 1.]
 [1. 0. 1. 0. 1. 0.]
 [0. 1. 1. 0. 1. 0.]
 [0. 1. 0. 1. 1. 0.]
 [0. 1. 1. 0. 0. 1.]
 [0. 1. 1. 0. 1. 0.]
 [0. 1. 0. 1. 0. 1.]
 [1. 0. 1. 0. 1. 0.]
 [0. 1. 0. 1. 0. 1.]
 [0. 1. 1. 0. 0. 1.]
 [1. 0. 1. 0. 0. 1.]
 [0. 1. 1. 0. 0. 1.]
 [1. 0. 1. 0. 0. 1.]
 [0. 1. 1. 0. 0. 1.]
 [1. 0. 1. 0. 0. 1.]
 [1. 0. 0. 1. 0. 1.]
 [1. 0. 1. 0. 0. 1.]
 [1. 0. 0. 1. 0. 1.]
 [1. 0. 1. 0. 0. 1.]
 [0. 1. 1. 0. 0. 1.]]
```

```
[1. 0. 1. 0. 1. 0.]
[1. 0. 0. 1. 0. 1.]
[0. 1. 1. 0. 0. 1.]]
```

【示例 13-23】将 GMAT、English Test、Work Experience 列内容化为 0 或 1。

```
GMAT_mapping={'No':0.0,'Yes':1.0}
EnglishTest_mapping={'No':0.0,'Yes':1.0}
WorkExperience={'No':0.0,'Yes':1.0}
Asian['GMAT']=Asian['GMAT'].map(GMAT_mapping)
Asian['English Test']=Asian['English Test'].map(EnglishTest_mapping)
Asian['Work Experience']=Asian['Work Experience'].map(WorkExperience)
Asian.head()
```

程序运行结果：

	Business School	Full-Time Enrollment	Students per Faculty	Local Tuition ($)	Foreign Tuitiion ($)	Age	%Foreign	GMAT	English Test	Work Experience	Starting Salary ($)
0	Melbourne Business School	200	5	24420	29600	28	47.0	1.0	0.0	1.0	71400
1	University of New South Wales (Sydney)	228	4	19993	32582	29	28.0	1.0	0.0	1.0	65200
2	Indian Institute of Management (Ahmedabad)	392	5	4300	4300	22	0.0	0.0	0.0	0.0	7100
3	Chinese University of Hong Kong	90	5	11140	11140	29	10.0	1.0	0.0	0.0	31000
4	International University of Japan (Niigata)	126	4	33060	33060	28	60.0	1.0	1.0	0.0	87000

【示例 13-24】对数据集进行极差标准化并画出标准化后的特征散点图和小提琴图。

```
from sklearn import datasets
import matplotlib.pyplot as plt
import seaborn as sns
import pandas as pd
from sklearn import model_selection
from sklearn.model_selection import GridSearchCV
from sklearn import tree
from sklearn import preprocessing
plt.rcParams['font.sans-serif']='SimHei'
plt.rcParams['axes.unicode_minus']=False        #坐标轴刻度显示负号
plt.rc('font',size=14)                          #设置图中字体的大小
X_train = Asian.iloc[:,1:].values
y_train = Asian.iloc[:,-1].values
min_max_scaler=preprocessing.MinMaxScaler()     #极差标准化，将原始数据缩放至[0 1]区间
X_train_minmax=min_max_scaler.fit_transform(X_train)
X_train_minmax
p1=plt.figure(figsize=(10,18))
ax1=p1.add_subplot(4,1,1)                       #第1幅图
ax1=sns.stripplot(data=pd.DataFrame(X_train_minmax)) #分特征绘制分类散点图——strip图
plt.title('标准化后数据集的特征可视化散点图')
ax2=p1.add_subplot(4,1,2)                       #第2幅图
ax2=sns.violinplot(data=pd.DataFrame(X_train_minmax))#分特征绘制小提琴图
plt.title('标准化后数据集的特征可视化小提琴图')
plt.show()
```

程序运行结果：

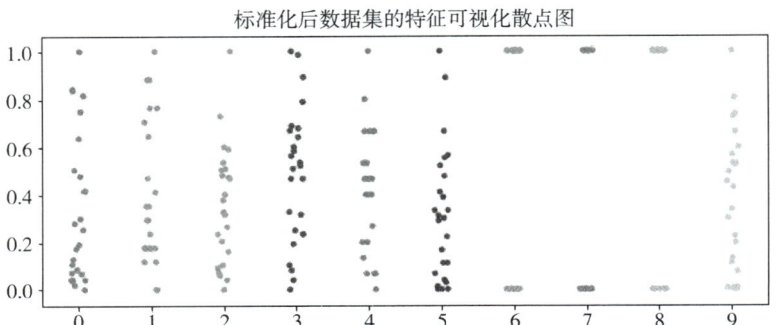

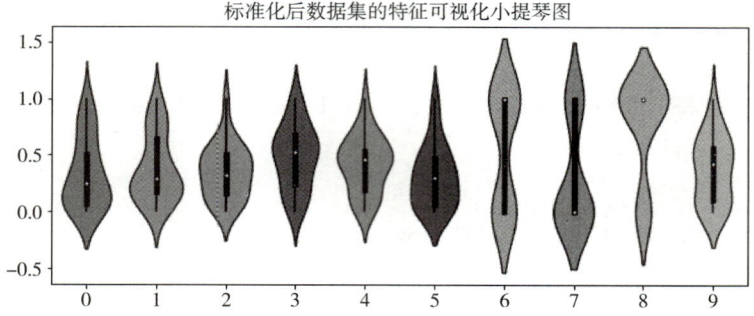

13.5 综合实例2——125PGATour 职业高尔夫巡回赛统计

美国职业高尔夫球协会（Professional Golfers' Asso-ciation of America，PGA）巡回赛的赛事中，总奖金排名前 125 位的高尔夫球员可以获得下个赛季免资格赛的特权。因此，为了研究平均击球杆数与发球距离、发球准确度、标准杆上果岭、沙坑救球和每轮比赛推杆入球洞的平均次数等变量之间的关系，在数据集 125PGATour 中保存了 2008 年 PGA 巡回赛的赛事中，总奖金排名前 125 位高尔夫球员的年终成绩的统计资料，数据集的每一行对应着一位高尔夫球员。

数据集中的变量描述如下。

（1）Money：参加 PGA 巡回赛赛事的总奖金。

（2）Scoring Average：每轮比赛的平均击球杆数。

（3）DrDist（Driving Distance，发球距离）：DrDist 是每次发球实测的平均数。在 PGA 巡回赛中，发球距离是在每轮比赛的两个球洞上测量的。测量发球距离待球处于静止状态后即可进行，而无论球是否在球道上。

（4）DrAccu（Driving Accuracy，发球准确度）：高尔夫球员在发球处将球击上球道次数的比率。发球准确度是对每个球洞测量的，但不包括标准杆是 3 杆的情形。

（5）GIR（Greens in Regulation，标准杆上果岭）：高尔夫球员能够标准杆上果岭次数的比率。如果按标准杆上果岭规定的杆数击球后，高尔夫球的任一部分触及果岭的推杆区域，则认为是标准杆上果岭。标准杆上果岭规定的杆数被定义为比标准杆少 2 杆上果岭（若标准杆为 3 杆洞，则第 1 杆上果岭）。换句话说，如果高尔夫球员在比标准杆少 2 杆上果岭的推杆区域，则认为其是标准杆上果岭。

（6）Sand Saves（沙坑救球）：一旦高尔夫球落到靠近果岭的沙坑里，高尔夫球员能克服"地面的高低起伏"将球救出的比率。克服"地面的高低起伏"将球救出，表示球员用 2 杆或少于 2 杆将高尔夫球从靠近果岭的沙坑击入球洞。

（7）PPR（Putts Per Round）：每轮比赛推杆入球洞的平均次数。

（8）Scrambling：高尔夫球员没能做到标准杆上果岭，但还是取得标准杆或较好成绩的次数的比率。

125 位职业高尔夫球员 PGA 巡回赛数据（其中 6 行）如表 13-9 所示。

表 13-9　125 位职业高尔夫球员 PGA 巡回赛数据（其中 6 行）

Rank	Player	Money /$	Scoring Average	DrDist /YARD	DrAccu	GIR	Sand Saves	PPR	Scrambling	Bounce Back
1	Vijay Singh	6 601 094	70.27	297.8	59.45	68.45	45.11	29.47	58.92	17.31
2	Phil Mickelson	5 188 875	70.28	295.7	55.27	65.81	62.5	28.74	60.42	26.21

续表

Rank	Player	Money /$	Scoring Average	DrDist /YARD	DrAccu	GIR	Sand Saves	PPR	Scrambling	Bounce Back
3	Sergio Garcia	4 858 224	70.6	294.6	59.39	67.06	57.02	29.61	57.59	21.05
…	…	…	…	…	…	…	…	…	…	…
123	Patrick Sheehan	805 897	70.93	284.1	66.48	64.8	42.62	28.8	59.86	17.29
124	Joe Durant	802 568	71.24	286.5	73.05	71.1	36.8	30.86	51.95	19.1
125	Charles Warren	800 694	72.08	301.1	65.43	66.88	37.41	30.42	48.41	16.24

【示例 13-25】对数据集进行极差标准化，并实现 PCA、TSNE 降维。

```python
import pandas as pd
import numpy as np
import seaborn as sns
import matplotlib.pyplot as plt
import matplotlib
from sklearn import model_selection,tree,preprocessing,decomposition
from sklearn.model_selection import GridSearchCV
from sklearn.discriminant_analysis import LinearDiscriminantAnalysis as LDA
from sklearn.manifold import TSNE
matplotlib.rcParams['font.sans-serif']=['SimHei']
matplotlib.rcParams['axes.unicode_minus']=False
LPGATour = pd.read_csv('125PGATour.csv',sep = ',',
                       encoding = 'utf-8',engine='python')
X_train = LPGATour.iloc[:,3:].values
y_train = LPGATour.iloc[:,2].values
min_max_scaler=preprocessing.MinMaxScaler()                  #极差标准化
X_train_minmax=min_max_scaler.fit_transform(X_train)
p1=plt.figure(figsize=(13,13))
ax1=p1.add_subplot(3,2,1)                                    #第1幅图
ax1=sns.stripplot(data=pd.DataFrame(X_train))
plt.title('原始数据集的特征可视化散点图')
ax2=p1.add_subplot(3,2,2)                                    #第2幅图
ax2=sns.stripplot(data=pd.DataFrame(X_train_minmax))         #标准化后的散点图
plt.title('数据集标准化后的特征可视化散点图')
ax3=p1.add_subplot(3,2,3)                                    #第3幅图
pca=decomposition.PCA(n_components=3)                        #生成PCA类的实例（对象）
pca.fit(X_train_minmax)
pca_X_train=pca.transform(X_train_minmax)
ax3=sns.violinplot(data=pd.DataFrame(pca_X_train))
plt.title('PCA降至3维后的可视化小提琴图')
ax5=p1.add_subplot(3,2,4)                                    #第4幅图
tsne=TSNE(n_components=3)                                    #n_components表示嵌入维数
tsne_X_train=tsne.fit_transform(X_train_minmax)
ax5=sns.violinplot(data=pd.DataFrame(tsne_X_train))
plt.title('TSNE降至3维后的特征可视化小提琴图')
plt.show()
```

程序运行结果：

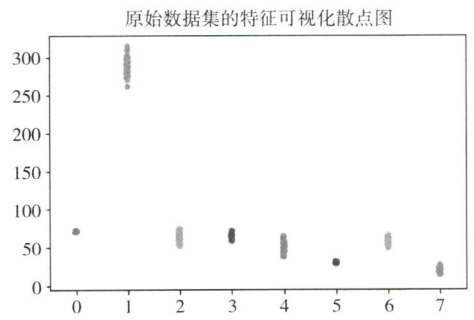
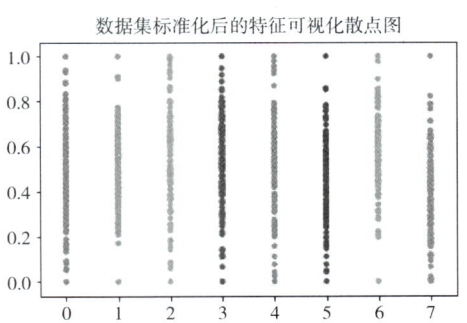

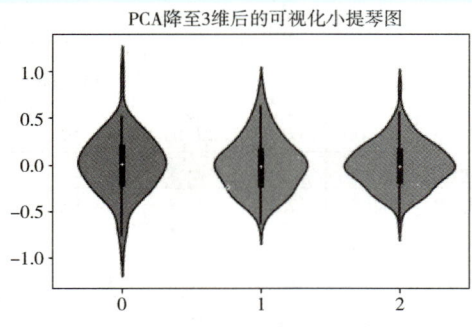

PCA降至3维后的可视化小提琴图

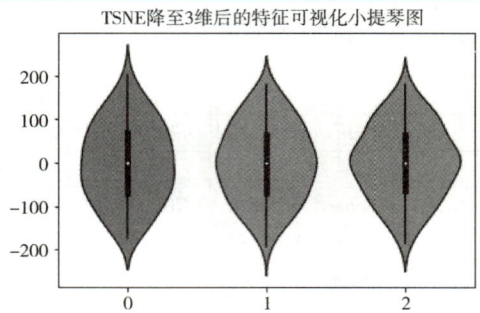

TSNE降至3维后的特征可视化小提琴图

13.6 本章小结

数据预处理：去除唯一属性、特征编码、标准化和正则化、特征选择、主成分分析。

pandas 提供了去除唯一属性、独热编码的方法。sklearn 提供了数据预处理模块 sklearn.preprocessing，其功能包括数据标准化、正则化、二值化、分类特征编码等。sklearn 还提供了数据降维模块 sklearn.decomposition 用于特征选择。

PCA 降维、LDA 降维、TSNE 降维 3 种特征降维方式：PCA 降维是投影算法之一，主要原理为提取数据集的主要特征成分，忽略次要特征成分，以达到降维目的；LDA 降维同样属于投影降维，主要原理是根据已知分类标签的"训练样本"信息建立判别准则，预测变量进行数据分类；TSNE 降维则属于流形学习，主要思想是从高维采样数据找到低维流形结构，根据相应的嵌入映射实现降维。

13.7 习题

13-1 对 sklearn.datasets 自带的鸢尾花数据集 iris 分别进行 Z-score 标准化和极差标准化，可视化标准化前后的样本散点图。

13-2 对 iris 进行正则化，并打印正则化前后头 6 条记录的值，同时可视化训练结果。

13-3 对 iris 数据集进行二值化，选取 3 个不同的阈值，对比二值化前后头 5 条记录的值，并可视化二值化结果。

13-4 加载 sklearn.datasets 自带的 breast_cancer 数据集，查看数据集形状，使用 PCA 降维至 10 维，可视化降维前后各特征的分布，并验证降维后是否存在共线性特征。

13-5 使用数据生成器生成特征数为 20、类别标签为 15、样本数量为 1 500 的数据集，分别对其进行 LDA 降维和 TSNE 降维，可视化降维前后的特征分布。

二维码13
第13章习题答案

第 14 章 回归分析

本章学习目标
- 了解线性回归理论基础
- 熟练掌握一元回归、多元回归、逻辑回归的运用方法

本章知识结构图

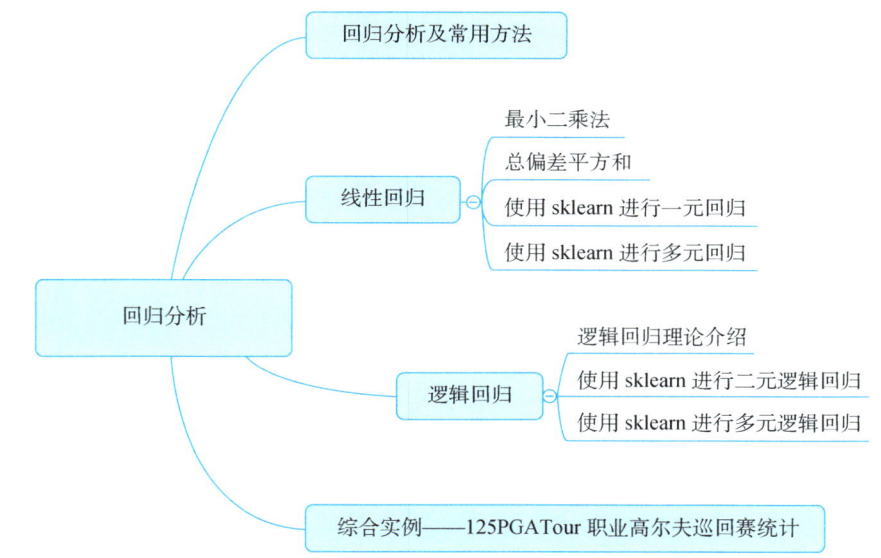

14.1 回归分析及常用方法

在具体实践中,通过观测到的输入变量,预测可能输出值的方法称为回归分析。

回归分析(regression analysis)是确定两种或两种以上变量间相互依赖的定量关系的一种统计分析方法。回归分析的不同方法如表 14-1 所示。

表 14-1　回归分析的不同方法

类别	方法/定义
自变量的数量	一元回归和多元回归分析
线性关系	线性回归分析和非线性回归分析
一元线性回归	只包括一个自变量和一个因变量，且两者的关系可用一条直线近似表示
多重线性回归分析	回归分析中包括两个或两个以上的自变量，且自变量之间线性相关

14.2　线性回归

14.2.1　最小二乘法

当因变量为连续变量时，我们使用线性回归模型，以最小二乘法最小化每个数据点到线的垂直偏差平方和来拟合最佳回归线。

线性回归中的因变量是连续的，自变量既可以是连续型也可以是离散型，而回归线的性质是线性的，因此线性回归的拟合线要求数据集的实际观测值和预测值的残差平方和最小。

$$Y = aX + b$$

其中，a 表示截距；b 表示直线斜率。

对有 n 个样本的数据集，其样本总误差为

$$Q(a, b) = \sum_{i=1}^{n} [Y_i - (aX_i + b)]^2 = n\overline{Y^2} - 2na\overline{XY} - 2nb\overline{Y} + na^2\overline{X^2} + 2nab\overline{X} + nb^2$$

其中，$\overline{Y^2} = \frac{1}{n}\sum_{i=1}^{n} Y_i^2$；$\overline{XY} = \frac{1}{n}\sum_{i=1}^{n} X_i Y_i$；$\overline{Y} = \frac{1}{n}\sum_{i=1}^{n} Y_i$；$\overline{X^2} = \frac{1}{n}\sum_{i=1}^{n} X_i^2$；$\overline{X} = \frac{1}{n}\sum_{i=1}^{n} X_i$。

根据上式进行偏导计算，可得关于 a 和 b 的二元方程组：

$$\begin{cases} \dfrac{\partial Q}{\partial a} = -2n\overline{XY} + 2na\overline{X^2} + 2nb\overline{X} = 0 \\ \dfrac{\partial Q}{\partial b} = -2n\overline{Y} + 2na\overline{X} + 2nb = 0 \end{cases}$$

即

$$\begin{cases} -\overline{XY} + a\overline{X^2} + b\overline{X} = 0 \\ -\overline{Y} + a\overline{X} + b = 0 \end{cases}$$

求解可知，$a = \dfrac{\overline{X}\,\overline{Y} - \overline{XY}}{(\overline{X})^2 - \overline{X^2}}$，$b = \overline{Y} - a\overline{X}$。

14.2.2　总偏差平方和

统计学中，通常用 R2（Coefficient of Determination，判定系数）这一系数来判断回归方程的拟合程度，也称为拟合优度或决定系数。

总偏差平方和（Sum of Squares for Total，SST）反映了因变量取值的总体波动情况，由每个因变量的实际值与平均值的差的平方和所得，即

$$SST = \sum_{i=1}^{n}(Y_i - \bar{Y})^2$$

回归平方和(Sum of Squares for Regression,SSR)反映了由自变量与因变量之间的线性关系所引起的因变量总偏差的变化部分,如下所示,为因变量的回归值与其平均值的差的平方和。

$$SSR = \sum_{i=1}^{n}(\hat{Y}_i - \bar{Y})^2$$

残差平方和(Sum of Squares for Error,SSE)反映除自变量外其他因素对因变量的影响,如下所示,为因变量的实际值与回归值的差的平方和。

$$SSE = \sum_{i=1}^{n}(Y_i - \hat{Y}_i)^2$$

总偏差由回归平方和与残差平方和构成,即 SST = SSR+SSE,因此拟合程度的好坏是根据回归直线对实际 y 值的解释程度来判断的。

$$R2 = \frac{SSR}{SST} = 1 - \frac{SSE}{SST}$$

根据上式定义,R2 的取值范围为 0~1,数值越靠近 1 意味着拟合程度越好;数值越靠近 0,则表明因变量与自变量之间可能不存在线性关系。

14.2.3 使用 sklearn 进行一元回归

sklearn.linear_model 模块的 LinearRegression()类可将数据运用于线性回归。它定义线性模型为

$$\hat{y}(w, x) = w_0 + w_1 x_1 + \cdots + w_p x_p$$

其中,$\hat{y}$ 是预测值;LinearRegression()类带有自变量系数 $\boldsymbol{w} = [w_0, w_1, \cdots, w_p]^T$ 的模型拟合,使实际值与预测值之间的 SSE 最小,即

$$\min_{\boldsymbol{w}} \|X\boldsymbol{w} - y\|_2^2$$

表 14-2 所示为 103 所私立学院和大学组成的样本数据的前 10 行,完整的数据存在名为 Colleges 的文件中,数据包括学院或大学名称,学校成立时间,最近一学年不包括食宿的学费(单位:美元),以及在 6 年内第一次获得学士学位的本科生比例(《世界年鉴》,2012 年)。

表 14-2 103 所私立学院和大学组成的样本数据(前 10 行)

School	Year Founded	Tuition & Fees	Graduate/%
American University	1893	36 697	79
Baylor University	1845	29 754	70
Belmont University	1951	23 680	68
Bethune-Cookman University	1904	13 572	37
Boston College	1863	40 542	91
…	…	…	…
Boston University.	1839	39 864	84
Bradley University	1897	25 424	78

续表

School	Year Founded	Tuition & Fees	Graduate/%
Brown University	1764	42 230	95
Bucknell University	1846	43 866	91
Butler University	1855	30 558	73

【示例 14-1】 使用 LinearRegression() 对 103 所私立学院和大学的学费与毕业率进行回归分析，并可视化回归结果。

```python
import numpy as np
import matplotlib.pyplot as plt
import pandas as pd
from sklearn.linear_model import LinearRegression
plt.rcParams['font.sans-serif']='SimHei'
plt.rcParams['axes.unicode_minus']=False  #坐标轴刻度显示负号
X=pd.read_csv('Colleges.CSV',sep=',',encoding='utf-8').values
p1=plt.figure(figsize=(8,6))
ax1=p1.add_subplot(1,2,1)                 #第1幅图
plt.title('103所私立学校的样本数据')
plt.xlabel('Tuition & Fees')
plt.ylabel('% Graduate')
plt.scatter(X[:,2],X[:,3])
ax2=p1.add_subplot(1,2,2)                 #第2幅图
lr=LinearRegression()                     #用LinearRegression()拟合直线
lr.fit(X[:,2].reshape(-1,1),X[:,3].reshape(-1,1))
plt.scatter(X[:,2],X[:,3],c='y')          #原数据散点图
plt.plot(X[:,2],
         lr.predict(X[:,2].reshape(-1,1)),'g-')  #拟合预测直线
plt.title('私立学校的样本数据+拟合直线')
plt.xlabel('Tuition & Fees')
plt.ylabel('% Graduate')
plt.show()
```

程序运行结果：

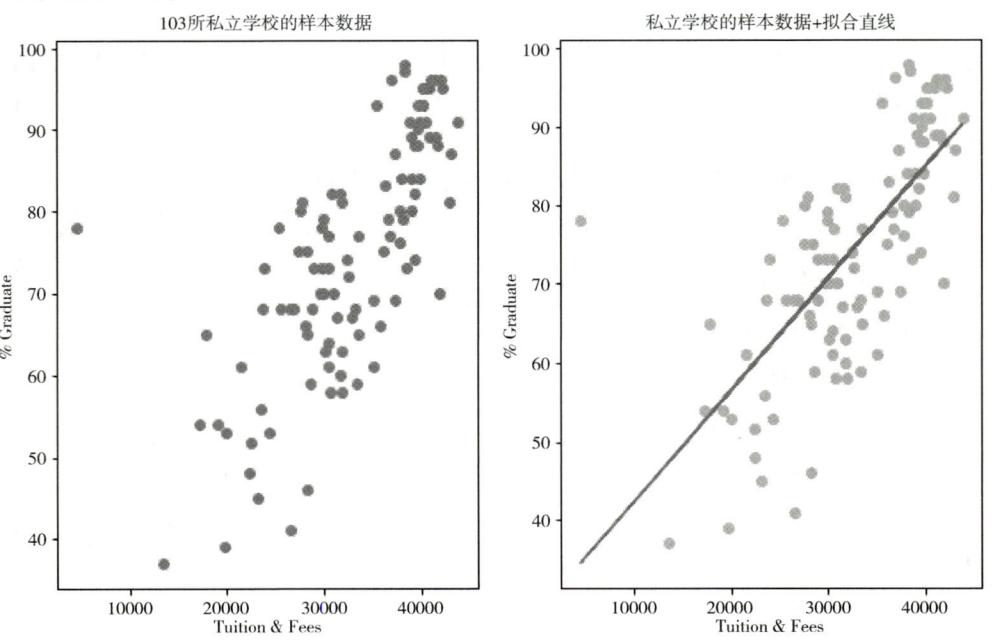

【示例 14-2】coef 表示自变量的系数，intercept 表示截距。输出回归方程，计算当学费在 30 000～39 000 美元时模型预测的毕业率。

```
print('一元线性回归方程为：',' y=',lr.coef_[0],'*x+',lr.intercept_[0])
for x in range(30000,40000,1000):
    print('x=',x,'时，y的值为：',lr.predict([[x]]))
```

程序运行结果：
一元线性回归方程为： y= [0.00141854] *x+ 28.03266364567714
x= 30000 时，y的值为： [[70.58890872]]
x= 31000 时，y的值为： [[72.00745022]]
x= 32000 时，y的值为： [[73.42599172]]
x= 33000 时，y的值为： [[74.84453322]]
x= 34000 时，y的值为： [[76.26307473]]
x= 35000 时，y的值为： [[77.68161623]]
x= 36000 时，y的值为： [[79.10015773]]
x= 37000 时，y的值为： [[80.51869923]]
x= 38000 时，y的值为： [[81.93724073]]
x= 39000 时，y的值为： [[83.35578224]]

14.2.4 使用 sklearn 进行多元回归

对于大多数想要购买数码相机的消费者来说，像素高低是评价画面质量的重要指标，同时，价格也是除性能之外的必要考虑因素。那么，像素越高是否能和价格越高画上等号？价格越高是否能和质量越高画上等号？

2012 年《消费者报告》杂志基于分辨率、重量、图像质量和易用性等因素测试了 166 台不同的数码相机，并给予 0～100 的评分，分数越高表示数码相机的整体测试结果越好。根据杂志测试结果，提取 13 台佳能(Canon)和 15 台尼康(Nikon)超薄型数码相机的零售价（单位：美元）、分辨率（单位：100 万像素）、重量（单位：盎司）以及总体得分数据。完整的数据存放在名为 Cameras 的文件中，表 14-3 所示为其中 10 行样本。

表 14-3 13 台佳能和 15 台尼康超薄型数码相机测评数据（其中 10 行）

Observation	Brand	Price/$	Megapixels	Weight/oz	Score
1	Canon	330	10	7	66
2	Canon	200	12	5	66
3	Canon	300	12	7	65
4	Canon	200	10	6	62
5	Canon	180	12	5	62
…	…	…	…	…	…
24	Nikon	80	12	7	52
25	Nikon	80	14	7	50
26	Nikon	100	12	4	46
27	Nikon	110	12	5	45
28	Nikon	130	14	4	42

【示例 14-3】使用 LinearRegression() 对 28 台数码相机的零售价、分辨率、重量和总体得分进行多元回归分析，并根据回归模型进行分数预测。

```
X=pd.read_csv('Cameras.CSV',sep=',',encoding='utf-8').values
lr=LinearRegression()
lr.fit(X[:,2:5],X[:,5])                    #多元线性回归
print('回归系数为: ',lr.coef_)
print('截距为: ',lr.intercept_)
print('多元回归方程为: \n',lr.coef_[0],'*x0+',lr.coef_[1],
      '*x1+',lr.coef_[2],'*x2+',lr.intercept_)
for x0 in [100,290,330]:                   #搭配不同自变量预测目标分数
    for x1 in [9,12]:
        for x2 in [5,7]:
            x=np.array([x0,x1,x2]).reshape(1,-1)
            print('x=',x,'时,y的预测值为: ',lr.predict(x))
```

程序运行结果：

回归系数为： [0.05560707 -0.35661133 0.17936794]
截距为： 50.14687143870067
多元回归方程为：
 0.05560706804222216 *x0+ -0.35661133121701905 *x1+ 0.1793679439705343 *x2+ 50.14687143870067
x= [[100   9   5]] 时，y的预测值为： [53.39491598]
x= [[100   9   7]] 时，y的预测值为： [53.75365187]
x= [[100 12   5]] 时，y的预测值为： [52.32508199]
x= [[100 12   7]] 时，y的预测值为： [52.68381788]
x= [[290   9   5]] 时，y的预测值为： [63.96025891]
x= [[290   9   7]] 时，y的预测值为： [64.3189948]
x= [[290 12   5]] 时，y的预测值为： [62.89042492]
x= [[290 12   7]] 时，y的预测值为： [63.2491608]
x= [[330   9   5]] 时，y的预测值为： [66.18454163]
x= [[330   9   7]] 时，y的预测值为： [66.54327752]
x= [[330 12   5]] 时，y的预测值为： [65.11470764]
x= [[330 12   7]] 时，y的预测值为： [65.47344353]

14.3 逻辑回归

14.3.1 逻辑回归理论介绍

逻辑回归属于广义线性回归的一种，其主要预测的结果是离散的分类变量，例如判断第二天是否会下雨(是或否)，判断学业等级评定(优秀、良好和合格)。因此，必须对预测值进行转换，使结果变量从分类变量转换成连续变量，并与自变量形成可以解读的线性关系。常见的逻辑分析四大类如图14-1所示。

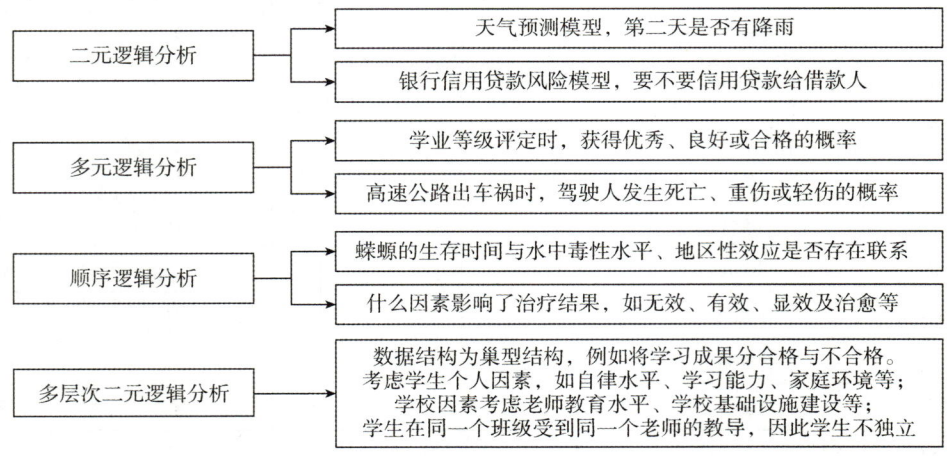

图14-1　常见的逻辑分析四大类

14.3.2　使用 sklearn 进行二元逻辑回归

sklearn.linear_model 模块的 LogisticRegression()函数格式如下。

```
class sklearn.linear_model.LogisticRegression(penalty='l2',dual=False,tol=0.0001,C=1.0,
                                fit_intercept=True,intercept_scaling=1,class_weight=None,
                                random_state=None,solver='warn',max_iter=100,multi_class='warn',
                                verbose=0,warm_start=False,n_jobs=None)
```

其中，penalty 为惩罚项，可选参数有 l1 和 l2，用于指定惩罚项中使用的规范，默认为 l2。multi_class 为分类方式的选择参数，可选参数有 ovr 和 multinomial，默认为 ovr。在二元逻辑回归中，ovr 和 multinomial 并没有任何区别，两者区别主要体现在多元逻辑回归中。LogisticRegression()类的主要方法如表 14-4 所示。

表 14-4　LogisticRegression()类的主要方法

函数	说明
decision_function(X)	预测样本的置信度分数
densify()	将系数矩阵转化为紧密数组的格式
fit(X,y[,sample_weight])	对给定训练数据拟合模型
get_params([deep])	获取估计器参数
predict(X)	预测 X 中样本的类标签
predict_log_proba(X)	估计概率对数
predict_proba(X)	估计概率
score(X,y[,sample_weight])	返回对测试集的平均分类准确率
set_params(**params)	设置估计器参数
sparsify()	将系数矩阵转化为稀疏格式

Tire Rack 杂志进行了一项关于轮胎使用评价的消费者调查，对轮胎的性能特点使用下面的 10 分制评定等级。Wet 变量表示每个轮胎湿牵引性能的等级，Noise 变量表示每个轮胎产生的噪声水平的等级。Wet 变量和 Noise 变量评分等级如表 14-5 所示。

表 14-5　Wet 变量和 Noise 变量评分等级

优秀		良好		还好		一般		差评	
10	9	8	7	6	5	4	3	2	1

受访者还被要求使用下面的 10 分制评定等级，表示他们是否会再次购买轮胎(用 Buy Again 变量表示)，如表 14-6 所示，分数越高，再次购买意向越强。

表 14-6　Buy Again 变量评分等级

肯定会		大概会		可能会		大概不会		绝对不会	
10	9	8	7	6	5	4	3	2	1

为实现逻辑回归，建立如下的二进制因变量：

$$\text{Purchase} = \begin{cases} 1, & \text{变量 Buy Again 的值} \geqslant 7 \\ 0, & \text{变量 Buy Again 的值} < 7 \end{cases}$$

如果 Purchase=1，则表明受访者大概或肯定会再次购买轮胎。

Python 数据分析与实践

根据调查结果计算每一类型轮胎的平均得分，将 68 个全季节轮胎调查结果的平均值存入名为 TireRatings 的文件，表 14-7 所示为其中 10 行内容。

表 14-7　68 个轮胎测评统计结果（其中 10 行）

Tire	Wet	Noise	Buy Again	Purchase
BFGoodrich g-Force Super Sport A/S	8	7.2	6.1	0
BFGoodrich g-Force Super Sport A/S H&V	8	7.2	6.6	1
BFGoodrich g-Force T/A KDWS	7.6	7.5	6.9	1
Bridgestone B381	6.6	5.4	6.6	0
Bridgestone Insignia SE200	5.8	6.3	4	0
…	…	…	…	…
Bridgestone Insignia SE200-02	6.3	5.7	4.5	0
Bridgestone Potenza G 019 Grid	7.7	5.2	5	0
Bridgestone Potenza RE92	5	6.2	2.5	0
Bridgestone Potenza RE92A	5.6	6.4	2.7	0
Bridgestone Potenza RE960AS Pole Position	8.8	8.5	8.1	1

【示例 14-4】根据 68 个轮胎测评数据，分类别绘制再次购买意向集散点图。

```
import numpy as np
from sklearn.datasets import make_blobs
import matplotlib.pyplot as plt
import pandas as pd
TireRatings=pd.read_csv('TireRatings.CSV',sep=',',encoding='utf-8')
X = TireRatings.iloc[:,1:4].values
y = TireRatings.iloc[:,4].values
plt.rc('font', size=14)                              #设置图中字号大小
plt.rcParams['font.sans-serif'] = 'SimHei'           #设置字体为SimHei显示中文
plt.rcParams['axes.unicode_minus']=False             #坐标轴刻度显示负号
plt.figure(figsize=(6, 4))                           #分类别可视化样本集
plt.scatter(X[np.where(y==0),0],X[np.where(y==0),1],marker='o',c='r')
plt.scatter(X[np.where(y==1),0],X[np.where(y==1),1],marker='<',c='b')
plt.xlim(3,10)
plt.ylim(0,10)
plt.legend(['y=0','y=1'])
plt.title('消费者再次购买轮胎意向2分类样本')        #添加标题
plt.show()
```

程序运行结果：

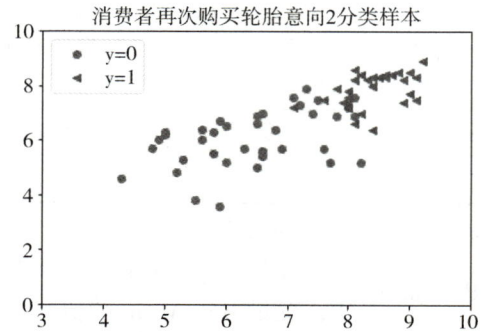

【示例 14-5】训练逻辑回归模型，对原始数据进行预测，并绘制预测错误样本。

```
from sklearn.linear_model import LogisticRegression
logi_reg=LogisticRegression(random_state=0,           #训练逻辑回归模型
                   solver='lbfgs',multi_class='multinomial').fit(X,y)
y_predict=logi_reg.predict(X)                         #获得逻辑分类结果
plt.rc('font', size=14)                               #设置图中字号大小
plt.rcParams['font.sans-serif'] = 'SimHei'            #设置字体为SimHei显示中文
plt.rcParams['axes.unicode_minus']=False              #坐标轴刻度显示负号
p1=plt.figure(figsize=(12,4))
ax1=p1.add_subplot(1,2,1)                             #第1幅图
plt.scatter(X[np.where(y_predict==0),0],X[np.where(y_predict==0),1],marker='o',c='r')
plt.scatter(X[np.where(y_predict==1),0],X[np.where(y_predict==1),1],marker='<',c='b')
plt.xlim(3,10)
plt.ylim(0,10)
plt.legend(['y_predict=0','y_predict=1'])
plt.title('对原始样本进行逻辑回归分类')                 #添加标题
ax2=p1.add_subplot(1,2,2)                             #第2幅图
plt.scatter(X[np.where(y_predict!=y),1],X[np.where(y_predict!=y),2],marker='X')
plt.xlim(3,10)
plt.ylim(0,10)
plt.legend(['预测错误'])
plt.title('预测错误')
plt.show()
```

程序运行结果：

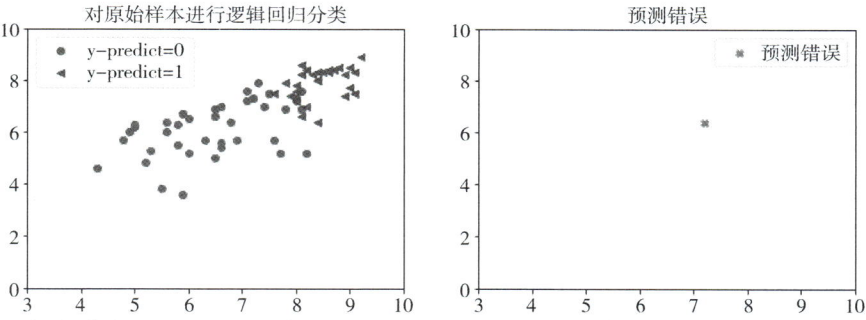

逻辑回归在线性回归基础上加了一个 Sigmoid() 函数，使数值结果转化为了 0～1 之间的概率，数值越大，函数越靠近 1；数值越小，函数越靠近 0。也就是说，逻辑回归为样本分类线，根据函数概率结果的大小预测样本的类别。

14.3.3 使用 sklearn 进行多元逻辑回归

基金一共包含国内股本、国际股本和固定收益 3 种类型，45 家共同基金的相关数据集存放在名为 45MutualFunds 的文件中。变量资产净值（Net Asset Value，单位：美元）为 2007 年 12 月 31 日的每股收盘价。变量 5 年平均收益率（5 Year Average Return，单位:%）指代 2007 年前 5 年基金的平均年收率益。费用比率（Expense Ratio，单位:%）表明每个会计年度从资产中扣除的基金费用的比例。晨星排名（Morningstar Rank）从 1 星到 5 星，代表每一只基金的风险等级，部分数据如表 14-8 所示。

表 14-8　45 家基金风险星级评价（其中 10 行）

Fund Name	Fund Type	Net Asset Value/ $	5 Year Average Return/%	Expense Ratio/%	Morningstar Rank	Rank
Amer Cent Inc & Growth Inv	DE	28.88	12.39	0.67	2-Star	2
American Century Intl. Disc	IE	14.37	30.53	1.41	3-Star	3

续表

Fund Name	Fund Type	Net Asset Value/ $	5 Year Average Return/%	Expense Ratio/%	Morningstar Rank	Rank
American Century Tax-Free Bond	FI	10.73	3.34	0.49	4-Star	4
American Century Ultra	DE	24.94	10.88	0.99	3-Star	3
Ariel	DE	46.39	11.32	1.03	2-Star	2
…	…	…	…	…	…	…
Artisan Intl Val	IE	25.52	24.95	1.23	3-Star	3
Artisan Small Cap	DE	16.92	15.67	1.18	3-Star	3
Baron Asset	DE	50.67	16.77	1.31	5-Star	5
Brandywine	DE	36.58	18.14	1.08	4-Star	4
Brown Cap Small	DE	35.73	15.85	1.2	4-Star	4

【示例14-6】根据45家基金打星等级评定，绘制4分类散点图。

```python
import numpy as np
from sklearn.datasets import make_blobs
import matplotlib.pyplot as plt
import pandas as pd
MutualFunds=pd.read_csv('45MutualFunds.CSV',sep=',',encoding='utf-8')
X = MutualFunds.iloc[:,2:4].values
y = MutualFunds.iloc[:,-1].values
plt.rc('font', size=14)                              #设置图中字号大小
plt.rcParams['font.sans-serif'] = 'SimHei'           #设置字体为SimHei显示中文
plt.rcParams['axes.unicode_minus']=False             #坐标轴刻度显示负号
plt.figure(figsize=(6, 4))                           #分类别可视化样本集
plt.scatter(X[np.where(y==2),0],X[np.where(y==2),1],marker='o',c='r')
plt.scatter(X[np.where(y==3),0],X[np.where(y==3),1],marker='<',c='b')
plt.scatter(X[np.where(y==4),0],X[np.where(y==4),1],marker='*',c='y')
plt.scatter(X[np.where(y==5),0],X[np.where(y==5),1],marker='^',c='g')
plt.xlim(0,80)
plt.ylim(-10,50)
plt.legend(['y=2','y=3','y=4','y=5'])
plt.title('基金风险评级原始4分类样本')                  #添加标题
plt.show()
```

程序运行结果：

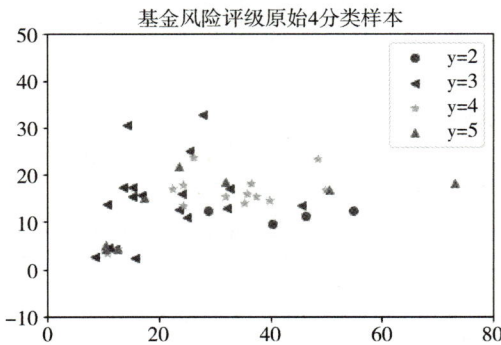

【示例14-7】训练逻辑回归模型，对原始数据进行多元逻辑回归预测，并标出预测错误样本。

```
from sklearn.linear_model import LogisticRegression
logi_reg=LogisticRegression(random_state=0,solver='lbfgs',
                    multi_class='multinomial').fit(X,y)
y_predict=logi_reg.predict(X)
plt.rc('font', size=14)                              #设置图中字号大小
plt.rcParams['font.sans-serif'] = 'SimHei'           #设置字体为SimHei显示中文
plt.rcParams['axes.unicode_minus']=False             #坐标轴刻度显示负号
plt.figure(figsize=(6, 4))
plt.scatter(X[np.where(y_predict==2),0],X[np.where(y_predict==2),1],marker='o',c='r')
plt.scatter(X[np.where(y_predict==3),0],X[np.where(y_predict==3),1],marker='<',c='b')
plt.scatter(X[np.where(y_predict==4),0],X[np.where(y_predict==4),1],marker='*',c='y')
plt.scatter(X[np.where(y_predict==5),0],X[np.where(y_predict==5),1],marker='^',c='g')
plt.scatter(X[np.where(y_predict!=y),0],X[np.where(y_predict!=y),1],
        s=100,facecolors='none',zorder=10,edgecolors='k')
plt.xlim(0,80)
plt.ylim(-10,50)
plt.legend(['y_predict=2','y_predict=3','y_predict=4','y_predict=5'])
plt.title('逻辑回归预测后的可视化结果')               #添加标题
plt.show()
```

程序运行结果：

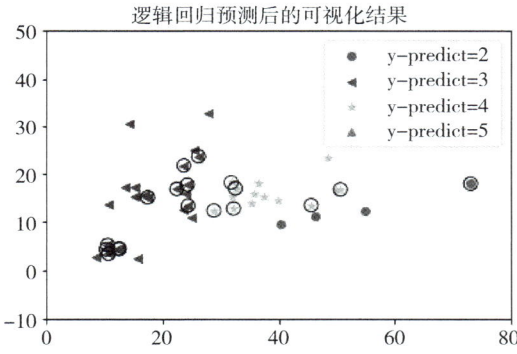

14.4 综合实例——125PGATour 职业高尔夫巡回赛统计

美国职业高尔夫球协会（PGA）巡回赛的赛事中，总奖金排名前 125 位的高尔夫球员可以获得下个赛季免资格赛的特权。因此，为了研究平均击球杆数与发球距离、发球准确度、标准杆上果岭、沙坑救球和每轮比赛推杆入球洞的平均次数等变量之间的关系，在数据集 new_PGATour 中保存了 2008 年 PGA 巡回赛的赛事中，总奖金排名前 125 位高尔夫球员的年终成绩的统计资料，数据集的每一行对应着一位高尔夫球员。

【示例 14-8】对 25 位职业高尔夫球手 PGA 巡回赛数据进行多元线性回归，将预测值与真实值进行对比。

```
from sklearn.linear_model import LinearRegression
from sklearn.datasets import load_boston
import matplotlib.pyplot as plt
import pandas as pd
from sklearn import preprocessing
plt.rc('font', size=14)                              #设置图中字号大小
plt.rcParams['font.sans-serif'] = 'SimHei'           #设置字体为SimHei显示中文
plt.rcParams['axes.unicode_minus']=False             #坐标轴刻度显示负号
PGATour=pd.read_csv('new_PGATour.csv',sep=',',encoding='utf-8')
```

```
X = PGATour.iloc[:,4:-1].values
y = PGATour.iloc[:,3].values
print('X的形状为：',X.shape)
print('y的形状为：',y.shape)
min_max_scaler=preprocessing.MinMaxScaler()          #极差标准化
X_train_minmax=min_max_scaler.fit_transform(X)
lin_reg=LinearRegression().fit(X_train_minmax,y)     #线性回归
y_lin_reg_pred=lin_reg.predict(X_train_minmax)       #预测值
plt.figure(figsize=(15,4))
plt.plot(y,marker='o')
plt.plot(y_lin_reg_pred,marker='*')
plt.legend(['真实值','预测值'])
plt.title('PGA巡回赛平均击球杆数预测值与真实值对比')
```

程序运行结果：

X的形状为： (125, 6)
y的形状为： (125,)

Text(0.5,1,'PGA巡回赛平均击球杆数预测值与真实值对比')

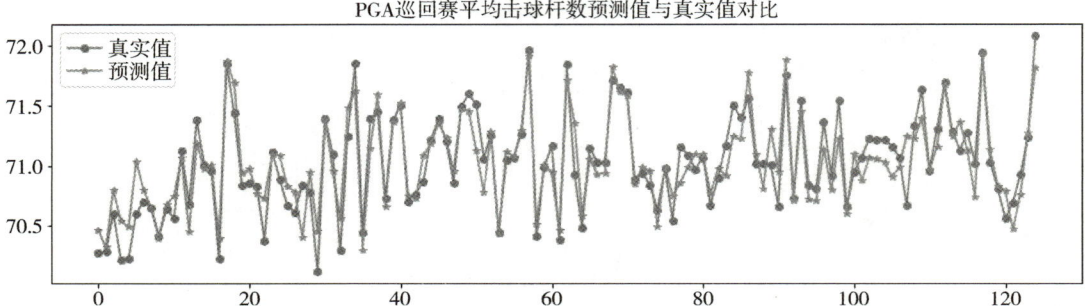

【示例14-9】画出回归模型预测值和真实值之间的相对误差。

```
error_linear=(y_lin_reg_pred-y)/y
plt.figure(figsize=(15,4))
plt.plot(error_linear,c='r')
```

程序运行结果：

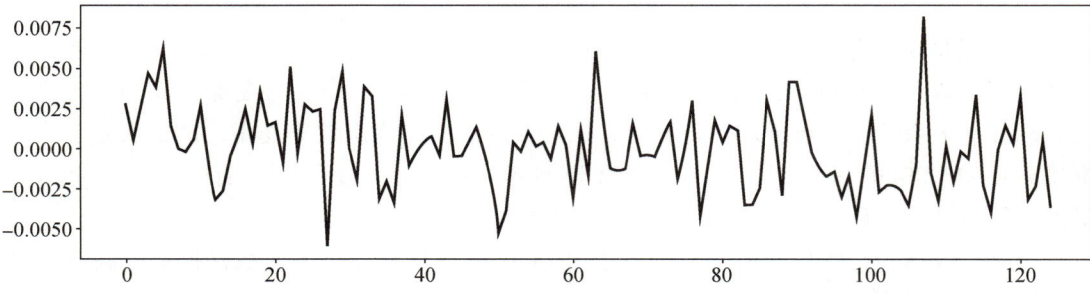

【示例14-10】对25位职业高尔夫球手PGA巡回赛数据进行逻辑回归，将预测值与真实值进行对比。

```
from sklearn.linear_model import LogisticRegression
import numpy as np
plt.rc('font', size=14)
plt.rcParams['font.sans-serif'] = 'SimHei'           #设置图中字号大小
plt.rcParams['axes.unicode_minus']=False             #设置字体为SimHei显示中文
                                                     #坐标轴刻度显示负号
X = PGATour.iloc[:,4:-1].values
y = PGATour.iloc[:,-1].values
```

```
logi_reg=LogisticRegression(random_state=0,    #训练逻辑回归模型
                    solver='lbfgs',multi_class='multinomial').fit(X,y)
y_predict=logi_reg.predict(X)                  #获得逻辑分类结果
plt.figure(figsize=(15,4))
plt.scatter(range(len(y)),y,marker='o',c='g')
plt.scatter(range(len(y)),y_predict+0.1,marker='*',c='y')
plt.legend(['真实值','预测值'])
plt.title('PGA巡回赛平均击球杆数逻辑回归预测值与真实值对比')
plt.show()
```

程序运行结果：

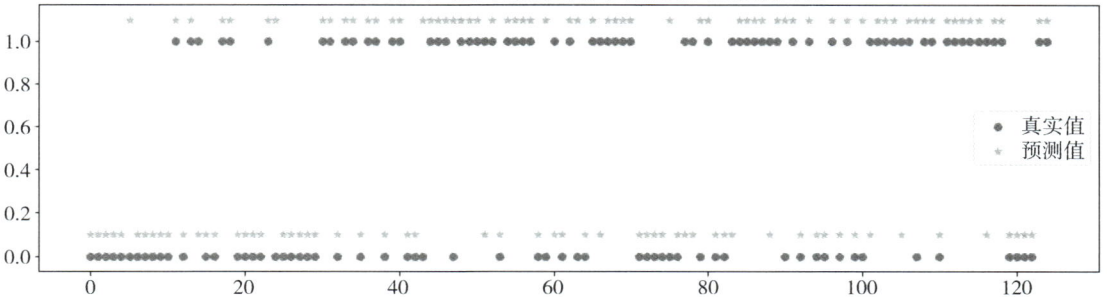

14.5 本章小结

常用的回归分析方法有一元线性回归、多元线性回归、二元逻辑回归、多元逻辑回归等。线性回归使用最小二乘法将因变量与自变量的关系用线性模型表示，将各个自变量的系数和截距作为变量。

14.6 习题

14-1 简述线性回归与逻辑回归的主要方法及其适用情况。

14-2 简述求解线性回归模型的最小二乘法原理。

14-3 加载 sklearn 库中的波士顿房价数据集，按 7∶3 的比例划分训练集和测试集，创建线性回归模型，用 sklearn 库提供的 mean_squared_error() 函数分别计算训练集与测试集的预测方差误差。

14-4 使用样本生成器生成具有 4 个特征的 500 个样本，对其进行多元线性回归，输出模型的方程式，并对 $x=(1,4,7,9,20)$ 时 y 的值进行预测。

14-5 在示例 14-6 中有名为 45MutualFunds 的数据集，将风险等级(Rank)为 2 和 3 的数据定义为新的类别"低风险"，将 Rank 为 4 和 5 的数据定义为新的类别"高风险"，以新定义的风险准则为标签进行多元逻辑回归预测，并标出预测错误样本。

二维码 14
第 14 章习题答案

二维码 15
第 15 章分类算法——决策树学习

参 考 文 献

[1] 朱文强，钟元生. Python 数据分析实战[M]. 北京：清华大学出版社，2021.
[2] 杨志晓，范艳峰. Python 机器学习一本通[M]. 北京：北京大学出版社，2020.
[3] 戴维 R. 安德森，丹尼斯 J. 斯威尼，托马斯 A. 威廉斯，等. 商务与经济统计[M]. 张建华，王键，聂巧平，等译. 北京：机械工业出版社，2017.
[4] 埃里克·马瑟斯. Python 编程：从入门到实践[M]. 袁国忠，译. 北京：人民邮电出版社，2016.
[5] 斯维加特. Python 编程快速上手：让繁琐工作自动化[M]. 王海鹏，译. 北京：人民邮电出版社，2020.
[6] 韦斯·麦金尼. 利用 Python 进行数据分析[M]. 唐学韬，译. 北京：机械工业出版社，2013.
[7] 周志华. 机器学习[M]. 北京：清华大学出版社，2016.
[8] 海金. 神经网络与机器学习[M]. 北京：机械工业出版社，2011.
[9] 吴喜之. 应用回归及分类[M]. 北京：中国人民大学出版社，2016.
[10] 黄宜华. 深入理解大数据[M]. 北京：机械工业出版社，2014.
[11] 何清，李宁，罗文娟，等. 大数据下的机器学习算法综述[J]. 模式识别与人工智能，2014，27(04)：327-336.
[12] 祁亨年. 支持向量机及其应用研究综述[J]. 计算机工程，2004(10)：6-9.
[13] 陈凯，朱钰. 机器学习及其相关算法综述[J]. 统计与信息论坛，2007(05)：105-112.
[14] 张润，王永滨. 机器学习及其算法和发展研究[J]. 中国传媒大学学报(自然科学版)，2016，23(02)：10-18+24.
[15] 杨剑锋，乔佩蕊，李永梅，等. 机器学习分类问题及算法研究综述[J]. 统计与决策，2019，35(06)：36-40.